高职高专计算机类专业系列教材

计算机应用基础立体化教程

主　编　刘雷霆　池　敏

副主编　张晓燕　梁建平　袁　芬

参　编　叶雪梅　高兴媛　彭小玲　李　君

　　　　沈　萍　吴少俊　尹建璋

西安电子科技大学出版社

内 容 简 介

本书内容简明扼要，结构清晰，实验丰富，强调实践，以提升学生就业能力为导向，通过实际工作项目的形式，对 Office 2010 系列中 Word、Excel、PowerPoint 的使用进行了重点讲解，其中的知识点都融入实验实训项目中，便于读者循序渐进地掌握相关技能。

本书分为 11 章，即 11 个实训项目，可概括为用 Word 进行财务分析报告的排版、制作纸币验钞机的简介、制作毕业论文、制作成绩单(信函)等典型案例，用 Excel 设计报销单、制作工资表、制作销售图表、制作数据透视表等典型案例，以及用 PowerPoint 制作企业财务分析报告、制作财务工作汇报稿、制作产品说明书等典型案例。

本书的配套资源有书中实验实训项目所涉及的素材与效果文件、PPT 电子课件和配套视频，以二维码形式呈现。读者可扫描二维码获得资源。

本书既可作为高职高专院校计算机类专业计算机应用基础课程的配套教材，又可作为企事业单位相关从业人员的职业教育和在职培训教材，对于自学者也是一本有益的教材。

图书在版编目(CIP)数据

计算机应用基础立体化教程 / 刘雷霆，池敏主编. —西安：西安电子科技大学出版社，2020.7
ISBN 978–7–5606–5696–0

Ⅰ. ① 计⋯   Ⅱ. ① 刘⋯   ② 池⋯   Ⅲ. ① 电子计算机—高等职业教育—教材   Ⅳ. ① TP3

中国版本图书馆 CIP 数据核字(2020)第 081326 号

策划编辑　刘小莉
责任编辑　师　彬　阎　彬
出版发行　西安电子科技大学出版社(西安市太白南路 2 号)
电　　话　(029)88242885　88201467　　　　邮　　编　710071
网　　址　www.xduph.com　　　　　　电子邮箱　xdupfxb001@163.com
经　　销　新华书店
印刷单位　咸阳华盛印务有限责任公司
版　　次　2020 年 7 月第 1 版　　2020 年 7 月第 1 次印刷
开　　本　787 毫米×1092 毫米　1/16　印张 14
字　　数　330 千字
印　　数　1~3000 册
定　　价　41.00 元
ISBN　978–7–5606–5696–0 / TP
XDUP 5998001–1
如有印装问题可调换

前　言

　　为了帮助广大高职高专学生学好计算机应用基础课程，编者以"产教融合、学赛一体"的计算机应用基础课程教学改革研究为基础，本着公共基础课程应服务于专业、服务于学生的理念，根据专业的需求和学生的实际学习情况，在总结多年计算机基础教学经验的基础上编写了此书。

　　本书共分为 11 章，分别为财务分析报告、纸币验钞机、论文排版、邮件合并、报销单设计与制作、工资表分析与统计、图表设计和制作、Excel综合案例分析处理、企业财务分析报告、2014 年财务工作汇报和用友预警管理。

　　书中内容全面、新颖，以计算机基本应用为基础，适当增加了计算机高级应用部分的内容。书中所采用的实训案例和操作步骤简单明了，学生可以根据实训步骤，一步步完成实训内容。本书旨在帮助学生进一步掌握和理解计算机的基础知识和基本技能，以及提高运用计算机解决实际问题的能力，使学生能举一反三，快速将所学知识应用于学习和工作当中。

　　本书是高职高专院校计算机应用基础课程的配套教材，采用项目化教学，各章由知识点(前 4 章)、任务书、任务示范和知识拓展等部分组成。通过这些精心设计的操作案例和拓展知识，可培养学生计算机应用的基本技能以及综合应用能力和解决实际问题的能力。

　　本书的编者均是从事计算机教学工作的资深一线教师，具有丰富的教学经验。刘雷霆、池敏担任本书主编，张晓燕、梁建平、袁芬担任副主编。

　　由于书中案例具有典型性，所涉及的知识点较多，编写的难度较大，再加上编者水平和能力有限，书中难免存在不妥之处，恳请广大读者批评指正，以便修订时进一步完善。

编　者

2020 年 1 月

目　　录

第一部分　Word 2010 应用

第二部分　Excel 2010 应用

第三部分　PowerPoint 2010 应用

Word 2010 应用

  Word 2010 是 Microsoft 公司开发的 Office 2010 办公组件之一，主要用于文字处理工作。Microsoft Word 2010 在以前版本的基础上，提供了更加出色的功能，其增强后的功能可创建专业水准的文档，用户可以更加轻松地与他人协同工作，并可在任何地点访问自己的文件。Word 2010 为用户提供了各种文档格式设置工具，利用这些工具可以更轻松、高效地组织和编写文档。

  Word 2010 最显著的变化就是使用"文件"按钮代替了 Word 2007 中的 Office 按钮，取消了传统的菜单操作方式，而代之以各种功能区。在 Word 2010 窗口上方看起来像菜单的名称其实是功能区的名称，当单击这些名称时并不会打开菜单，而是切换到与之相对应的功能区面板。

第1章　财务分析报告

本项目通过财务分析报告排版的示例，帮助读者掌握 Word 2010 的基本操作，如页面设置、字体设置、段落设置、页眉和页脚的设置，以及插入水印。

1.1　知　识　点

1.1.1　页面设置

"页面设置"命令组在"页面布局"选项卡中，包括纸张大小、纸张方向、页边距等的设置，如图 1-1 所示。

(1) 纸张大小：设置所用的纸张大小，如办公用的 A4 纸；也可以选择自定义纸张大小，进行特殊纸张的大小设置，如请柬、信封等。

(2) 纸张方向：用于设置纸张的方向，有横向和纵向两种。

(3) 页边距：用于设置页面上、下、左、右的边距。Word 自带了一些常用的边距，包括普通、窄、适中、宽。用户可选择使用 Word 自带的边距，也可自定义输入具体的边距值。

(4) 页面设置对话框：点击"页面布局"选项卡，再点击"页面设置"命令组右下角的小箭头，会出现如图 1-2 所示的"页面设置"对话框，可以设置上、下、左、右页边距及装订线的距离和位置；也可设置纸张方向，该设置可以应用于整篇文档或选中文字。

在"页面设置"对话框中，还能设置版式和文档网格。具体应用在项目中展开。

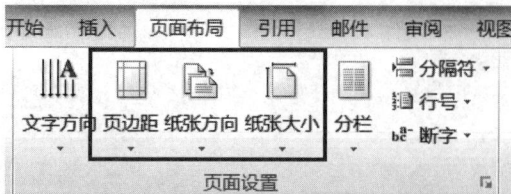

图 1-1　"页面设置"命令组　　　　　　图 1-2　"页面设置"对话框

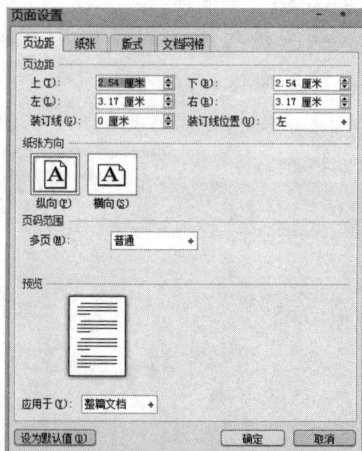

1.1.2　字体设置

"字体"命令组在"开始"选项卡中，如图 1-3 所示。其常规设置的内容有字体、字号、字大小、黑体(B)、斜体(I)、加下划线(U)、上标、下标；文字效果有发光、加亮、底纹、带圈、加框、加拼音、清除格式、更改大小写。

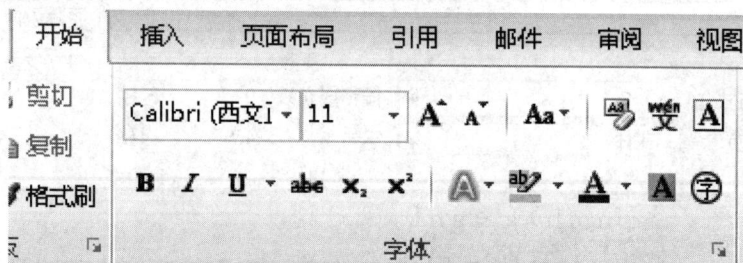

图 1-3　"字体"命令组

在"字体"命令组中，可以设置文字字体。系统的字体均安装在系统目录下的 fonts 文件夹中，用户可以根据需要自行安装所需要的字体。在"字体"下拉框中，主题字体和最近使用的字体会显示在最上面。

(1) 字号指文字大小，默认是五号字。一般，中文字号最大的是初号，最小的是八号。另外，可以选择数字或者输入数字按回车键"Enter"来设置字号，数字越大，字号越大。

(2) **A˄ A˅** 按钮可以根据一个预先设置的大小对字体号进行调整，如放大或缩小字号。

(3) 有些文档包含英文，其中涉及大小写，可以利用 **Aa˅** 按钮进行设置，如图 1-4 所示。通过下拉菜单，可以设置句首字母大写、全部小写、全部大写、每个单词首字母大写、切换大小写、半角和全角。

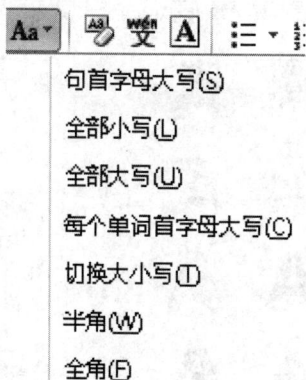

图 1-4　更改大小写

(4) **B I U ˅** 为字形设置按钮，分别用于加粗、倾斜和加下划线。单击下划线右侧向下箭头，可以在下拉菜单中选择下划线线型。

(5) **abc x₂ x²** 分别为设置删除线、下标和上标按钮。另外，设置下标还可用快捷键"Ctrl＋＋"，设置上标可用"Ctrl＋Shift＋＋"。

(6) 按钮中，第一个命令按钮能清除格式，可将所选文本格式清除；第二个命令按钮是为文字添加拼音，如图1-5所示；第三个命令按钮是为所选文字加边框。

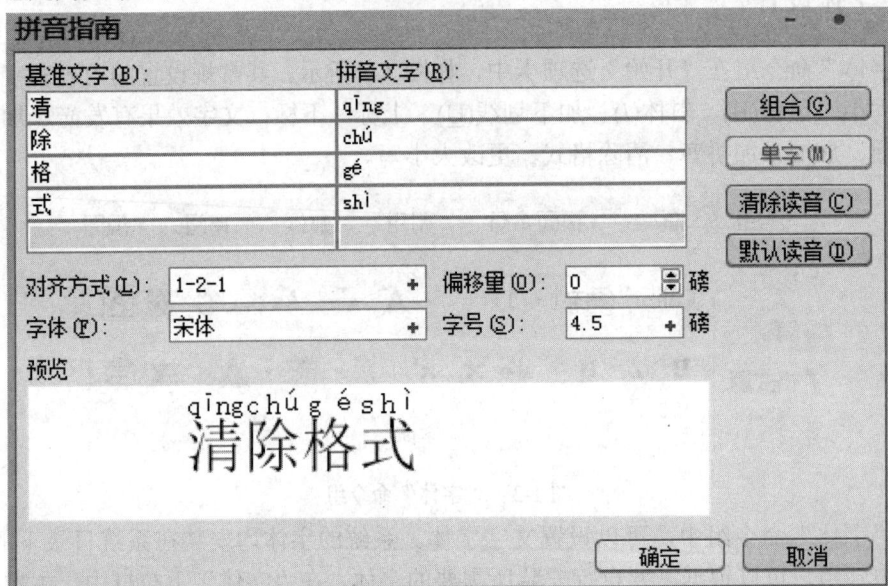

图1-5 拼音指南

(7) 文字效果设置，用户可以为文字设置不同的效果，如图 1-6 所示。用户可以选择预设的一项效果，也可以自己调整轮廓、阴影、映像、发光来制作独特的文本效果。

(8) 按钮可以不同的颜色为背景来突出显示文字，在右侧下拉菜单中可以选择所需的不同颜色。取消颜色可以设置无颜色。

(9) 为设置文字的颜色按钮； 为设置字符底纹按钮； 为设置带圈文字和带圈样式按钮，圈号可以选择，圈号文字也能设置，如图1-7所示。

图1-6 文字效果

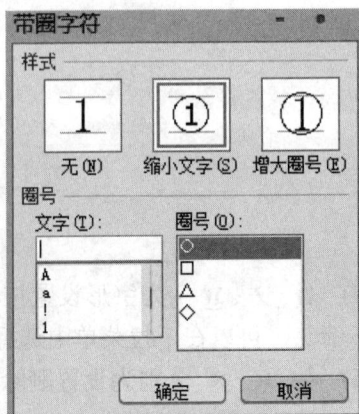

图1-7 带圈字符

1.1.3　段落设置

"段落"命令组在"开始"选项卡中。段落设置的内容有左对齐、居中对齐、右对齐、两端对齐、分散对齐、行距、底纹、边框等，如图 1-8 所示。

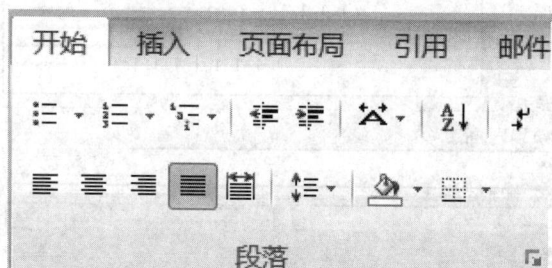

图 1-8　"段落"命令组

(1) 五种对齐方式按钮依次为左对齐、居中对齐、右对齐、两端对齐、分散对齐。

(2) 为设置项目符号按钮，可以为标题段落添加项目符号。利用"定义新项目符号"对话框定义新项目符号，项目符号可以是字符或者图片，如图 1-9 所示。字体和对齐方式都可设置。

(3) 为设置编号按钮，可以为标题段落添加编号，也可设置编号样式、字体及对齐方式，如图 1-10 所示。

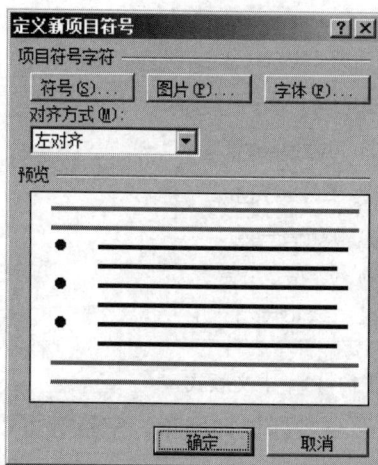

图 1-9　"定义新项目符号"对话框　　　　　　图 1-10　编号格式

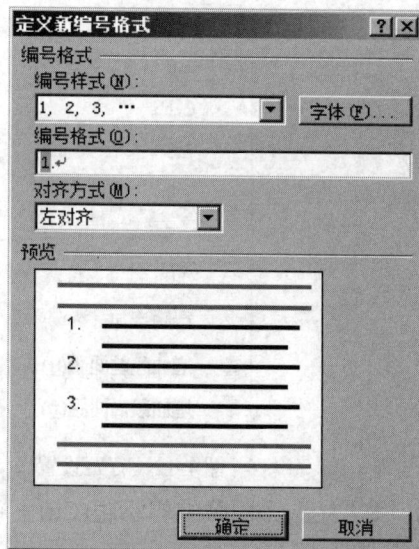

(4) 为设置多级符号按钮，用于在长文档中对不同标题进行多级符号的设置(如图 1-11 所示)。首先选择符号级别，然后在编号格式中可以设置编号样式，在位置中可以调整对齐方式和对齐位置。

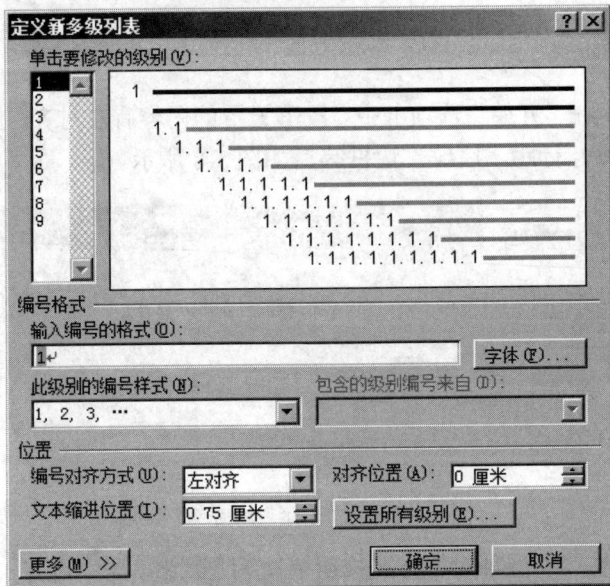

图 1-11　多级列表

（5）　为设置段落的缩进按钮，第一个是减少缩进量，第二个是增加缩进量。

（6）　为设置行距按钮，通过下拉菜单可选择 1.0、1.15、1.5、2.0、2.5、3.0，也可以设置行距选项，还能设置增加段前、段后间距，如图 1-12 所示。

（7）图 1-13 所示为中文版式下拉菜单，包括纵横混排、合并字符、双行合一和字符缩放等选项。

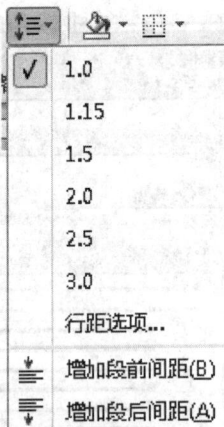

图 1-12　行距设置　　　　图 1-13　中文版式

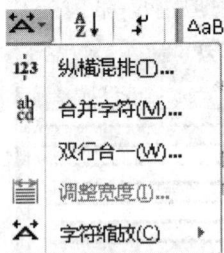

（8）　为显示/隐藏编辑标记(Ctrl＋*)按钮，对于一些标记如回车、空格等可以设置显示或隐藏。

（9）　为设置底纹按钮，可对选定的段落或文字添加底纹，颜色可选择，也可以自定义。

（10）　为设置边框按钮，可以选择预设的几种边框类型，也可以打开图 1-14 所示的对话框来设置不同类型的边框及页面边框。

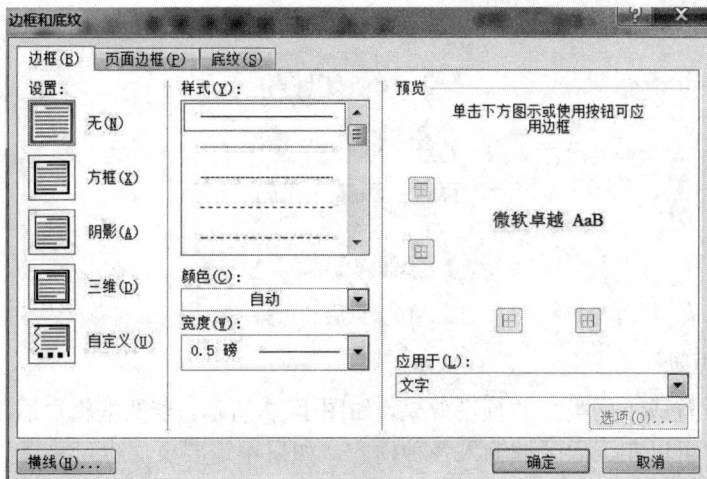

图 1-14　"边框和底纹"对话框

　　(11) 图 1-15 所示的"段落"对话框中，有缩进和间距选项、换行和分页选项、中文版式选项。其中，可设置对齐方式、大纲级别、缩进、特殊格式、段前间距、段后间距和行距。特殊格式包括首行缩进和悬挂缩进。

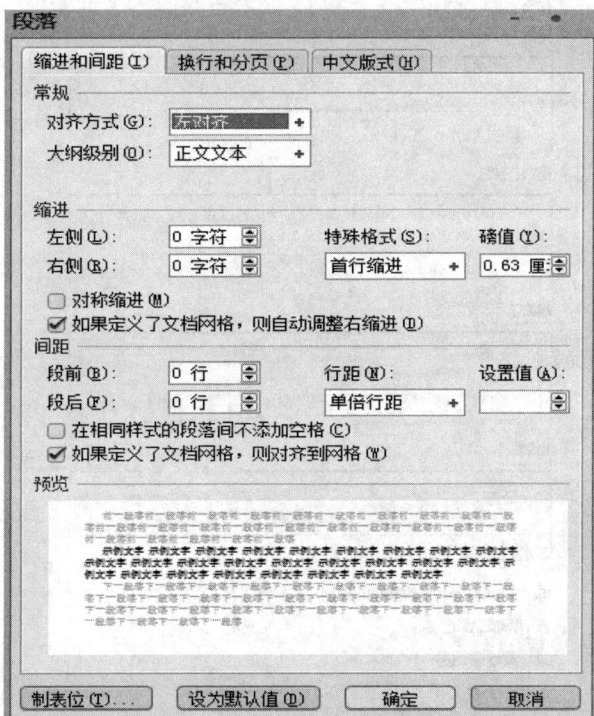

图 1-15　"段落"对话框

1.1.4　页眉和页脚

　　"页眉和页脚"命令组在"插入"选项卡中，可对页眉、页脚进行设置，还能插入页码，如图 1-16 所示。

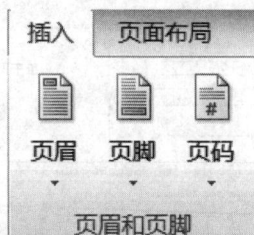

图 1-16　页眉和页脚

1. 页眉和页脚

页眉可以设置成不同类型的预设效果，如图 1-17 所示。若要编辑页眉，应进入页眉编辑状态，编辑时可以在页眉区域输入各种内容，如果不需要页眉也可将页眉删除。预设的页眉保存在页眉库中，自己设置的页眉也可以保存到页眉库中。页脚的设置方法同页眉设置类似。

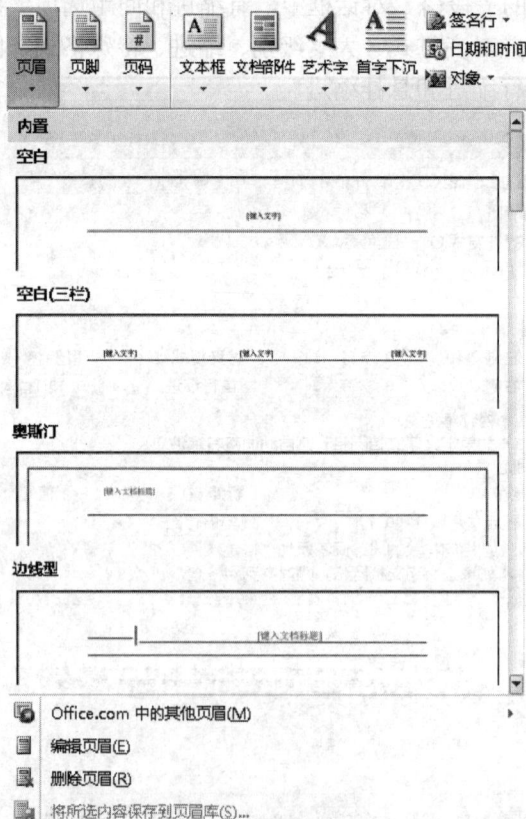

图 1-17　页眉设置

2. 页码设置

页码可以放在页面顶端、页面底端或页边距处，如图 1-18 所示。图中右侧的箭头表示可以选择各种预选值。页边距是将页码放在页边上。当前位置是在光标所在位置插入页码。页面格式也有很多选择，可以是其他编号格式，比如罗马字母，可以包含章节号，可以续前节，或者设置起始页码。

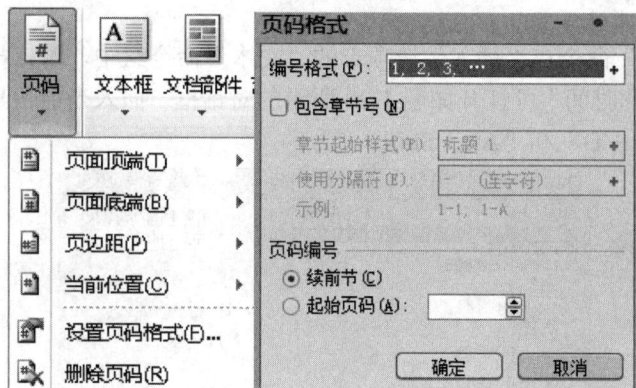

图 1-18　页码设置

1.1.5　文本框

　　"文本框"命令在"插入"选项卡中的"文本"命令组里，如图 1-19 所示。文本框相当于一个容器，在里面可以放置文字、图片和表格。文本框属性的设置也可以调整轮廓和填充色。Word 在内置中文档提供了各种类型的文本框。如果要自己控制文本框大小，可以选择绘制文本框，对于竖排文本框可以输入竖排文字，也可把选中的内容保存为文本框库以备下次使用。

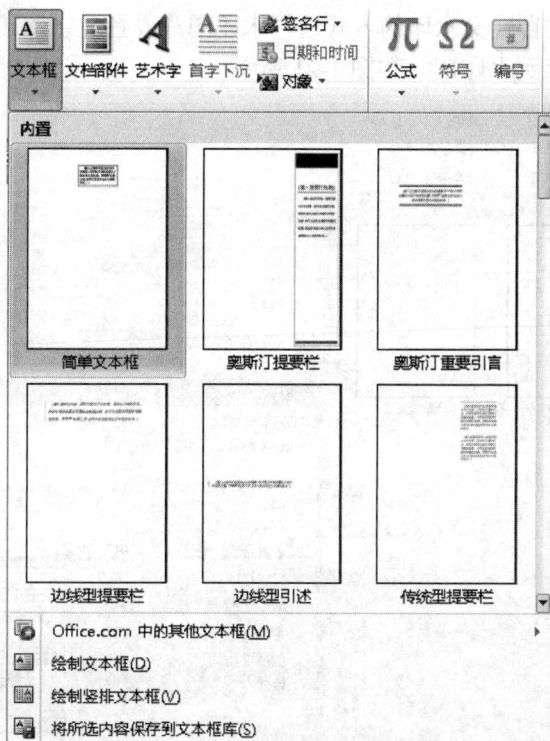

图 1-19　文本框

1.1.6　日期和时间

　　"日期和时间"命令在"插入"选项卡的"文本"命令组中，可以插入当前的日期或时间，单击"日期和时间"可打开如图 1-20 所示的对话框。插入当前日期和时间的快捷键分别是"Alt + Shift + D"和"Alt + Shift + T"。

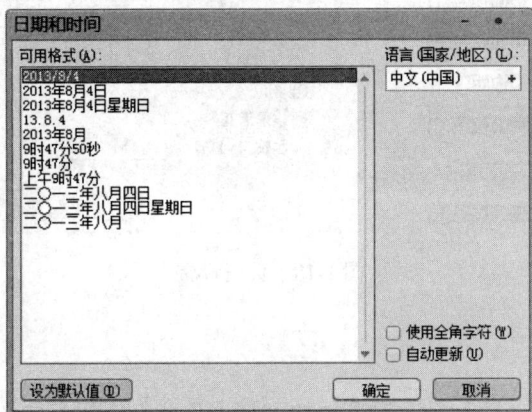

图 1-20　　"日期和时间"对话框

1.1.7　水印

　　"水印"命令在"页面布局"选项卡的"页面背景"命令组中，可以设置选择预设的水印效果，也可以通过自定义水印的方式选择水印图片设置文字水印效果，还可以删除水印，或将所选内容保存到水印库，如图 1-21 所示。

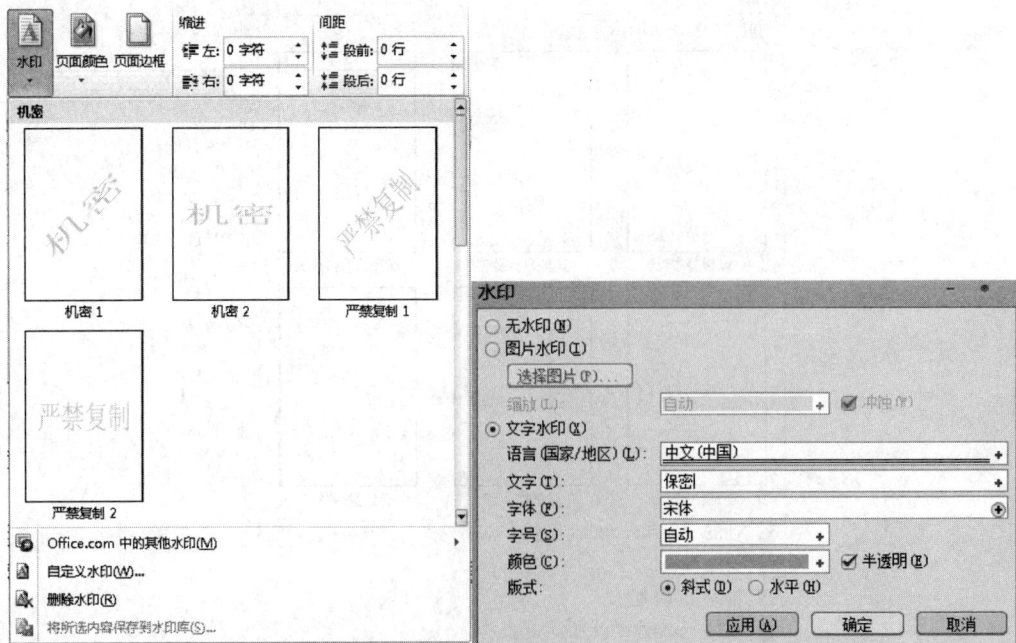

图 1-21　水印

1.1.8　插图

　　“插图”命令组在“插入”选项卡中，可插入各种插图对象，包括图片、剪贴画、形状、SmartArt、图表和屏幕截图，如图 1-22 所示。

图 1-22　“插图”命令组

1.2　任　务　书

1. 版面设置

　　(1) 设置纸张大小为“16 开”，上、下边距各为“2.5 厘米”，左、右边距各为“2 厘米”。

　　(2) 设置“指定行和字符网格”，每行为“33”个字符数，每页行数为“32”行。

任务书

2. 正文排版

　　(1) 删除文中的所有空行。

　　(2) 在第一段前插入一行，输入“财务分析报告”(不包括引号)，并设置字体为“隶书”，字号为“初号”“加粗”“居中”，设置字符间距“缩放”为“120％”，设置文本效果为“渐变填充-预设颜色：红日西斜，类型：射线”，“段后”间距为“1 行”。

　　(3) 对文档中第一段设置“首字下沉”。

　　(4) 使用自动编号。

　　① 对文档中的标题“资产负债分析”“利润分析”“现金流量表分析”“财务比率分析”“重大事项报告情况”设置编号，编号格式为“一，二，三，(简)…”，并清除“以不同颜色突出显示文本”的效果(即为无颜色，不突出显示文本)，字体为“黑体”，字号为“三号”“加粗”。

　　② 对文档中所有出现的编号如“1.资产负债水平分析”“2.资产负债垂直分析”等改为自动编号，并设置字体为“仿宋体”，字号为“三号”“加粗”。

　　③ 对文档中所有出现的编号如“(1)从投资和资产角度分析”“(2)从筹资和权益角度分析”等改为自动编号，并设置字体为“仿宋体”，字号为“四号”。

　　④ 对“现金流量表分析”中的“经营活动产生的净现金流量”重新编号，使其从 1 开始，后面的各编号应能随之改变。

⑤ 对"2.资产负债垂直分析"中的"静态分析"重新编号,使其从(1)开始,后面的各编号应能随之改变。

(5) 对除标题行外的正文,设置字体为"仿宋体",字号为"小四"号,行距为"固定值""25磅",首行缩进"2字符"。

(6) 将文档中的所有数字加粗,并设置为"蓝色"。

3. 表格操作

(1) 将"二、利润分析"中"项目""2012年""2011年""增减额""增减率"所在行开始的16行内容转换成一个16行、5列的表格(后面操作称为表1),字号为"10磅"。

(2) 对表1中左上"项目"所在单元格添加左上右下斜线,斜线以上为"年度",斜线以下为"项目"。

(3) 对表1标题行设置("项目"所在单元格除外):单元格内垂直、水平居中,字体加粗显示,重复标题行。对除标题行外的所有行设置行高为"1.2厘米"。

(4) 将表1外框线设置线宽为"1.5磅",颜色为"蓝色"。

(5) 对表2中的表格,在"利息支出"所在行前插入一行,内容为"负债/平均净资产1.41 0.59 0.83"。套用表格样式为"中等深浅底纹1,强调文字颜色4",并设置无标题行,根据内容调整表格。

(6) 将表1和表2中的所有数字利用制表位设置"小数点对齐"。

(7) 在表1和表2上方分别添加题注,题注内容分别为"表I利润分析表""表II财务比率分析"(均不包括引号),其中I使用的编号格式为"I,II,III,…",题注居中。

4. 设置水印与插入页眉、页码

(1) 设置水印为"公司内部文件",字体为"华文新魏",版式为"倾斜"。

(2) 为文档设置页眉:奇数页页眉为"财务分析报告",偶数页页眉为"燃气总公司"(均不包括引号)。

(3) 设置页码:在页面底部插入页码,页码居中。

财务分析报告素材　　　　　　财务分析报告成品　　　　　　财务分析报告成品

1.3　任务示范

1. 版面设置

【任务实施】

操作步骤1:选择"页面布局"选项卡,单击"纸张大小",选择"16开",如图1-23所示。

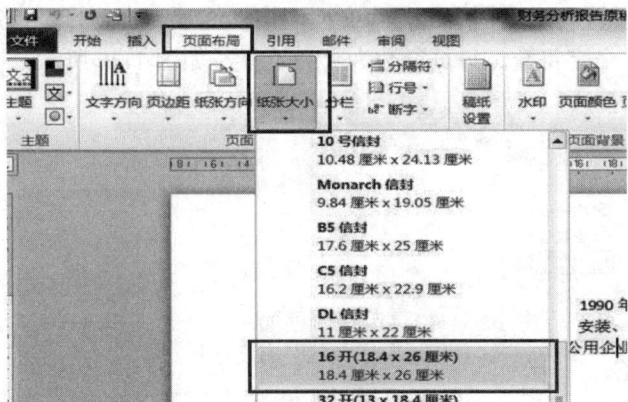

图 1-23   纸张大小

选择"页面布局"选项卡，单击"页面设置"按钮，如图 1-24 所示。打开"页面设置"对话框，设置上、下边距各为"2.5 厘米"，左、右边距各为"2 厘米"，如图 1-25 所示。

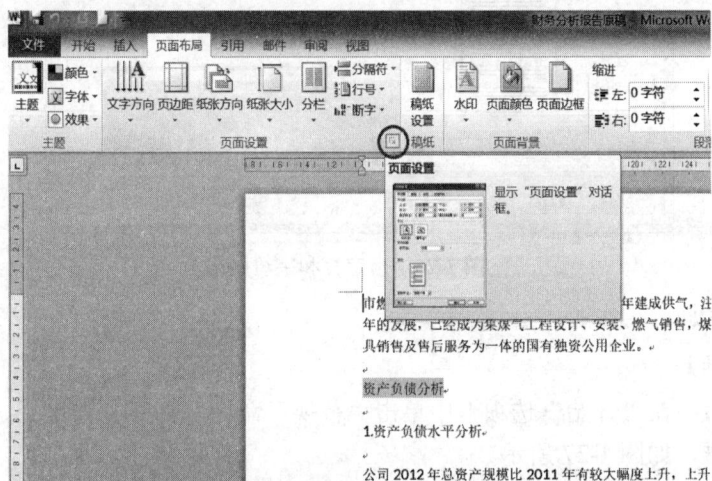

图 1-24   打开页面设置位置图

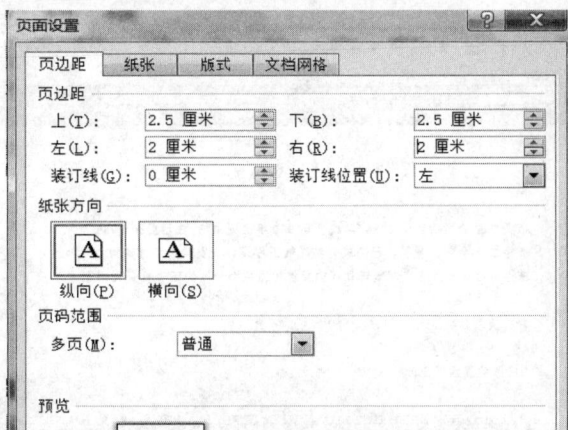

图 1-25   页边距设置

操作步骤 2：在"页面设置"对话框中选择"文档网格"选项卡，选择"指定行和字符网格"，设置每行为"33"个字符数，每页行数为"32"行，如图 1-26 所示。

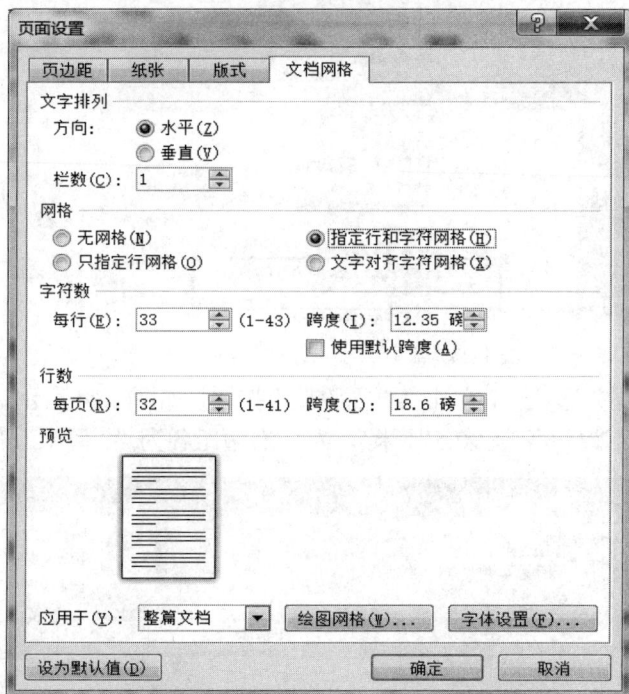

图 1-26 指定行和字符网格

2. 正文排版

【任务实施】

操作步骤 1：在"开始"选项卡中单击"替换"命令，打开"查找和替换"对话框，如图 1-27 所示。

正文排版

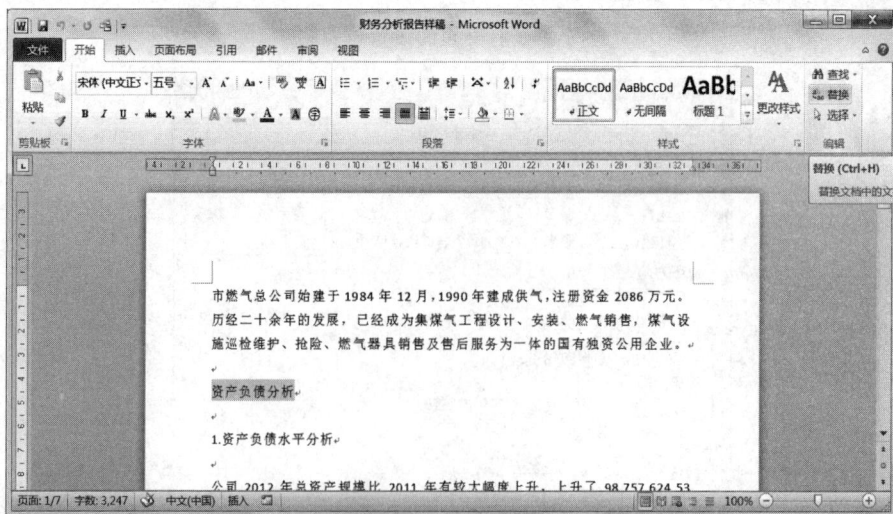

图 1-27 "替换"命令

在"查找和替换"对话框中单击"替换"选项卡，将光标定位到"查找内容"文本框，通过单击"更多"选择"特殊格式"，在"查找内容"文本框中添加两个"段落标记"，在"替换为"文本框中添加一个"段落标记"，即两个段落标记替换为一个段落标记，如图 1-28 所示。最后单击"全部替换"，如图 1-29 所示，完成空行的删除。

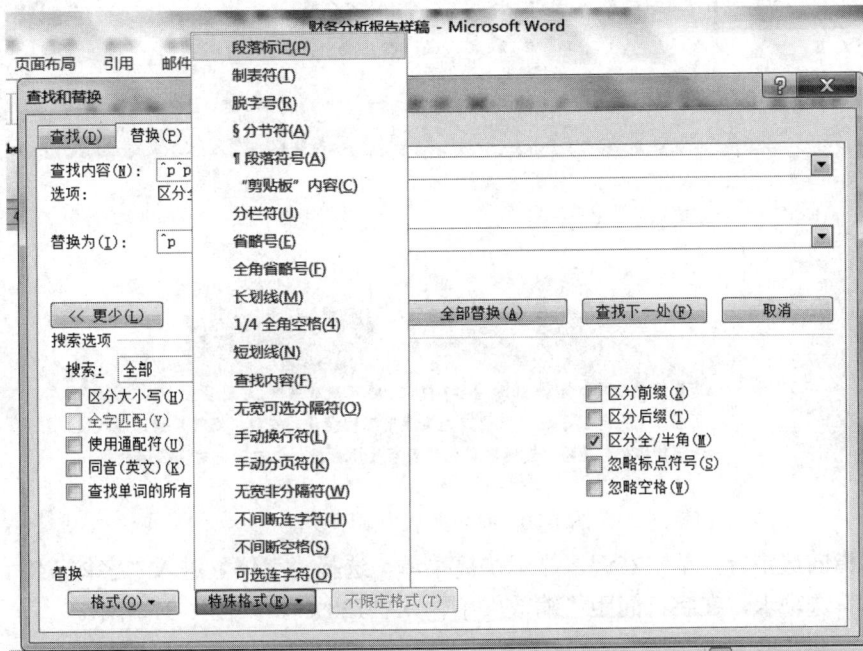

图 1-28 输入段落标记

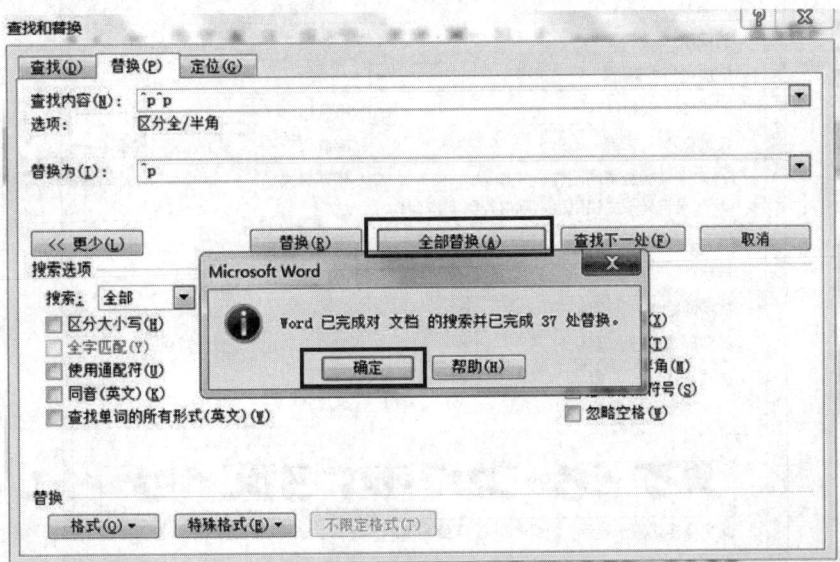

图 1-29 全部替换

操作步骤 2：光标定位到文档中第一段的起始位置前，按"回车键"插入一空行，在空行上输入"财务分析报告"，并选中该行文字，通过"开始"菜单中的"字体"命令组设置字体为"隶书"，字号为"初号""加粗"，通过"段落"命令组设置居中，如图 1-30 所示。

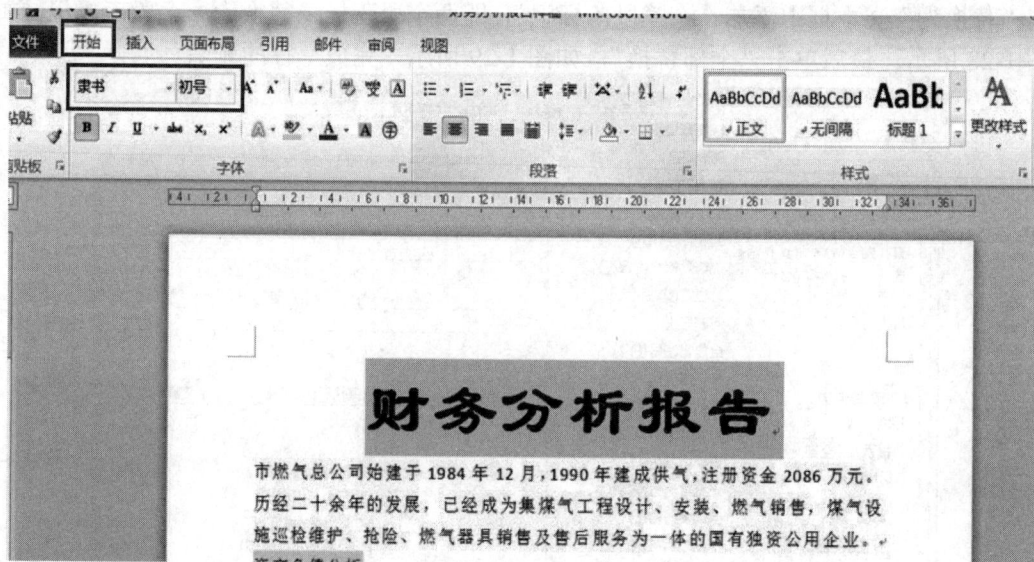

图 1-30　字体及居中显示设置

　　鼠标指向选定行，单击右键，显示快捷菜单，选择"字体"进入"字体"对话框，选择"高级"选项卡，在字符间距"缩放"中输入"120%"，如图 1-31 所示。

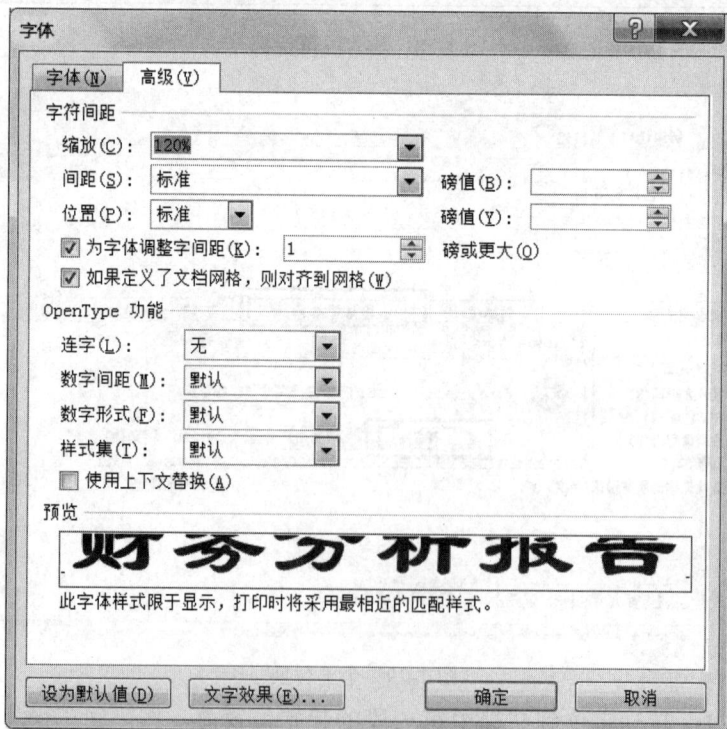

图 1-31　字符间距

在"开始"选项卡"字体"命令组的"字体颜色"下拉列表框中选择"渐变"，再选择"其他渐变"，打开"设置文本效果"对话框，如图 1-32 所示。

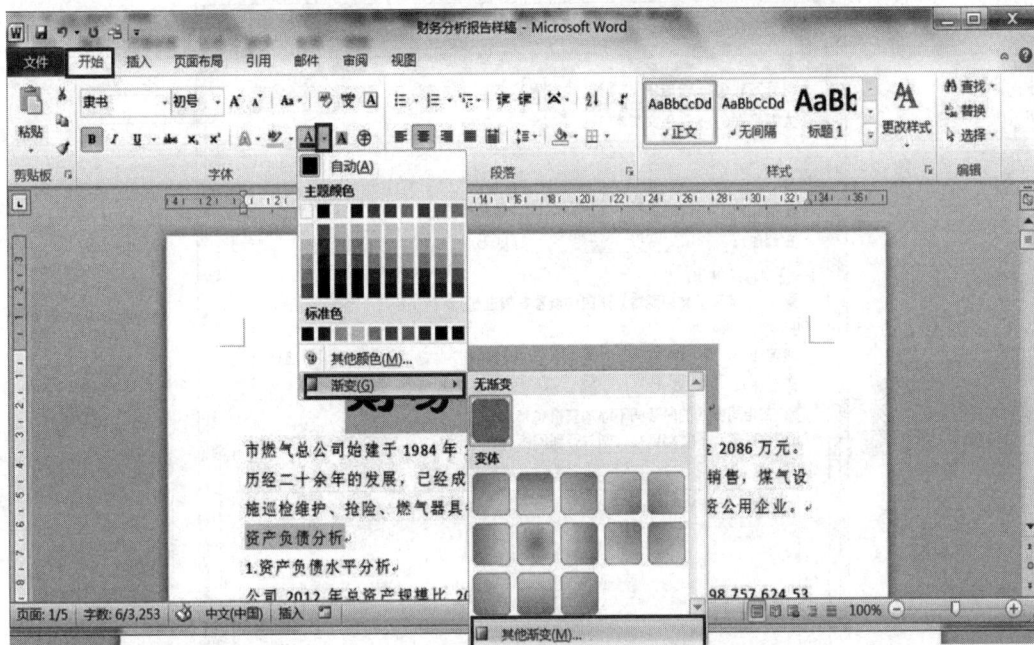

图 1-32　进入渐变填充

在"设置文本效果格式"对话框的"文本填充"项中，选择"渐变填充"，单击"预设颜色"选择"红日西斜"，再单击"类型"选择"射线"，如图 1-33 所示。

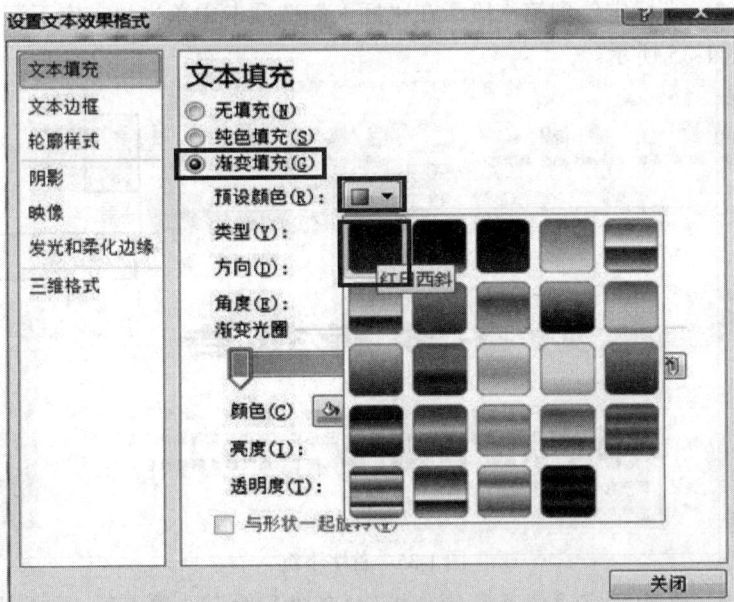

图 1-33　渐变预设颜色

鼠标指向选定行，单击右键，显示快捷菜单，选择"段落"进入"段落"对话框，再选择"缩进和间距"选项卡，将间距"段后"调整为"1 行"，如图 1-34 所示。

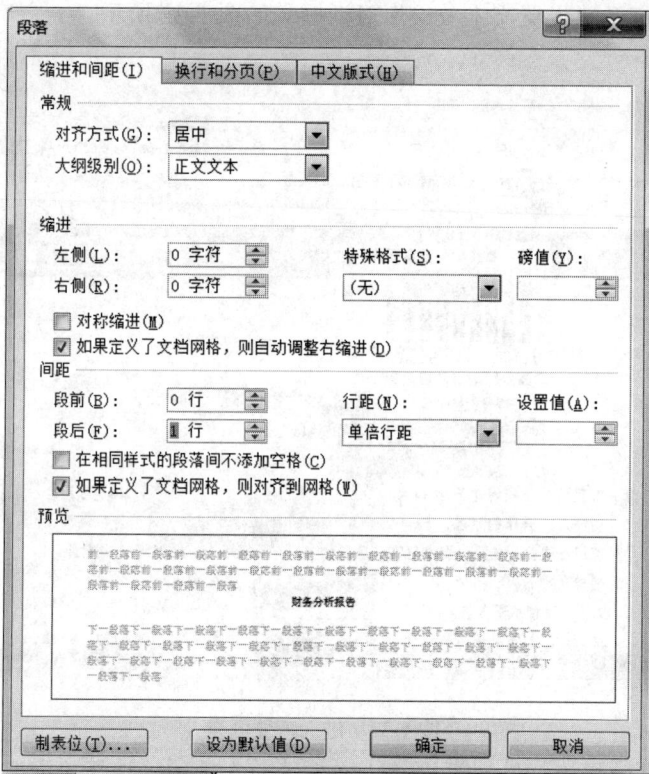

图 1-34　段间距设置

操作步骤 3：光标定位到第一段，在"插入"选项卡中单击"首字下沉"命令，选择"下沉"，如图 1-35 所示。

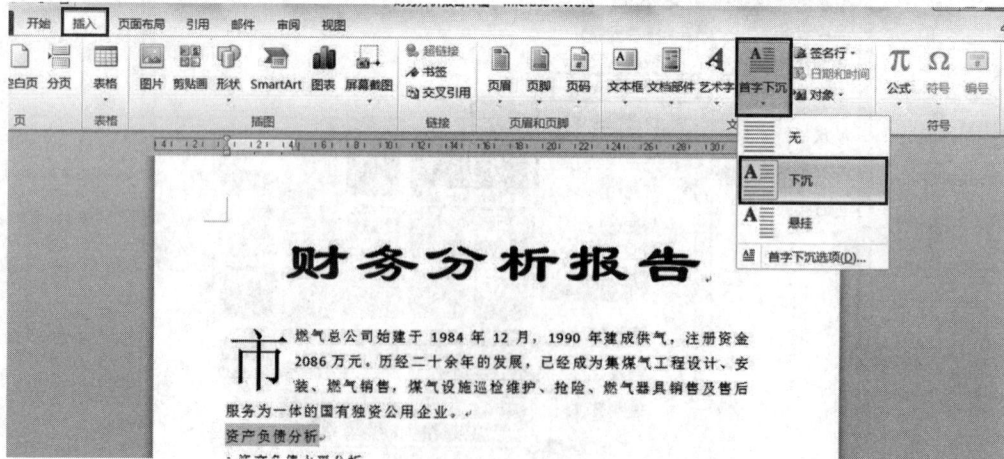

图 1-35　首字下沉

操作步骤 4：选定文字"资产负债分析"，在"开始"选项卡的"段落"命令组中单击"编号"，选择"一、二、三、"，如图 1-36 所示。设置字体为"黑体"，字号为"三号""加粗"。

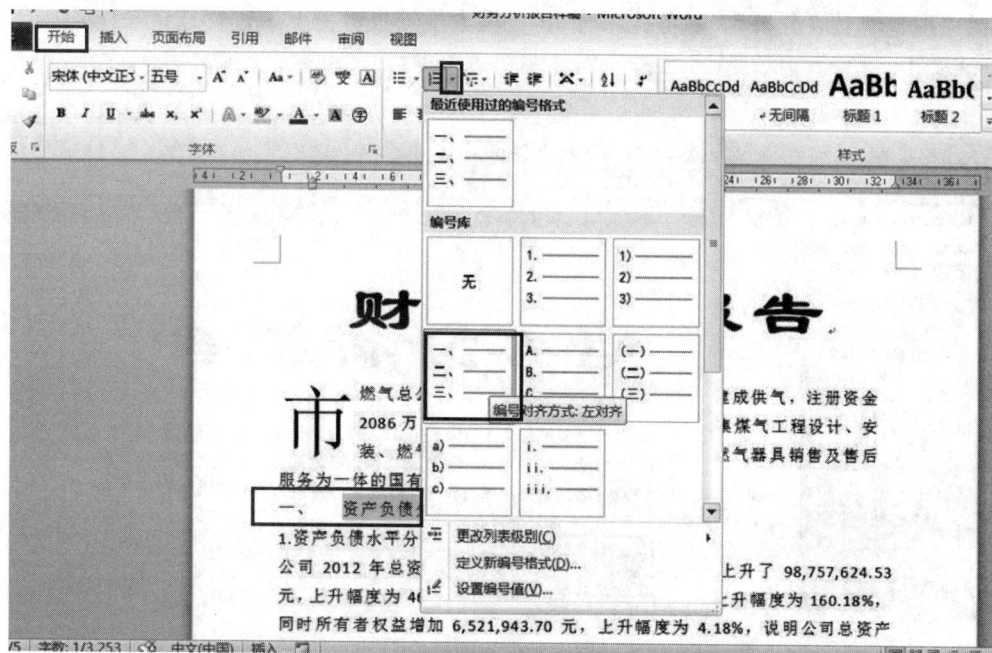

图 1-36　自动编号

　　选定文字"资产负债分析"，在"开始"选项卡的"字体"命令组中单击"以不同颜色突出显示文本"，选择"无颜色"，清除"以不同颜色突出显示文本"的效果，如图 1-37 所示。

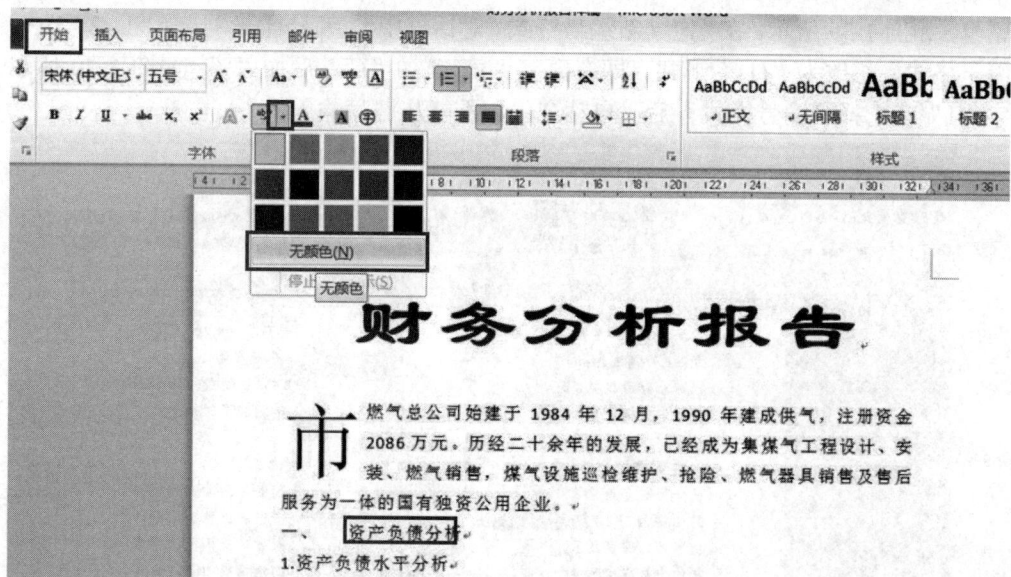

图 1-37　清除"以不同颜色突出显示文本"效果

　　利用格式刷复制段落格式。选定文字"资产负债分析"，双击"开始"选项卡的"格式刷"命令，复制文字"资产负债分析"的字体、字号、自动编号和段落格式(单击为一次复制，双击为连续复制)，如图 1-38 所示。当鼠标指针变成"🖌"状态时，对"文字利润分析""现金流量表分析""财务比率分析""重大事项报告情况"进行选定操作。

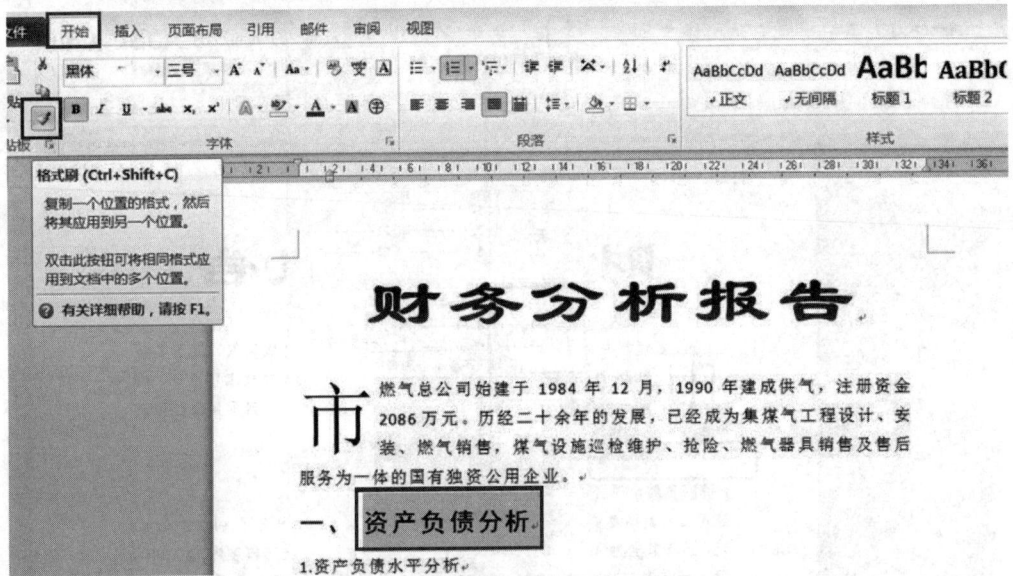

图1-38　复制格式

对文档中所有出现编号如"1.资产负债水平分析""2.资产负债垂直分析"等改为"自动编号",并设置字体为"仿宋体",字号为"三号""加粗"。

光标定位到"一、资产负债分析"中的"(1)从投资和资产角度分析",在"开始"选项卡的"字体"命令组中单击"编号",选择"定义新编号格式"打开"定义新编号格式"对话框,如图1-39所示。在"定义新编号格式"对话框中,"编号样式"选择"1,2,3,…",
"编号格式"修改为"(1)"形式,即在数字"1"前加"(",后加")",如图1-40所示。数字"1"在选择"编号样式"后,自动产生,不能从键盘输入。

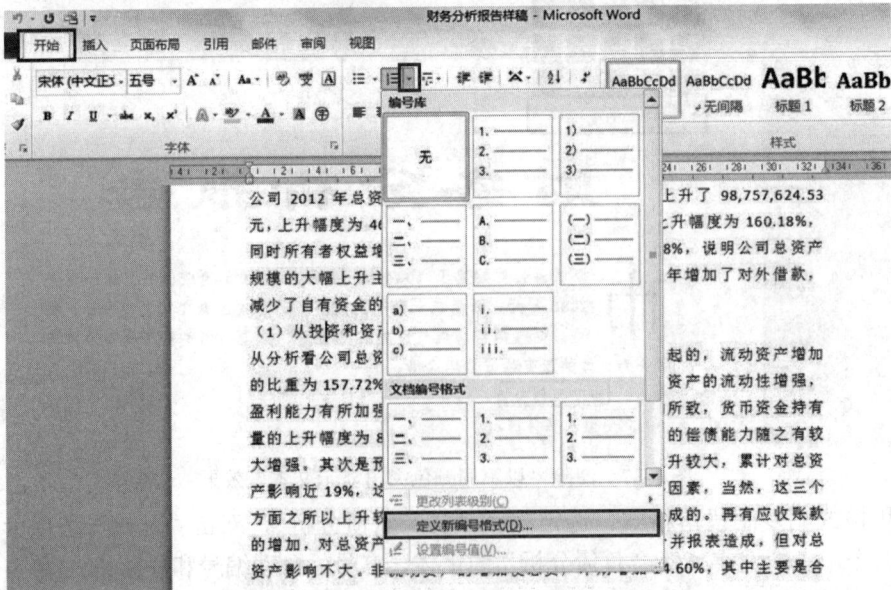

图1-39　打开"定义新编号格式"对话框

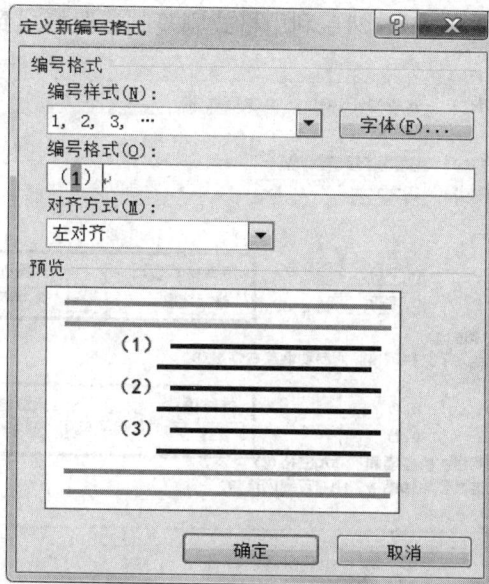

图 1-40　定义新的编号格式

选定"一、资产负债分析"中的"(1)从投资和资产角度分析",设置字体为"仿宋体",字号为"四号",根据"操作步骤 4:利用格式刷复制段落格式"完成对其他编号的修改。

将光标定位到"三、现金流量表分析"中的"经营活动产生的净现金流量",单击右键,在快捷菜单中选择"重新开始于 1",如图 1-41 所示。

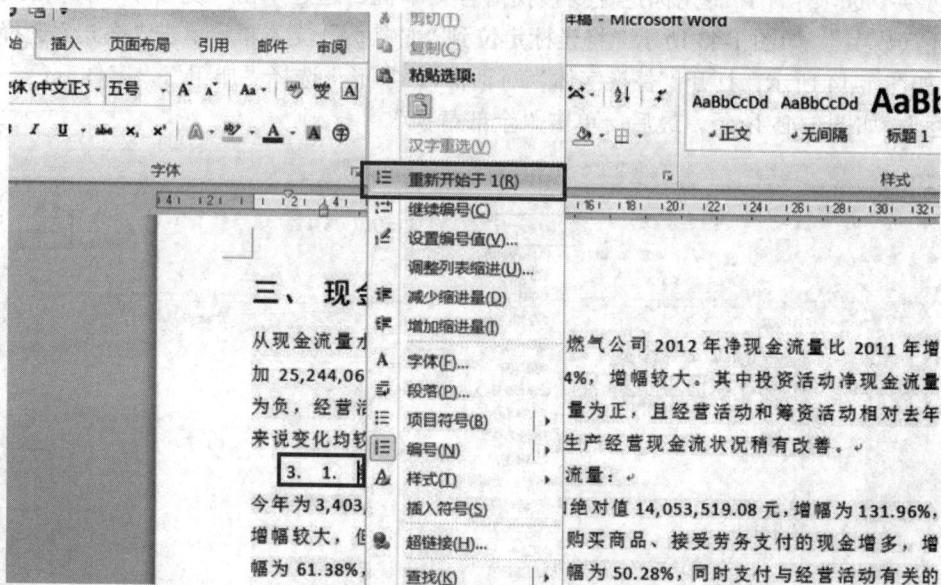

图 1-41　重新开始于 1

操作步骤 5:选定文档第一页中"公司 2012 年总资产规模比 2011 年有较大幅度上升……"所在段的所有内容,设置字体为"仿宋体",字号为"小四"号;鼠标再指向选定内容,单击右键,在快捷菜单中选择"段落",进入"段落"对话框。在"特殊格式"中选择"首行缩进","磅值"为"2 字符",在"行距"下拉列表框中选择"固定值",设置值为"25 磅",如图 1-42 所示。然后利用格式刷复制该段格式到其他段落。

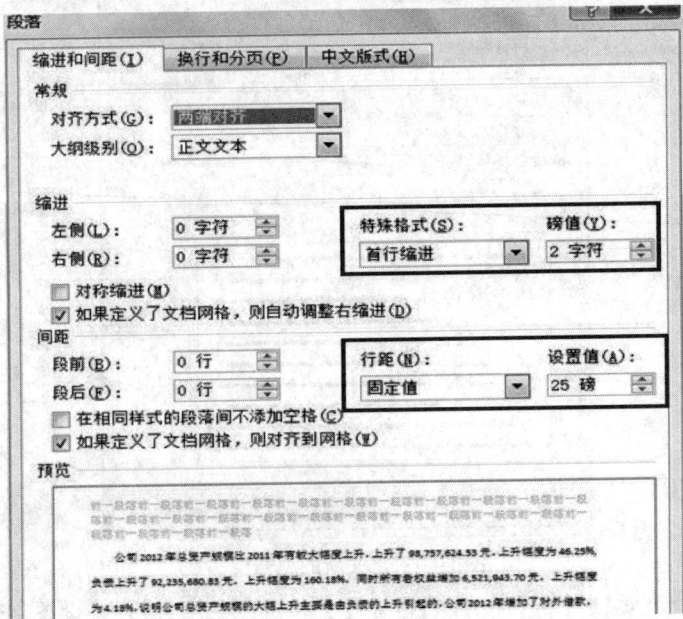

图 1-42　行距、首行缩进设置

操作步骤 6：在"开始"选项卡中单击"替换"命令，打开"查找和替换"对话框。在"替换"选项卡中，将光标定位到查找内容文本框，通过单击"更多""特殊格式"选择"任意数字"，如图 1-43 所示。将光标定位到"替换为"文本框，单击"格式"选择"字体"，如图 1-44 所示。打开"替换字体"对话框，"字形"选择"加粗"，"字体颜色"选择"蓝色"，如图 1-45 所示。最后，单击"全部替换"。

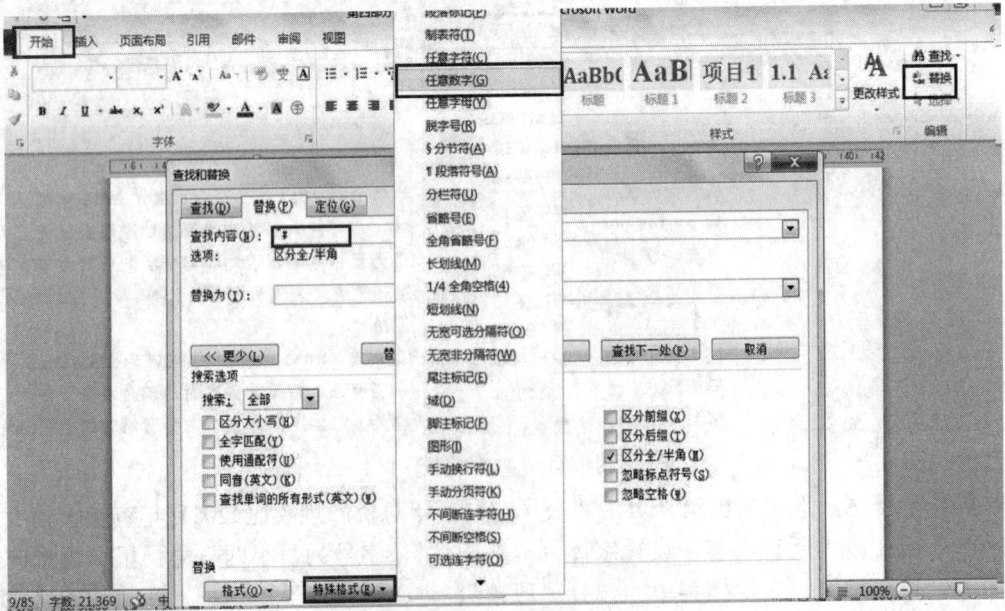

图 1-43　查找任意数字

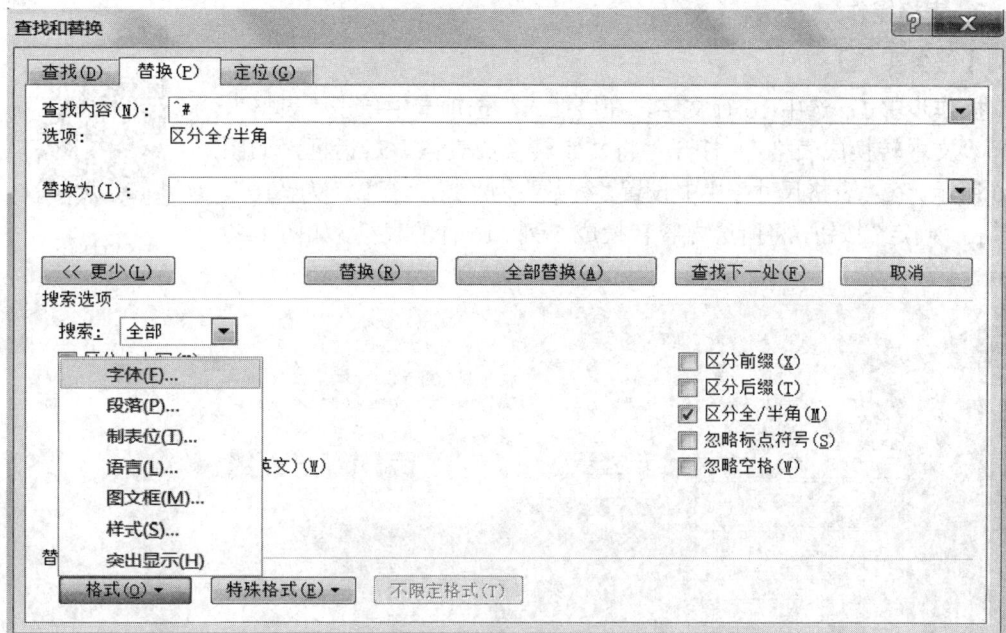

图 1-44　打开替换字体对话框

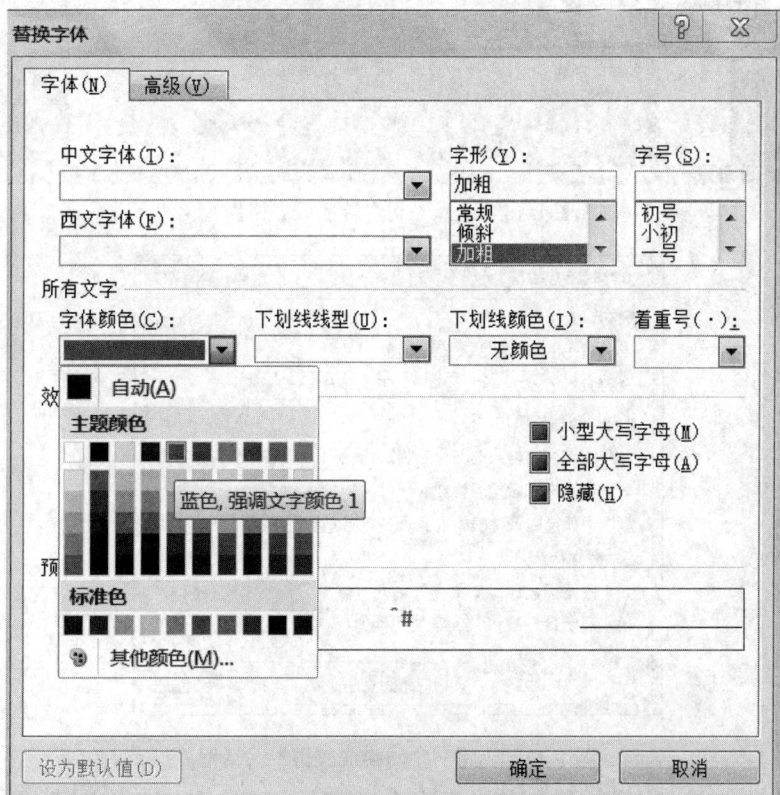

图 1-45　替换字体设置

3. 表格操作

【任务实施】

操作步骤 1： 选中 16 行文字，在"插入"选项卡中单击"表格"，选择"文本转换成表格"，打开"将文字转换成表格"对话框，如图 1-46 所示。在"表格尺寸"栏中设置"列数"为"5"，"行数"为"16"，再单击"确定"按钮，将所选内容转换成 5 列、16 行的表格，如图 1-47 所示。

表格操作

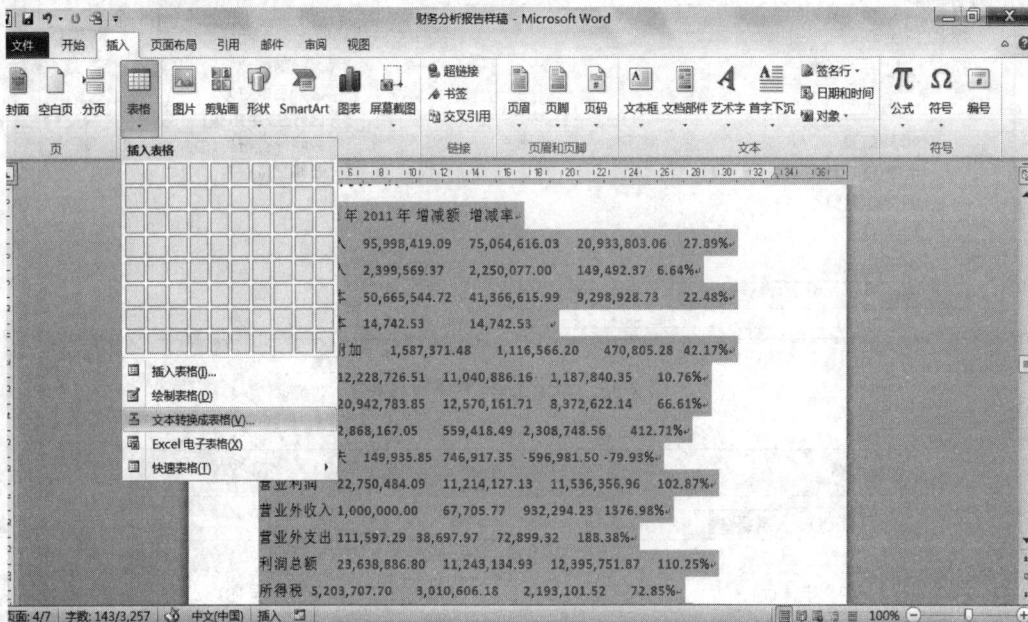

图 1-46 选择"文本转换成表格"

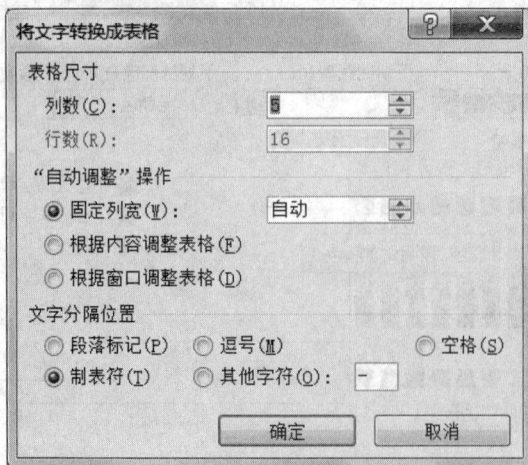

图 1-47 "将文字转换成表格"对话框

鼠标指向表格任意位置，在表格左上方会出现十字标，单击该十字标，选中该表格，设置字号为"10 磅"，如图 1-48 所示。

二、利润分析

项目	2012 年	2011 年	增减额	增减率
主营业务收入	95,998,419.09	75,064,616.03	20,933,803.06	27.89%
其他业务收入	2,399,569.37	2,250,077.00	149,492.37	6.64%
主营业务成本	50,665,544.72	41,366,615.99	9,298,928.73	22.48%
其他业务成本	14,742.53		14,742.53	
营业税金及附加	1,587,371.48	1,116,566.20	470,805.28	42.17%
销售费用	12,228,726.51	11,040,886.16	1,187,840.35	10.76%
管理费用	20,942,783.85	12,570,161.71	8,372,622.14	66.61%

图 1-48　全选表格

操作步骤 2：光标定位到表格中"项目"所在单元格，在"设计"选项卡中单击"边框"右侧的"▾"命令，选择"斜下框线"，如图 1-49 所示。

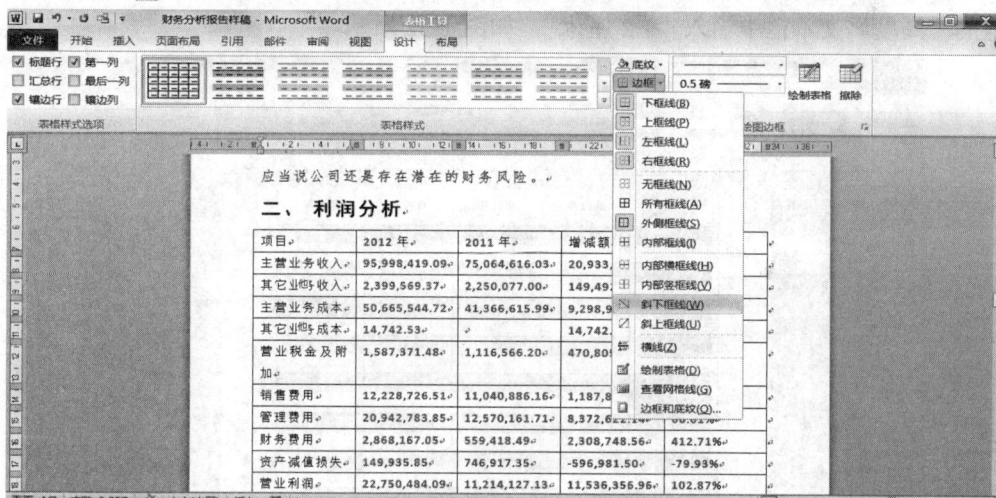

图 1-49　单元格加斜线

光标定位到"项目"的"项"字前，按回车键，添加一行并将"项目"移到第 2 行。在第 1 行输入"年度"，并在"年度"前加空格，将"年度"二字调整到合适位置，如图 1-50 所示。

二、　利润分析

年度 项目	2012 年	2011 年	增减额	增减率
主营业务收入	95,998,419.09	75,064,616.03	20,933,803.06	27.89%
其他业务收入	2,399,569.37	2,250,077.00	149,492.37	6.64%
主营业务成本	50,665,544.72	41,366,615.99	9,298,928.73	22.48%
其他业务成本	14,742.53		14,742.53	
营业税金及附	1,587,371.48	1,116,566.20	470,805.28	42.17%

图 1-50　单元格斜线文字输入

操作步骤 3：选择表 1 中第 1 行除"项目"单元格外的所有单元格，在"布局"选项卡中单击"对齐方式"命令组的"水平居中"，即单元格水平、垂直都居中，如图 1-51 所示。在"开始"菜单中，设置字体"加粗"。

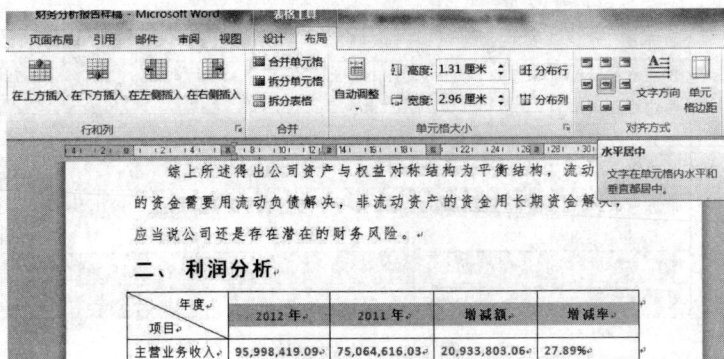

图 1-51 水平、垂直居中

选择表 1 中除标题行(即第 1 行)外的所有行，在"布局"选项卡的"单元格大小"命令组的"高度"文本框中输入"1.2 厘米"，如图 1-52 所示。

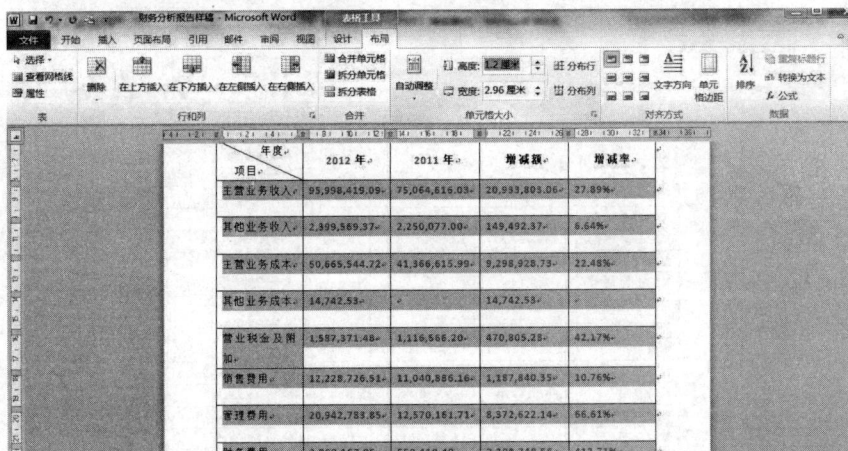

图 1-52 设置行高

选择表 1 中第 1 行所有单元格，在"布局"选项卡中单击"重复标题行"，如图 1-53 所示。

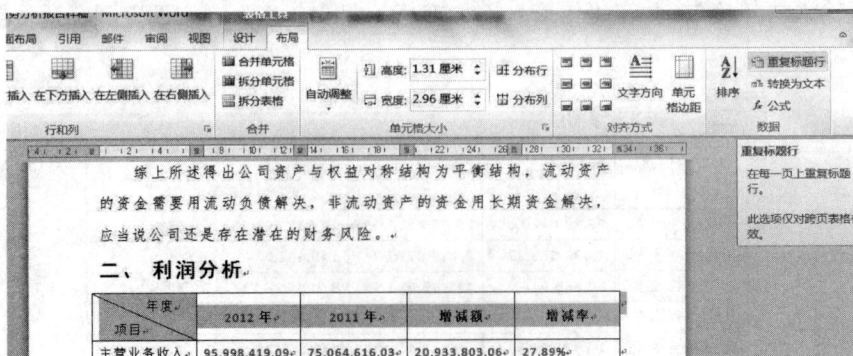

图 1-53 单击"重复标题行"

操作步骤 4： 选中整张表格，在"设计"选项卡中单击"绘图边框"命令组的"线宽"下拉列表框，选择"1.5 磅"，如图 1-54 所示。

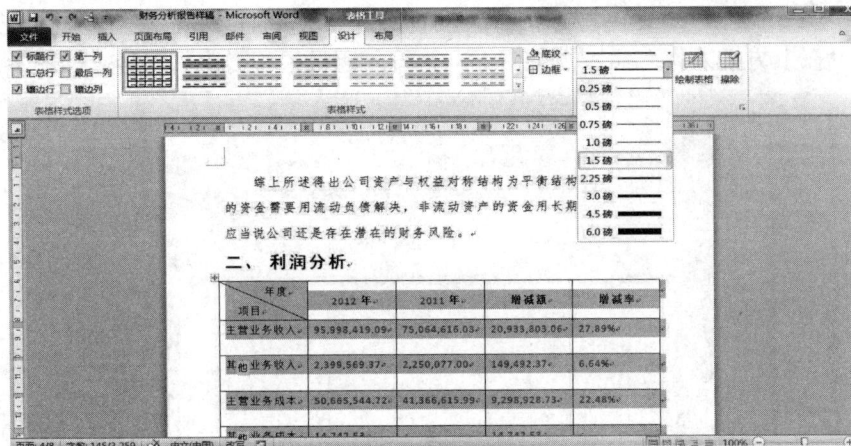

图 1-54　设置表格线宽

单击"笔颜色",选择"蓝色",如图 1-55 所示。

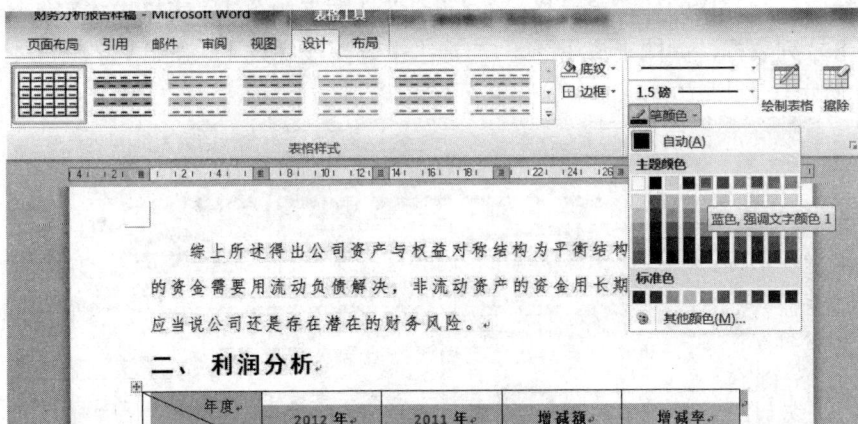

图 1-55　设置边框颜色

在"设计"选项卡中单击"表格样式"命令组的"边框"下拉列表框,选择"外侧框线",如图 1-56 所示。

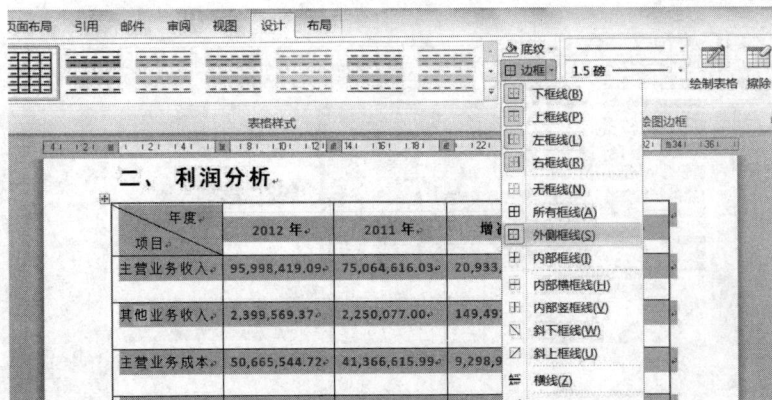

图 1-56　设置表格外框

操作步骤 5： 选定表 2 中"利息支出"所在行，在"布局"选项卡中单击"行和列"命令组的"在上方插入行"插入一空白行，并输入题目中相对应的内容，如图 1-57 所示。

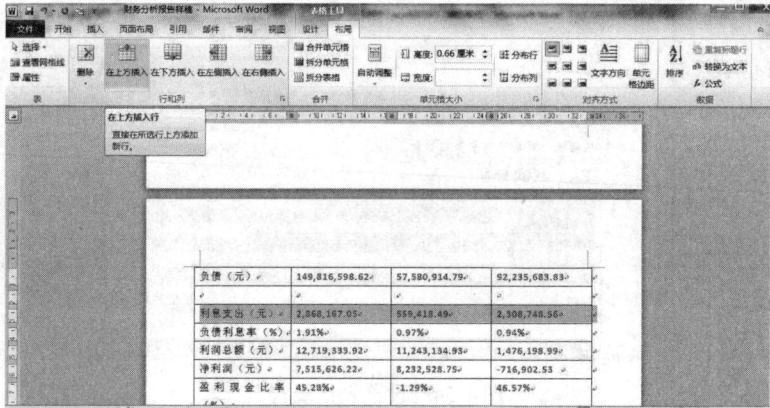

图 1-57　表格插入空行

将光标定位列表格的任意单元格，在"设计"选项卡中单击"表格样式"命令组的"其他"样式下拉列表框，如图 1-58 所示。选择"中等深浅底纹 1，强调文字颜色 4"样式，如图 1-59 所示。

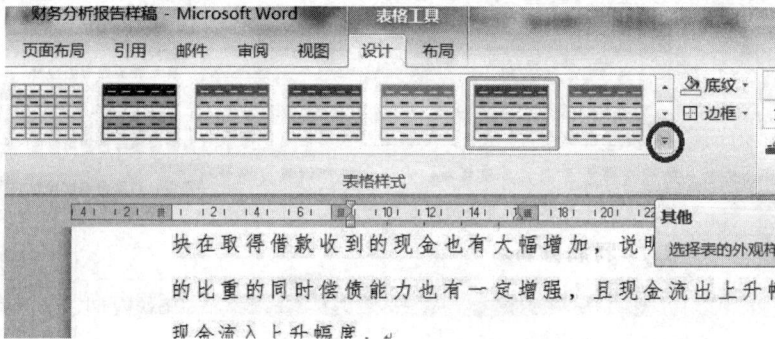

图 1-58　打开"表格样式"

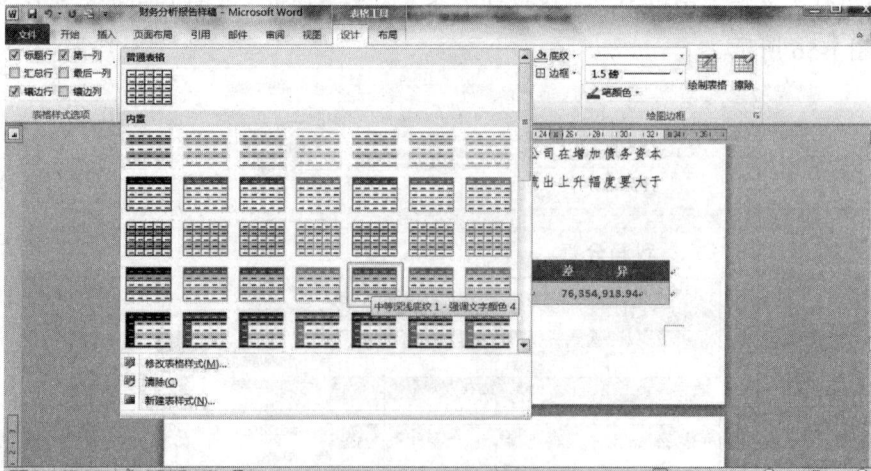

图 1-59　表格套用样式

将光标定位到表格的任意单元格，在"设计"选项卡中单击"表样式"命令组的"标题行"复选框，将"√"去掉，如图 1-60 所示。

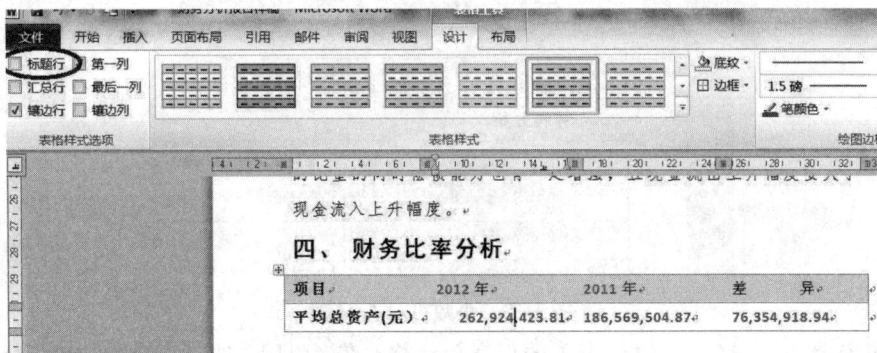

图 1-60　无标题行设置

将光标定位到表格的任意单元格，在"布局"选项卡中单击"单元格大小"命令组的"自动调整"命令，选择"根据内容自动调整表格"，如图 1-61 所示。

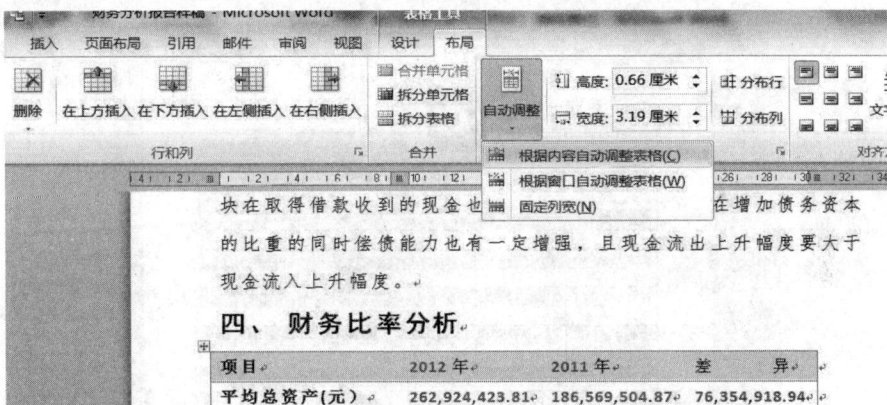

图 1-61　根据内容自动调整表格设置

操作步骤 6：选定表 1 中第 2 列的所有数据(标题单元格除外)，在"制表符调整"按钮上单击几次鼠标，调整制表符为"小数点对齐式制表符"，如图 1-62 所示。

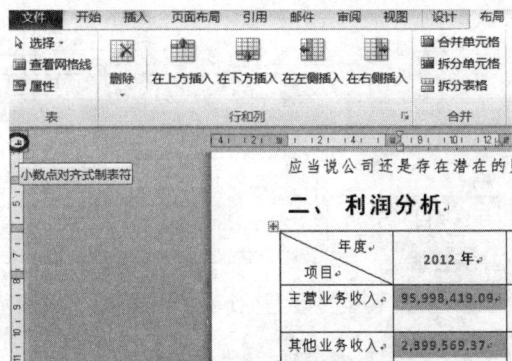

图 1-62　调整为"小数点对齐式制表符"

在图 1-63 所示位置的"标尺"上单击鼠标，将该列所有数字设置为"小数点对齐"。

表 1 其他列和表 2 的设置方法与此方法相同。

图 1-63　小数点对齐设置

操作步骤 7：将光标定位到表 1 的任意单元格，在"引用"选项卡中单击"插入题注"，打开"题注"对话框，如图 1-64 所示。

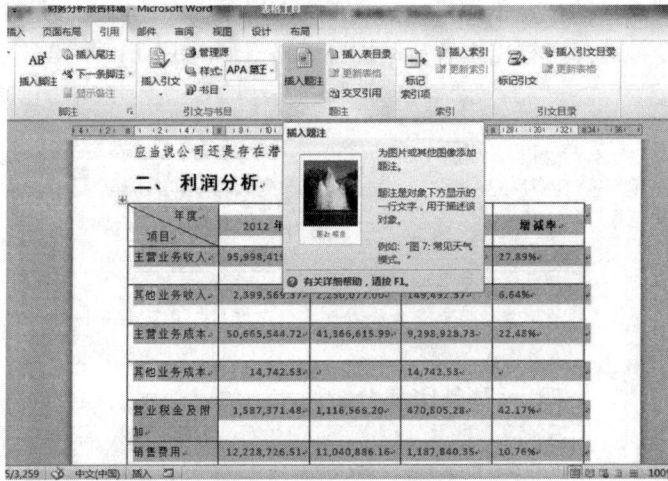

图 1-64　打开"题注"对话框

在"题注"对话框中单击"新建标签"，在"新建标签"文本框中输入"表"字，如图 1-65 所示。

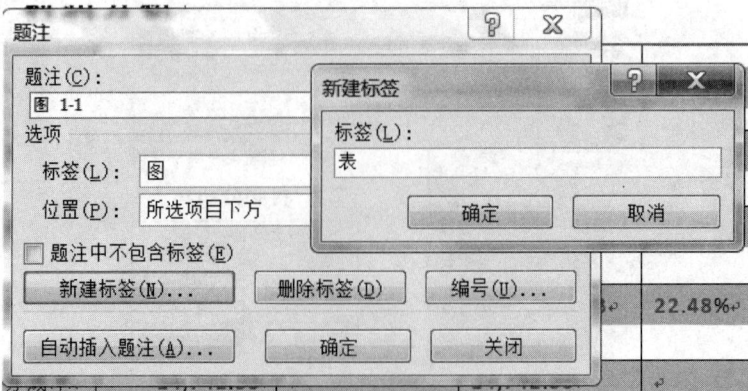

图 1-65　新建标签

在"题注"对话框中单击"编号",打开"题注编号"对话框,在"格式"下拉列表框中选择"Ⅰ,Ⅱ,Ⅲ,…",如图 1-66 所示。

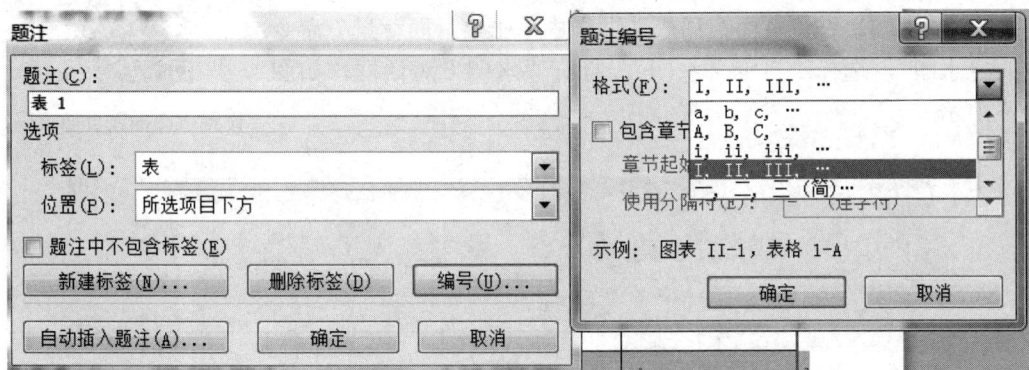

图 1-66　修改题注编号格式

在"题注"对话框中单击"位置"下拉列表框选择"所选项目上方",如图 1-67 所示。

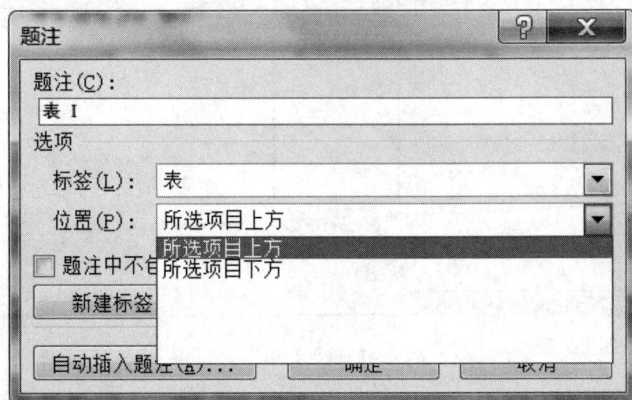

图 1-67　修改题注编号位置

在"题注"对话框的"题注"文本框中输入"表 1 利润分析表"后,单击"确定"按钮,完成表 1 题注的插入,最后设置该题注居中,如图 1-68 所示。表 2 题注的插入参照此操作。

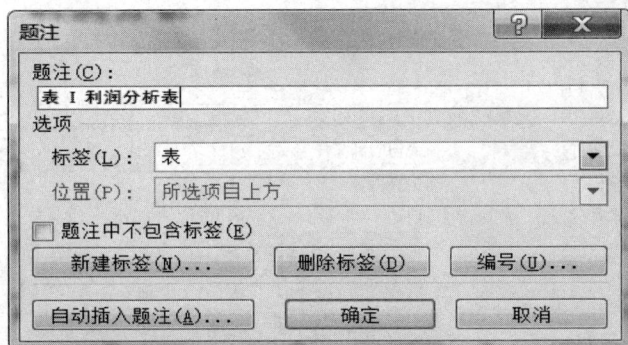

图 1-68　输入题注名

4. 设置水印与插入页眉、页码

【任务实施】

操作步骤 1： 在"页面布局"选项卡中单击"页面背景"命令组的"水印"，选择"自定义水印"，打开"水印"对话框，如图1-69 所示。

设置水印插入页眉页码

图 1-69 打开"水印"对话框

在"水印"对话框中选择"文字水印"按钮，在文字文本框中输入"公司内部文件"，字体选择"华文新魏"，版式选择"斜式"，如图 1-70 所示。

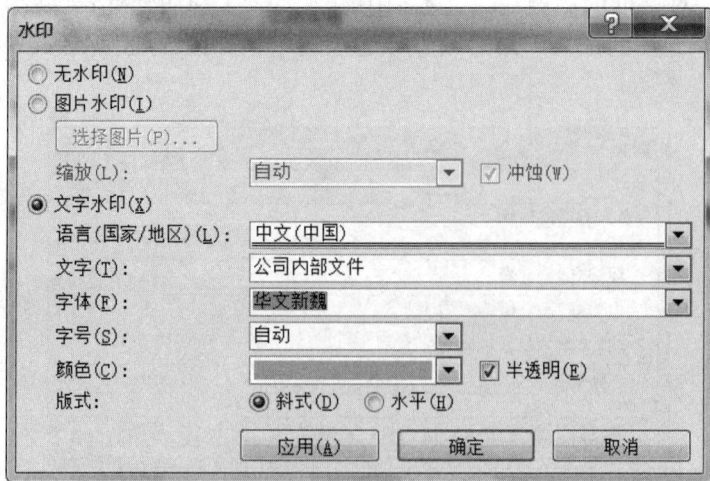

图 1-70 水印设置

操作步骤 2：光标定位到文档第一页，在"插入"选项卡中单击"页眉"，选择"编辑页眉"进入到页眉编辑状态，如图 1-71 所示。

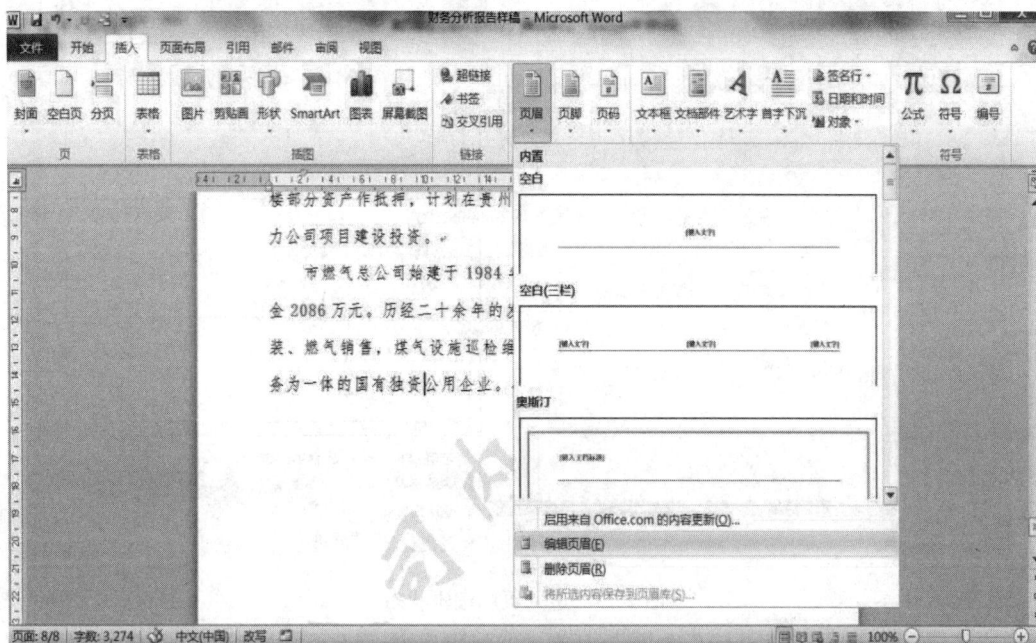

图 1-71　进入页眉编辑状态

在"页眉和页脚工具设计"选项卡中勾上"奇偶页不同"复选框，在奇数页眉输入"财务分析报告"，如图 1-72 所示。然后，在偶数页眉(本文档中的第 2 页)输入"燃气总公司"。

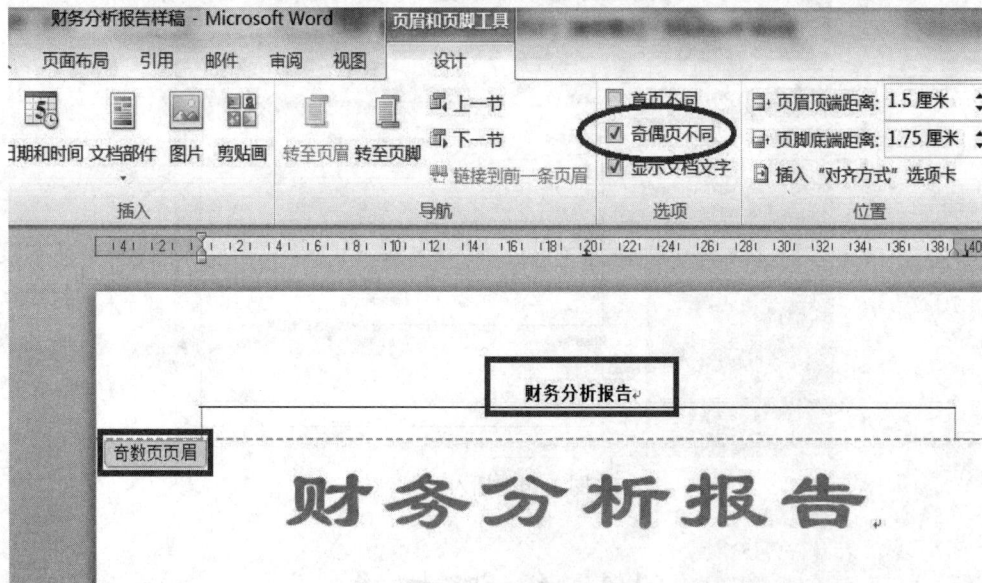

图 1-72　奇偶页眉

操作步骤 3：光标定位到文档第一页，在"插入"选项卡中单击"页脚"，选择"编辑页脚"进入到页脚编辑状态，如图 1-73 所示。

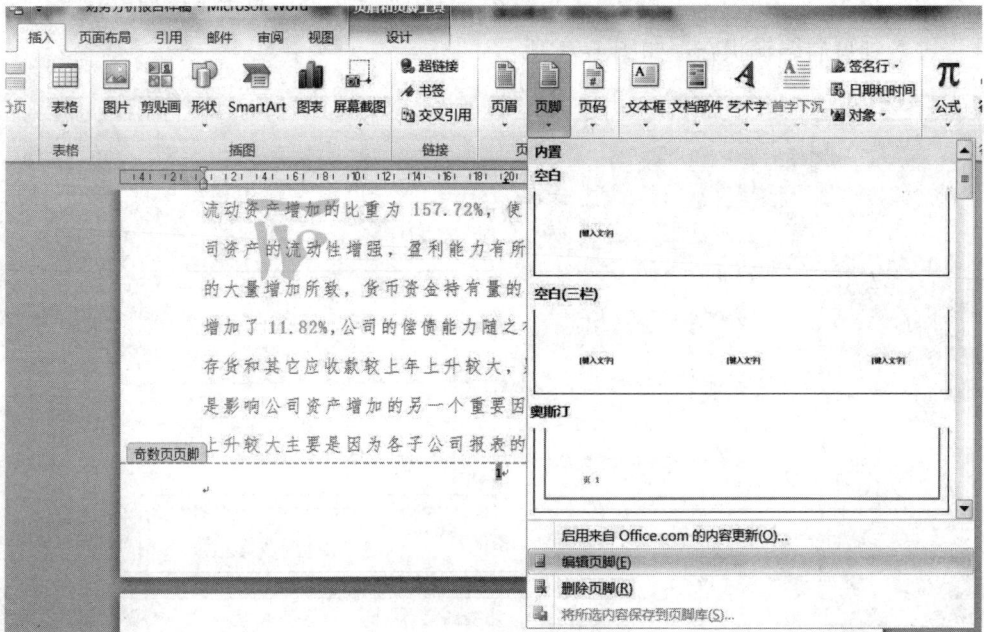

图 1-73　进入页脚编辑状态

　　在"页眉和页脚工具设计"选项卡中单击"页码",选择"页面底端"→"普通数字 2",为奇数页插入页码,如图 1-74 所示。单击"下一节",转至"偶数页",参照此步骤为偶数页插入页码。注意:文档分奇偶页,要分别为奇数页和偶数页插入页码。

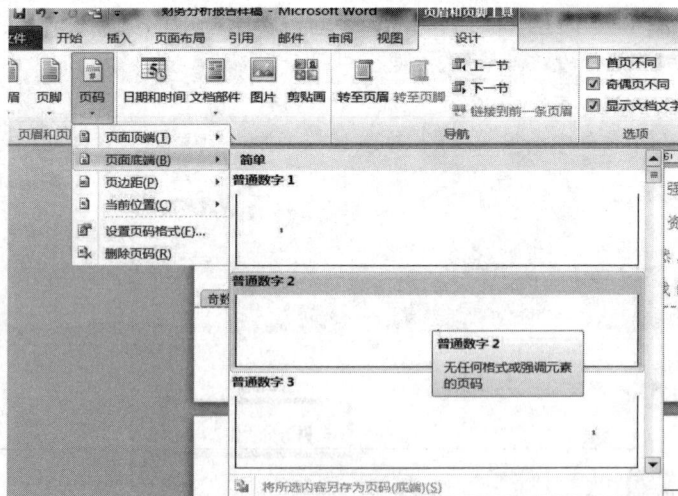

图 1-74　插入页码

1.4　知　识　拓　展

　　快速访问工具栏包括新建、保存、打开、撤销(Word 2010 中显示为撤消)、重做、快速打印等,如图 1-75 所示。

图 1-75　快速访问工具栏

Word 2010 文档窗口中的"快速访问工具栏"用于放置命令按钮，使用户快速启动经常使用的命令。默认情况下，"快速访问工具栏"中只有数量较少的命令，用户可以在右侧自定义快速访问工具栏勾选所需要的按钮，也可以选择"其他命令"。打开 Word 选项对话框为快速访问工具栏添加自定义按钮，如图 1-76 所示。

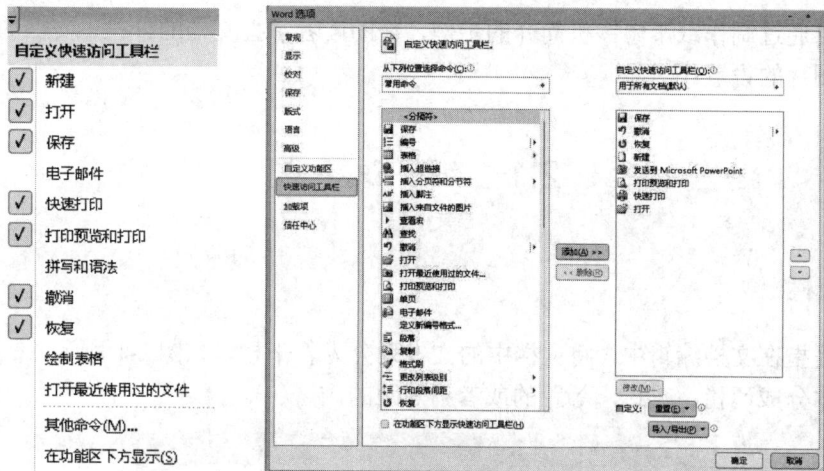

图 1-76　自定义快速访问工具栏

用户也可以用另一种方法添加多个自定义命令，操作步骤如下：

(1) 打开 Word 2010 文档窗口，依次单击"文件"→"选项"命令。

(2) 在打开的"Word 选项"对话框中切换到"快速访问工具栏"选项卡，然后在"从下列位置选择命令"列表中单击需要添加的命令，并单击"添加"按钮即可。

(3) 重复步骤(2)，可以向 Word 2010 快速访问工具栏添加多个命令，依次单击"重置"→"仅重置快速访问工具栏"按钮，将"快速访问工具栏"恢复到原始状态。

第 2 章　纸币验钞机

本项目通过制作纸币验钞机简介的示例，帮助读者掌握文档的分栏、文档的布局及插入形状和图片的设置。

2.1　知　识　点

2.1.1　分栏

分栏是指在文档编辑中，将文档中的文本划分为若干栏，如图 2-1 所示。在 Word 中，可以将文本分成两栏、三栏，等距的或者不等距的。

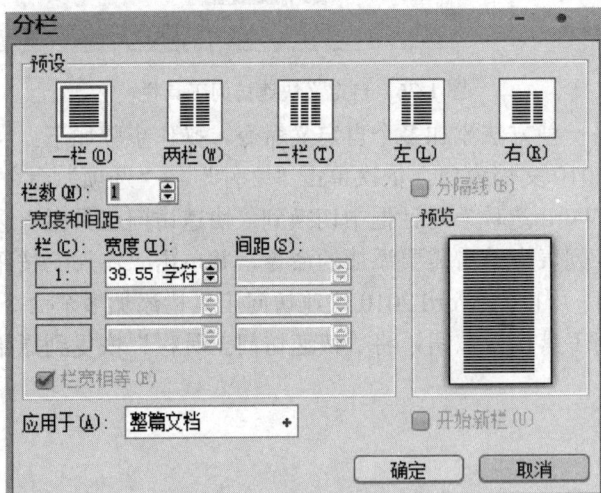

图 2-1　分栏

通过更多分栏可以设置预设的分栏方法，输入栏数，设置每一栏的宽度和间距。因为确定了栏数，所以最后一栏的栏宽是系统根据页面宽度自动计算的。分栏可以应用于整篇文档，也可应用于某些段落或章节。

2.1.2　图片设置

1. 图片插入

插入素材图片。在"插入"选项卡选择"插图"命令组中的"图片"，在"插入图片"

对话框选择素材图片，如图 2-2 所示。

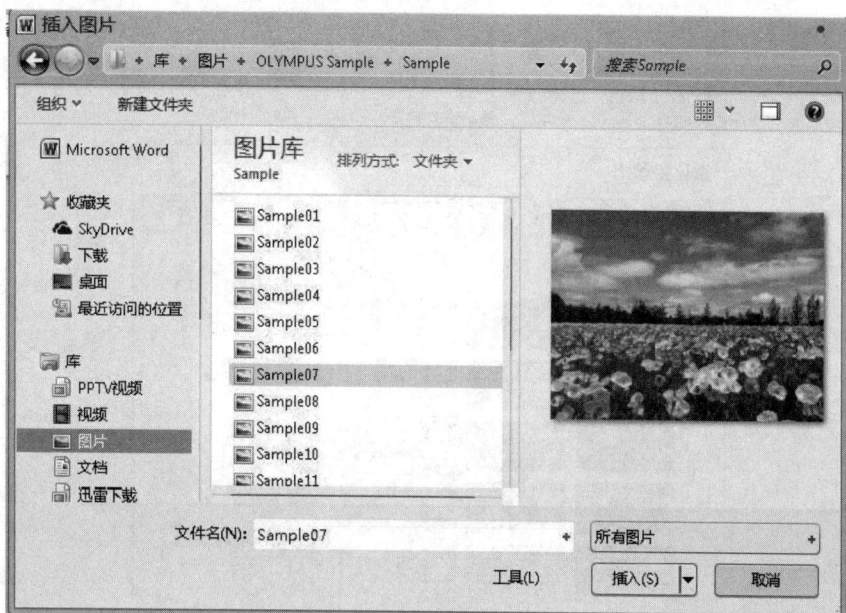

图 2-2　插入图片

对于插入进来的图片可以进行一系列的图片格式设置。单击插入的图片对象，可以看到"图片工具格式"选项卡。

2. 图片调整

"图片调整"命令组可以删除图片的背景，更正图片的亮度，调整图片颜色，设置图片艺术效果。"图片调整"命令组如图 2-3 所示。

图 2-3　"图片调整"命令组

(1) 删除背景：单击后会弹出删除背景的选项卡，如图 2-4 所示。通过"标记要保留的区域""标记要删除的区域"以及"删除标记"来实现去背景或抠图的效果，保留更改就能生效，也可以放弃重来，或者做完后选择重设图片还原图像。

图 2-4　删除背景选项卡

(2) 更正：主要是修改图片的锐化柔化以及亮度和对比度，如图 2-5 所示。

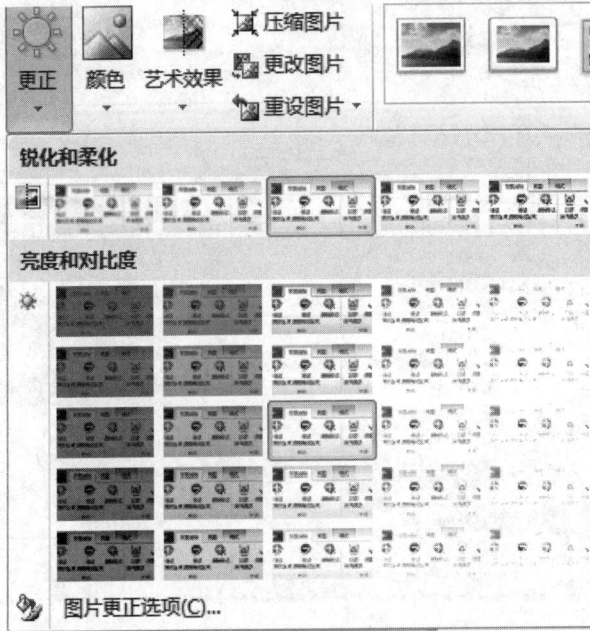

图 2-5　更正图片

(3) 颜色：主要是调整图片的色调和饱和度，也可以重新为图片着色，如图 2-6 所示。通过颜色的设置透明色也可以为单色背景的图片抠像。

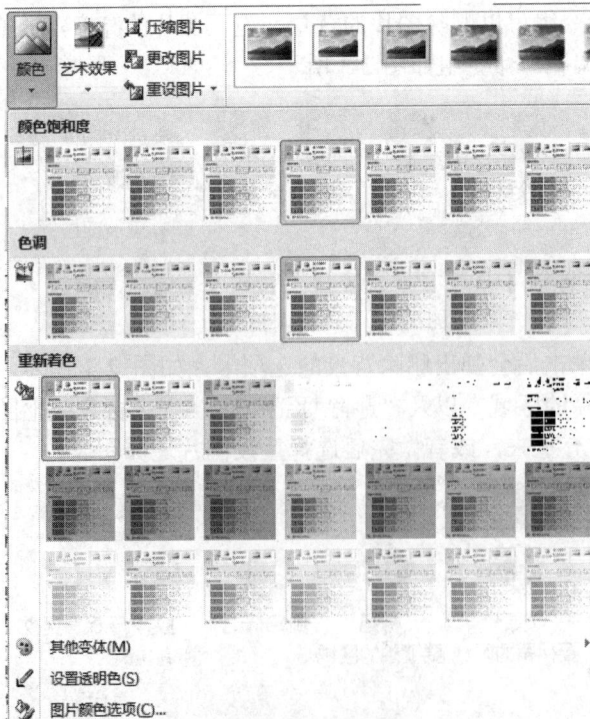

图 2-6　颜色调整

　　(4) 艺术效果：主要是设置图片的艺术效果。Word 2010 预设了一些效果，用户也可以通过选项进行自定义的调整，如图 2-7 所示。

图 2-7　艺术效果设置

　　(5) 压缩图片：对于某些文档，高清大图会造成文件变得很巨大。如果希望缩小文件大小，那么可以压缩图片。在对图片质量要求不高的前提下，选择目标输出的分辨率，能大大压缩图片，缩小文件大小，如图 2-8 所示。

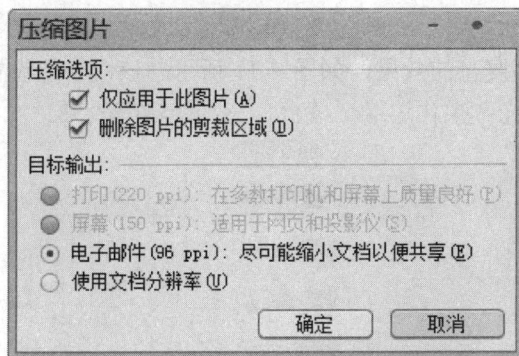

图 2-8　压缩图片

　　(6) 更改图片：能以新图片替换当前的图片。在弹出的插入图片对话框中选择需要更换的图片即可。

　　(7) 重设图片：可以将图片还原到插入时的状态。其中，重设图片和大小可以还原到图片插入时的大小。

3. 图片样式

(1) 可以在样式命令组中选择 Word 2010 自带的一些样式，快速地对图片效果进行设置，如图 2-9 所示。

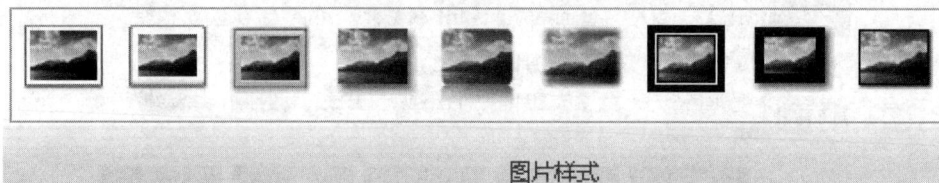

图 2-9　图片样式

(2) 可以为图片加上边框或轮廓线，如图 2-10 所示。在该命令中可设置边框颜色、边框粗细和虚线，如去掉边框可设置无轮廓。

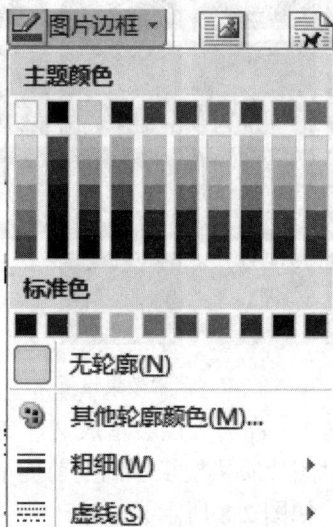

图 2-10　图片边框设置

(3) 设置图片 3D 和发光的效果，如图 2-11 所示。该命令能设置一系列图片效果，有预设、阴影、映像、发光、柔化边缘、棱台、三维旋转等效果。

图 2-11　图片效果设置

(4) 将图片转换为 SmartArt 版式。

4. 图片布局

插入的图片可以通过"格式"选项卡在"排列"命令组中选择位置，默认为"嵌入文本行中"，也可以选择其他位置，如图 2-12 所示。自动换行可设置文字环绕方式：嵌入型、四周型、紧密型、穿越型、上下型、衬于文字下方、浮于文字上方等，如图 2-13 所示。图片大小可设置宽度、高度的绝对值，旋转的度数；调整大小可以设置锁定纵横比或相对原始图片大小；缩放可以按照百分比，也可以按照尺寸精确控制，如图 2-14 所示。这三项设置都能在布局对话框进行设置。

图 2-12　图片位置

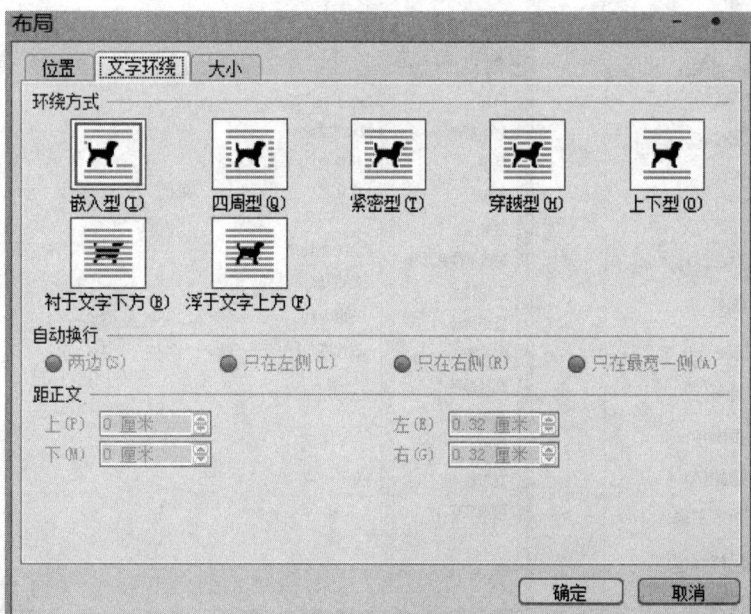

图 2-13　环绕方式

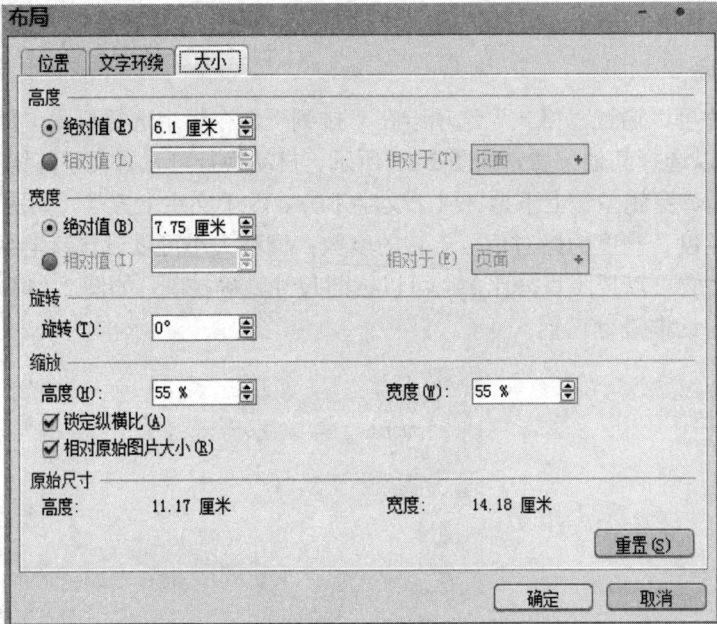

图 2-14　图片大小

对齐包括左对齐、左右居中、右对齐、顶端对齐、上下居中、底端对齐、横向分布、纵向分布，另外可以查看网格线，设置网格间距，如图 2-15 所示。

对于多个对象可以进行组合，也可对组合对象取消组合。

插入的图片或形状文本框或艺术字均可进行旋转。旋转可进行左右 90 度旋转，垂直或水平翻转，也可以任意角度旋转。

通过"设置图片格式"对话框，可对图片进一步进行精确的格式设置，如图 2-16 所示。

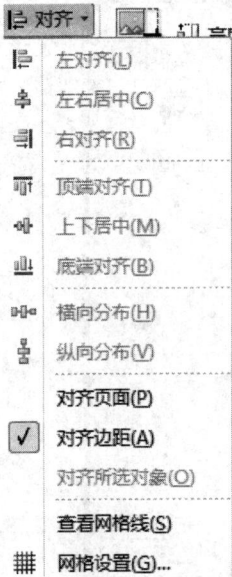

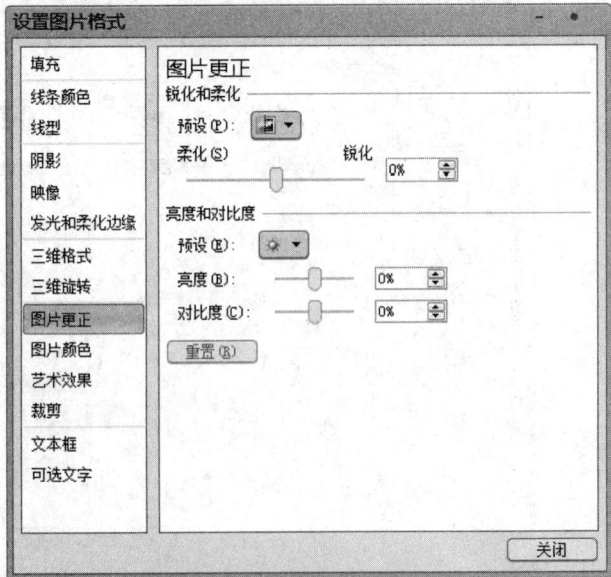

图 2-15　图片对齐　　　　　　图 2-16　"设置图片格式"对话框

2.1.3　形状

"插入"选项卡中的插入形状非常丰富，Word 2010 做了分类，包括最近使用的形状、线条、基本形状、箭头总汇、流程图、标注、星与旗帜等，如图 2-17 所示。在项目中就是要利用基本形状来绘制一个图形。

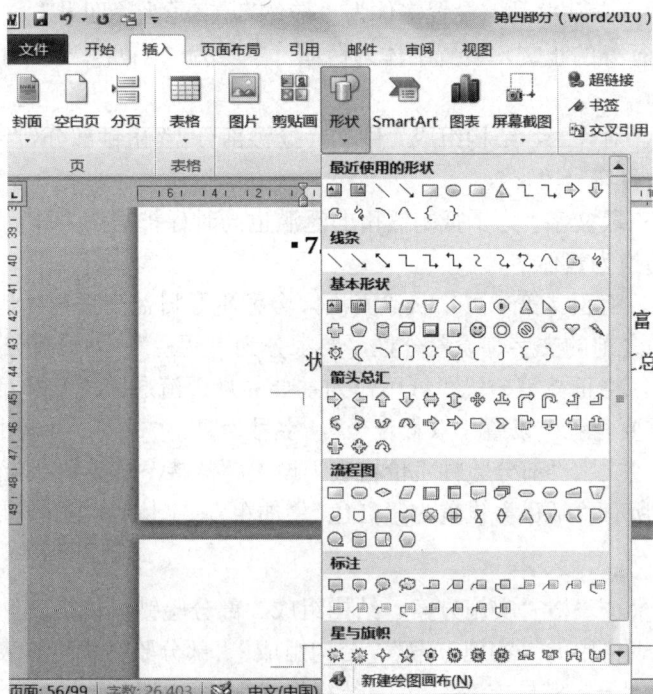

图 2-17　插入形状

2.2　任　务　书

1. 版面设置

(1) 设置纸张大小为"A4"，上、下、左、右页边距各为"2.5 厘米"，"书籍折页"打印。

(2) 在文档前插入一张空页。

(3) 在插入的空页中输入"纸币验钞机"，上、下、左、右均居中对齐显示，字体为"华文琥珀""72 磅"，文字为"竖排"。

任务书

(4) 参照效果图所示，对文字"纸币验钞机"设置"渐变填充"。

2. 正文排版

(1) 删除正文第一页中"为了抵制假币的泛滥也同时保护消费者和商家的利益…"所在段的所有空格。

(2) 使用自动编号，并参照样稿利用标尺调整对齐。

① 对文档中的标题，"实施方案""结构组成""部分验钞机价格表"使用自动编号，编号格式为"一、二、三、"，字体为"微软雅黑"，字号为"三号""加粗"。

② 对文档中所有出现编号，如"1.鉴伪功能 2.录码功能 3.网络功能……"等改为自动编号，并设置字体为"楷体"，字号为"三号""加粗"。

③ 对文档中所有出现编号，如"(1)安全线磁编码鉴伪功能(2)磁性鉴伪(3)光学特性检测鉴伪……"等改为自动编号，设置字体为"楷体"，字号为"四号"。

(3) 对除标题行外的正文，设置字体为楷体，字号为"小四"号，行距为"1.25 行"，首行缩进"2 字符"。

(4) 项目符号。对"二、结构组成"中的"捻钞部分""出钞部分""接钞部分""电子电路部分"设置项目符号"➤"。

(5) 将正文第三段文字"为了抵制假币的泛滥也同时保护消费者和商家的利益，……"所在段落简体字转换为繁体字。

(6) 设置分栏。将正文第一页，从"其次，金融犯罪日益严重抢劫运钞车"开始，到"一、实施方案"之前的文字，设置分栏，要求分为"两栏"，并设置分隔线。

(7) 双行合一。将正文第一段"纸币作为主要的货币流通手段"和第二段文字"在人们生活中承担着重要角色"设置"双行合一"，字号为"小二号"，并居中显示。

(8) 为最后一段文字"部分验钞机价格表"设置超链接，链接到"http://www.jd.com"。

(9) 将正文中所有"纸币"设置为"红色""加粗"，字体为"微软雅黑"。

3. 表格操作

(1) 不显示第一个表格"实施方案、结构组成、部分验钞机价格表"表格的框线。

(2) 为第一个表格中的"实施方案""结构组成""部分验钞机价格表"设置超链接，分别链接到后面的"一、实施方案""二、结构组成""三、部分验钞机价格表"处(链接点位置在编号后、汉字前，如"实施方案"的"实"字前)。

(3) 在文档最后参照效果图绘制表格，输入相关数据，并在"样式"列插入相对应的图片。

(4) 设置表格外框线和标题行下框线为"红色"，线宽为"2.25 磅"。

(5) 表格排序按"价格"升序排序。

4. 图片设置

(1) 参照效果图，在"一、实施方案"中的第一段"解决因纸币引起的问题，不只是单单地解决鉴别真伪的作用……"的右侧插入图片"新型验钞机内部结构示意图"，设置环绕方式为"四周型环绕""锁定纵横比"，高度绝对值为"5.0 厘米"，图片锐化为"50%"，图片样式为"简单框架，白色"。

(2) 参照效果图，在"一、实施方案"中的"(3)光学特性检测鉴伪："所在段后插入图片"人民币"，设置环绕方式为上下型环绕，设置图片效果为"发光变体：红色，8pt 发光，强调文字颜色 2"。

(3) 参照效果图，在"二、组织结构"前绘制图形，设置字号六号(其中验钞机为小六号)，并组合各图形。

(4) 为文档中的 3 张图插入题注。其中，第一张题注内容为"图 1 新型验钞机内部结构示意图",第二张题注内容为"图 2 人民币代码示意图",第三张题注内容为"图 3 验钞机在纸币流通领域的使用范围"(均不包含双引号,而其中图 1、图 2、图 3 中的数字应随着前面图片及题注的添加而自动改变。)

5. 设置页眉、页码

(1) 删除所有页眉线。

(2) 设置页眉:封面无页眉,正文的页眉为"纸币验钞机"。

(3) 设置页码:封面无页码,位于页面底部插入页码,居中显示,页码格式为罗马字符"I,II,III,…"。

 纸币验钞机文字素材　　 纸币验钞机图片素材　　 纸币验钞机成品　　 纸币验钞机成品

2.3　任务示范

1. 版面设置

【任务实施】

操作步骤 1:在"页面布局"选项卡中单击"纸张大小",选择"A4"纸,如图 2-18所示。

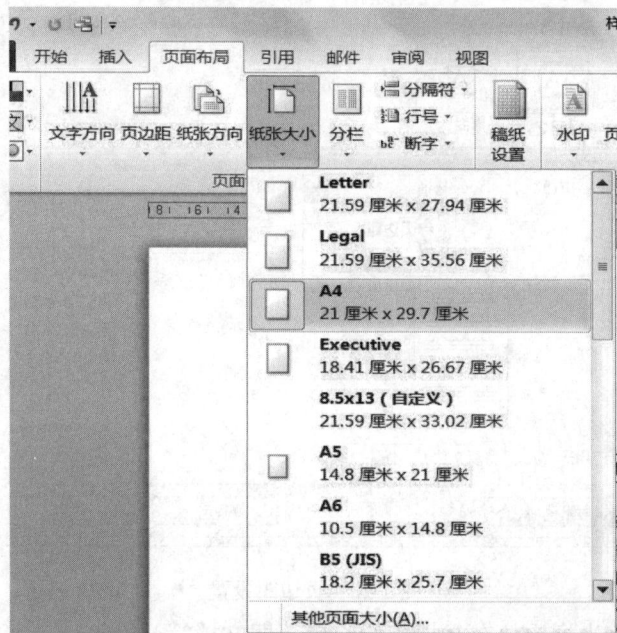

版面设置

图 2-18　纸张大小设置

选择"页面布局"选项卡，单击"页面设置"按钮，如图 2-19 所示。打开"页面设置"，上、下页边距各为"2.5 厘米"，左、右边距各为"2.5 厘米"，在"多页"下拉文本框中选择"书籍折页"，如图 2-20 所示。单击"确定"按钮后，纸张方向会自动调整为"横向"。

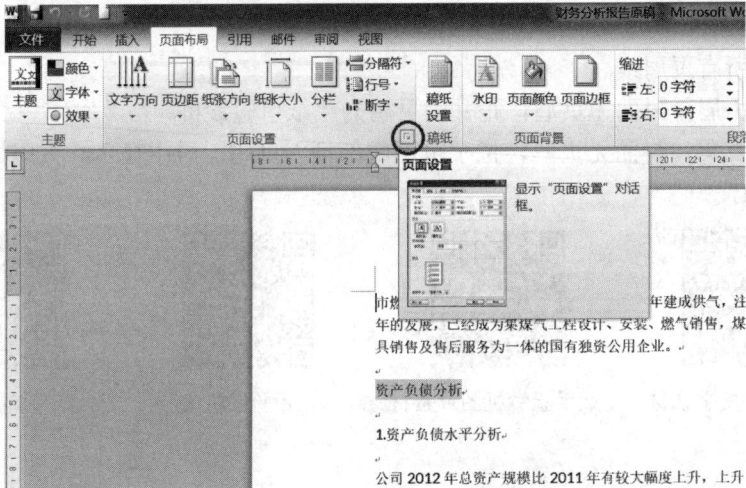

图 2-19　打开页面设置位置图

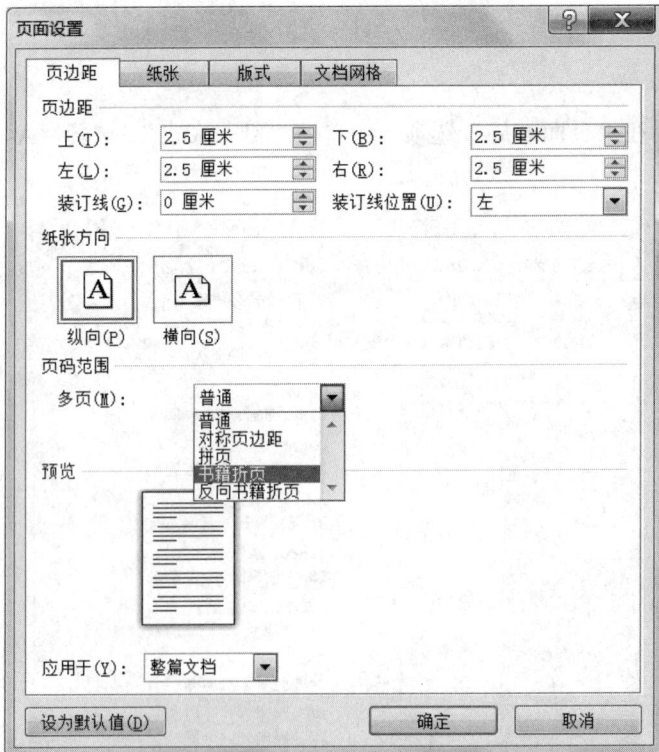

图 2-20　页边距设置

操作步骤 2：将光标定位在文档起始位置，即文档第一段第一个文字前，在"页面布局"选项卡中单击"分隔符"，选择分节符中的"下一页"，完成在文档前插入一空白页，如图 2-21 所示。

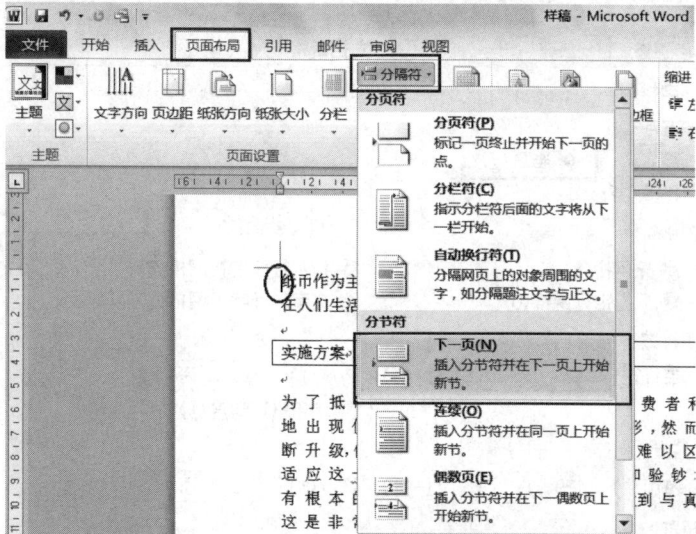

图 2-21　用分节符插入空白页

操作步骤 3：参照图 2-19，在空白页上输入"纸币验钞机"，打开"页面设置"对话框，在"版式"选项卡的"垂直对齐方式"选择"居中"，如图 2-22 所示。在"文档网格"选项卡的"文字排列方向"中选择"垂直"，将文字设置为"竖排"，如图 2-23 所示。将文字设置为垂直后，纸张方向会自动变为"纵向"，我们要在"页边距"选项卡中将"纸张方向"改回"横向"，如图 2-24 所示。

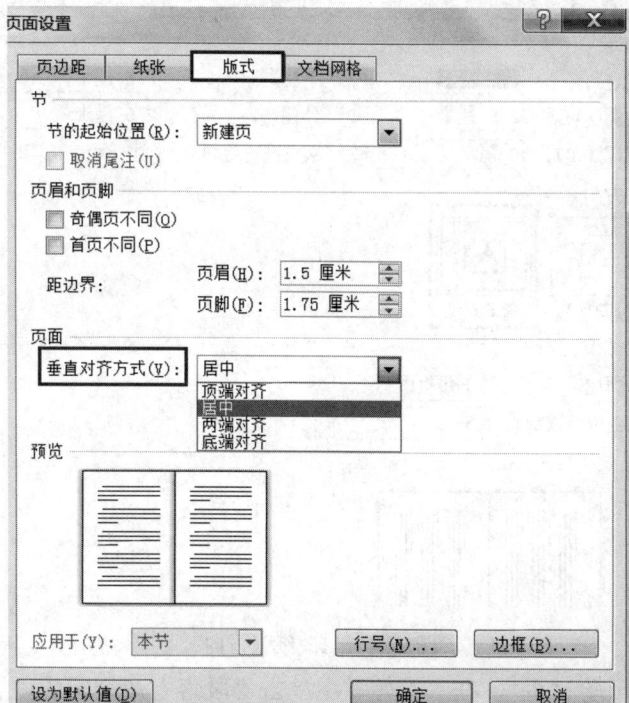

图 2-22　垂直对齐方式设置

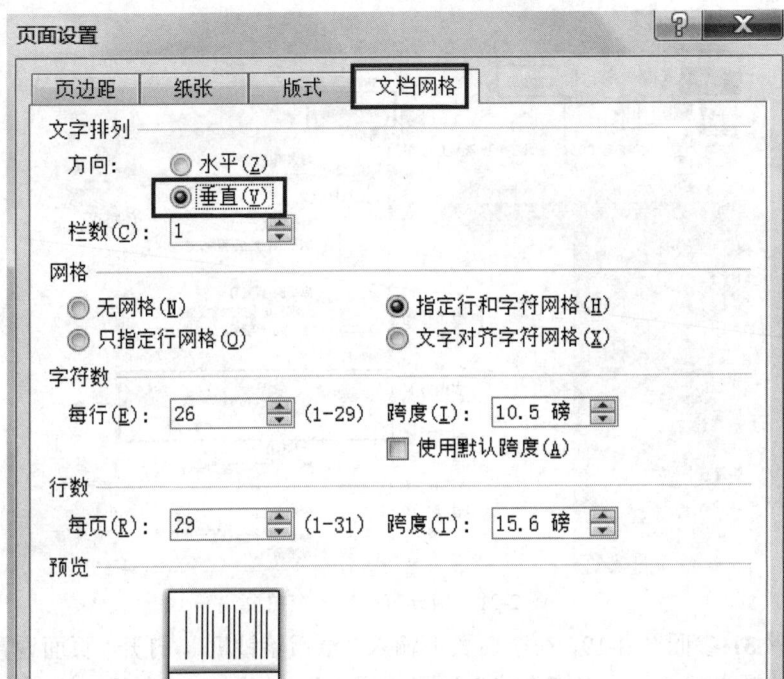

图 2-23　文字方向设置的一种方法

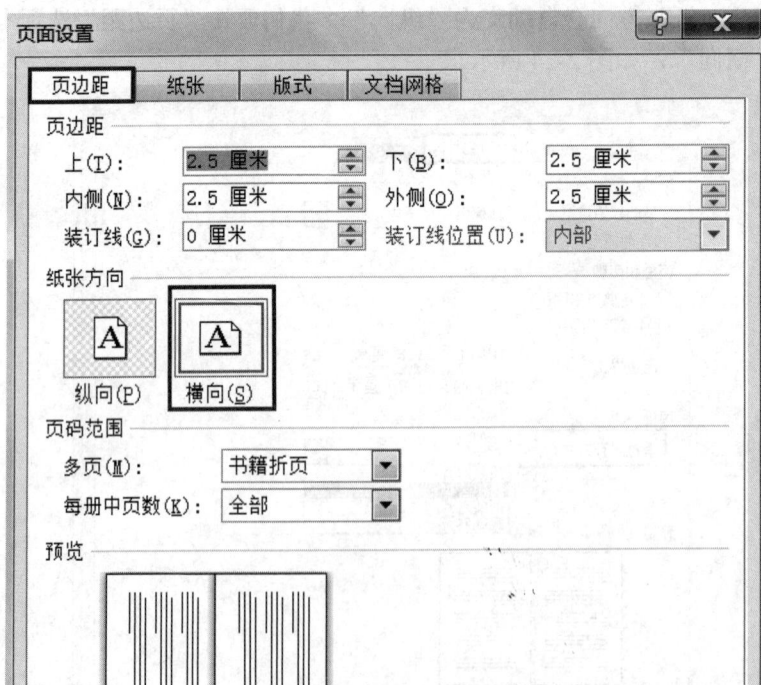

图 2-24　修改纸张方向

　　选定文字"纸币验钞机",在"开始"中单击"段落"命令组的"居中"设置"水平居中",在"字体"命令组中选择字体为"华文琥珀",字号为"72 磅",如图 2-25 所示。

图 2-25　水平居中设置

操作步骤 4：选定文字"纸币验钞机"，在"开始"选项卡中单击"字体颜色"下拉列表按钮，选择"渐变"中"其他渐变"，打开"设置文本效果格式"对话框，如图 2-26 所示。

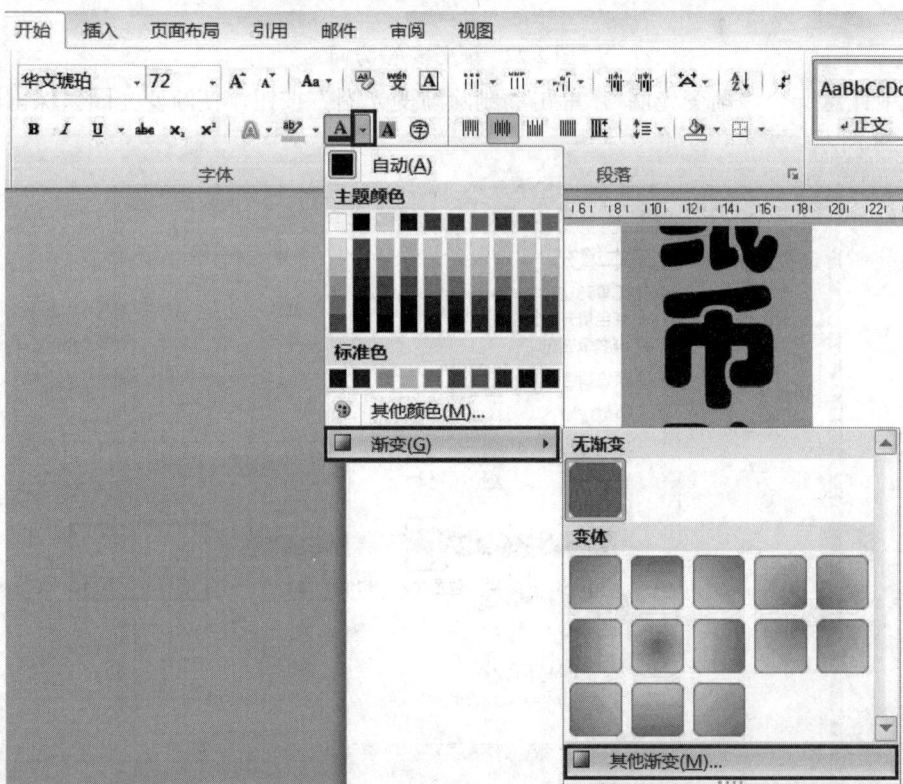

图 2-26　设置文本效果格式

在"设置文本效果格式"对话框中，"文本填充"选择"渐变填充"，"方向"选择"线性对角-右下到左上"，如图2-27所示。

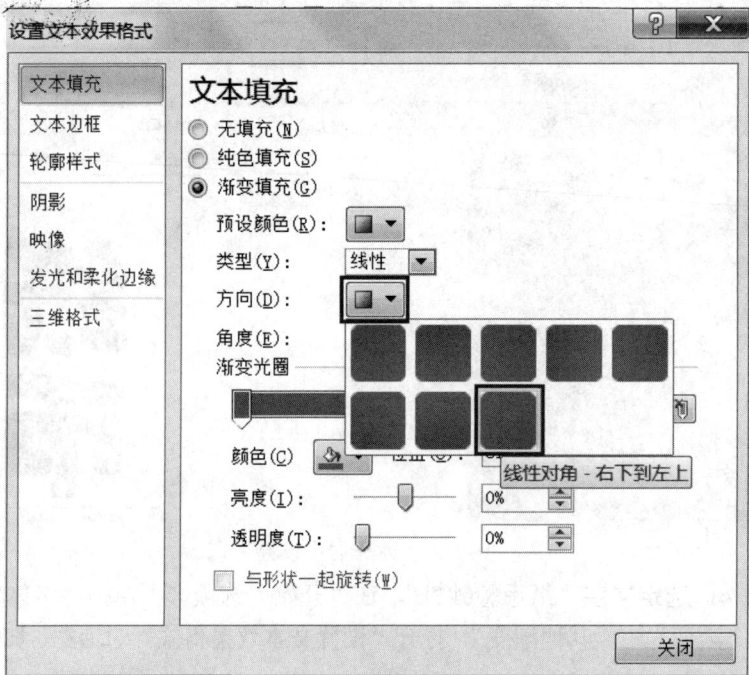

图2-27　渐变填充-方向

选中任意一个"渐变光圈"，单击"删除渐变光圈"按钮，使渐变光圈只保留两个，如图2-28所示。

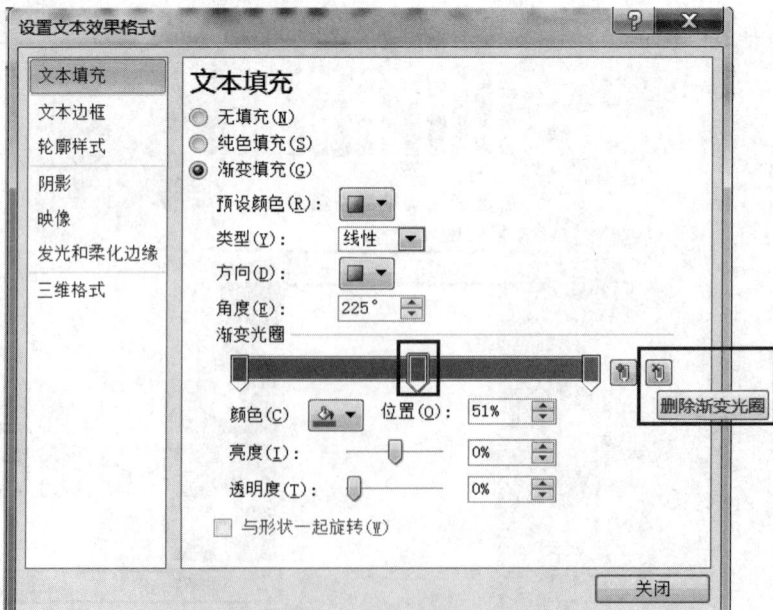

图2-28　删除渐变光圈

将左边的光圈设置为"绿色"，右边的光圈设置为"浅蓝"，并将两光圈拖动到中部并排，如图 2-29 所示。

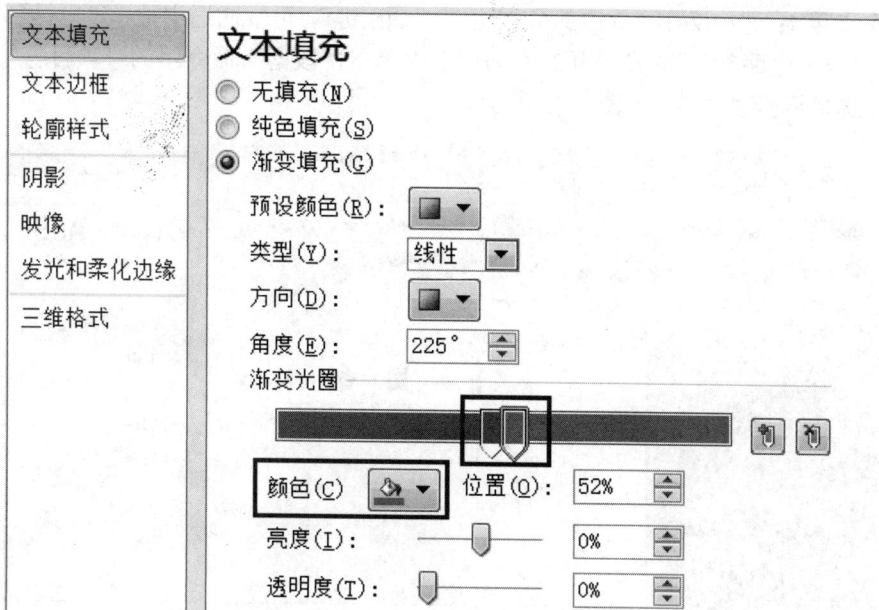

图 2-29　渐变光圈调整

2. 正文排版

【任务实施】

操作步骤 1：选中该段文字，在"开始"选项卡中单击"替换"命令，打开"查找和替换"对话框。在"查找内容"文本框中，从键盘输入一个"空格"，单击"全部替换"，出现"……是否搜索文档的其余部分？"，单击"否"按钮，如图 2-30 所示。

正文排版

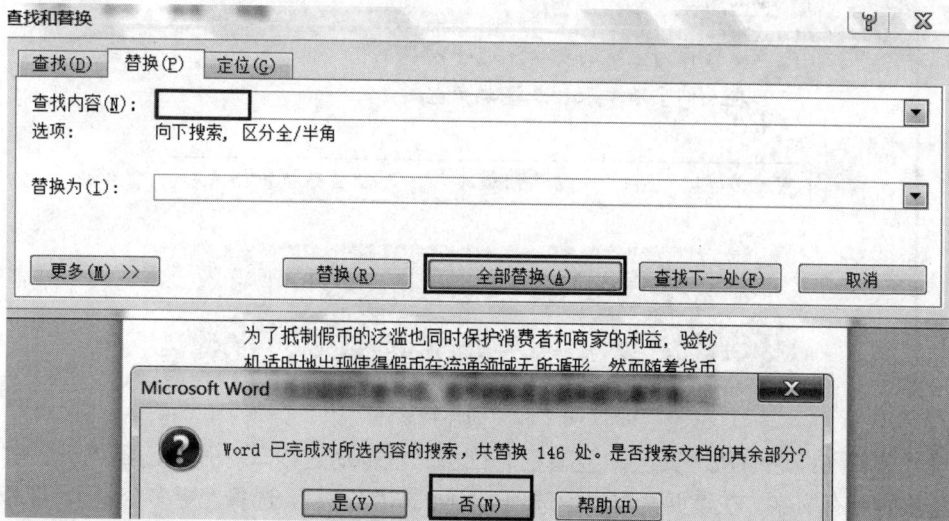

图 2-30　删除文档中的空格

操作步骤 2： 参照"第 1 章财务分析报告"中的"正文排版操作步骤 4"。

操作步骤 3： 参照"第 1 章财务分析报告"中的"正文排版操作步骤 5"。

操作步骤 4： 选中文字"捻钞部分"，按住"Ctrl 键"，再依次选中文字"出钞部分""接钞部分""电子电路部分"。在"开始"选项卡中单击"段落"命令组的"项目符号"下拉列表框，选择符号"➢"，如图 2-31 所示。

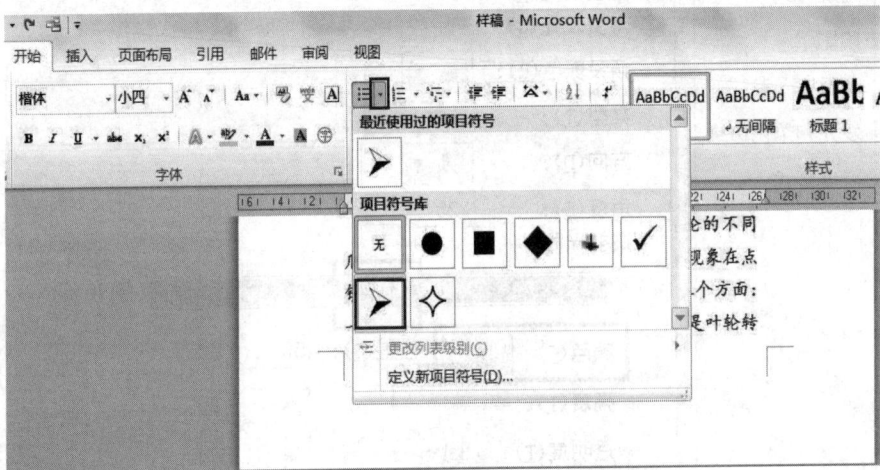

图 2-31　项目符号

操作步骤 5： 选中该段所有文字，在"审阅"选项卡中单击"简转繁"，如图 2-32 所示。如字体改变，则需要改回"楷体"。

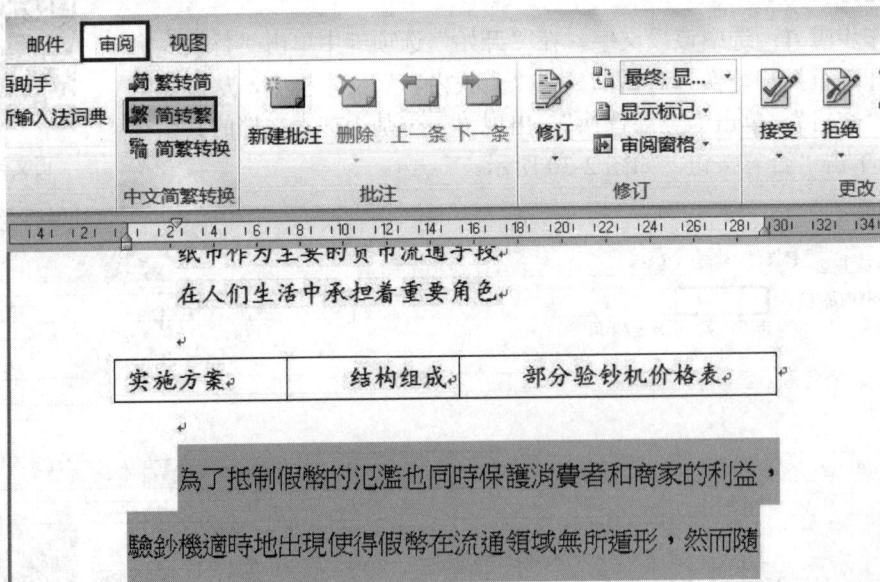

图 2-32　简体转繁体

操作步骤 6： 选中从"其次，金融犯罪日益严重抢劫运钞车"开始，到"一、实施方案"之前的所有文字，在"页面布局"选项卡中单击"分栏"，选择"更多分栏"，打开"分栏"对话框，如图 2-33 所示。

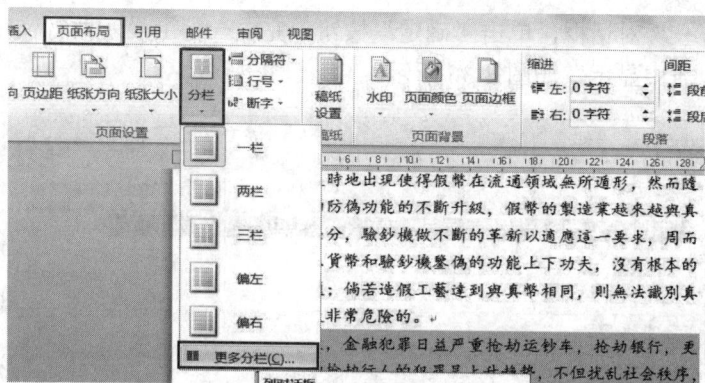

图 2-33　打开分栏对话框

在"分栏"对话框中选择"两栏","分隔线"复选框打"√",如图 2-34 所示。

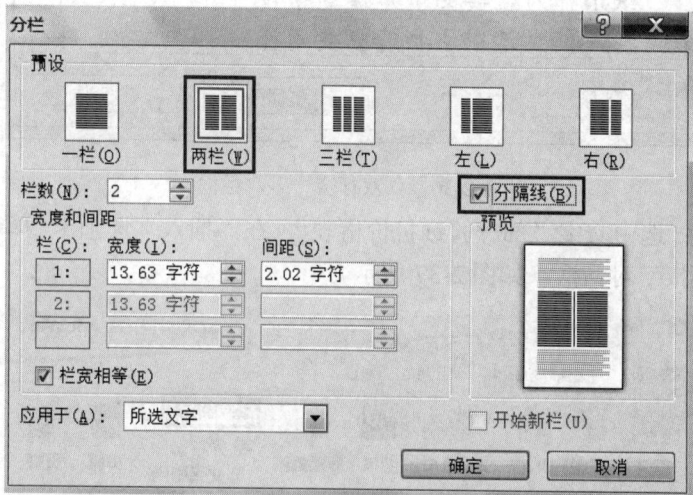

图 2-34　设置分栏、分隔线

操作步骤 7：删除正文第一段"纸币作为主要的货币流通手段"后的"段落标记符"(回车符)，将两段文字合成一段。选中该段文字，在"开始"选项卡中单击"段落"命令组的"中文版式"命令，选择"双行合一"，打开"双行合一"对话框，如图 2-35 所示。

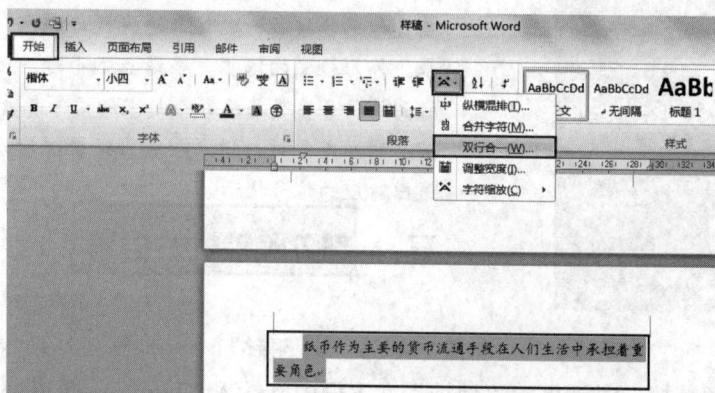

图 2-35　打开"双行合一"对话框

在"双行合一"对话框，单击"确定"按钮，完成一行上显示两行文字，并设置字号为"小二"号，居中显示，如图 2-36 所示。

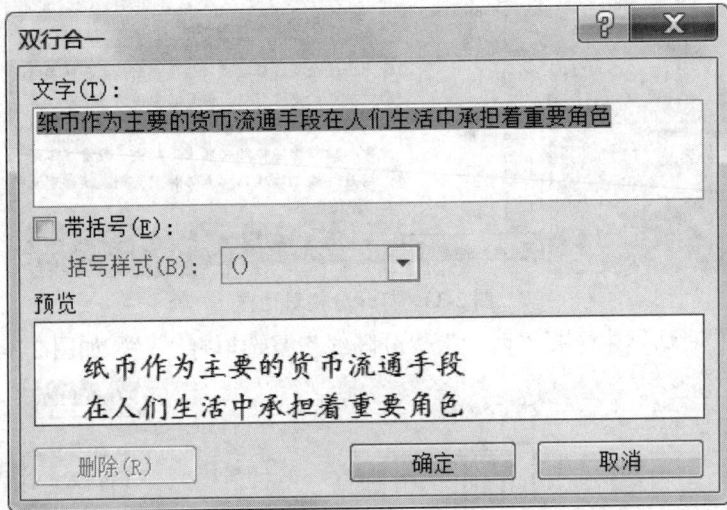

图 2-36　"双行合一"对话框

操作步骤 8： 选中文字"部分验钞机价格表"，在"插入"选项卡中单击"超链接"，打开"插入超链接"对话框，如图 2-37 所示。

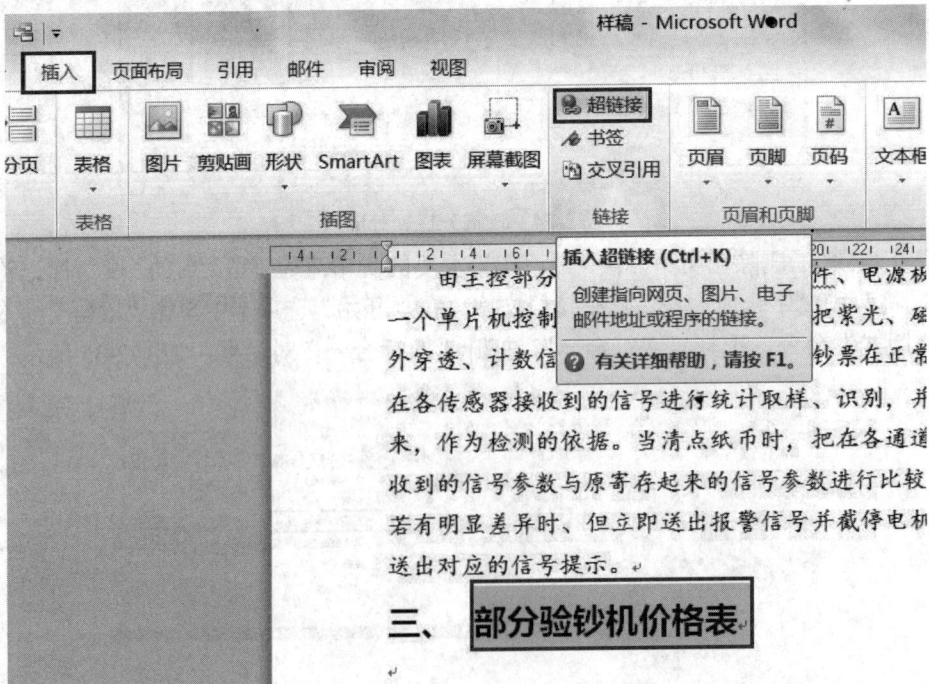

图 2-37　插入超链接

在"插入超链接"对话框的"地址"文本框中，输入"http://www.jd.com"，单击"确定"按钮，完成超链接，如图 2-38 所示。

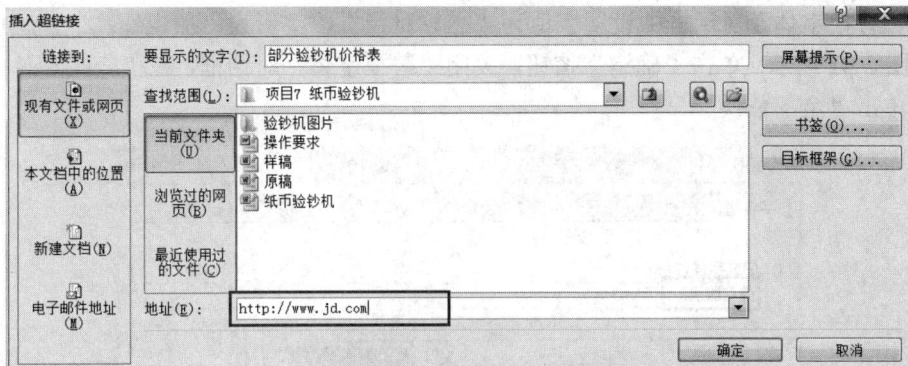

图 2-38　超链接到网页

操作步骤 9：在"开始"选项卡中单击"替换"，打开"查找和替换"对话框，在"查找内容"文本框输入"假币"，光标定位到"替换为"，单击"更多"按钮，如图 2-39 所示。

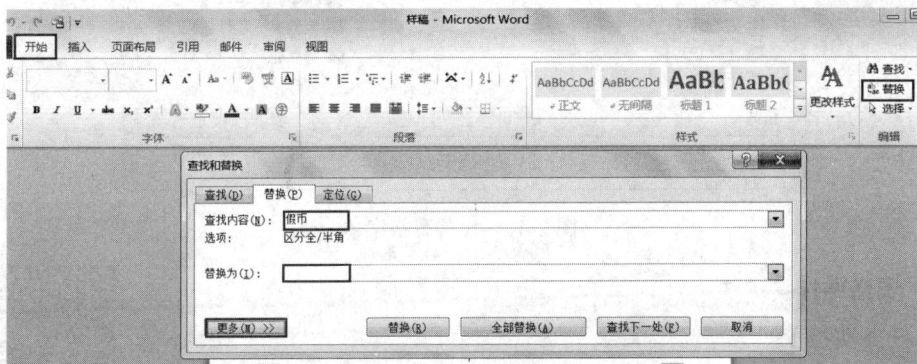

图 2-39　替换

在"更多的替换"单击"格式"，选择"字体"，打开"替换字体"对话框，如图 2-40 所示。

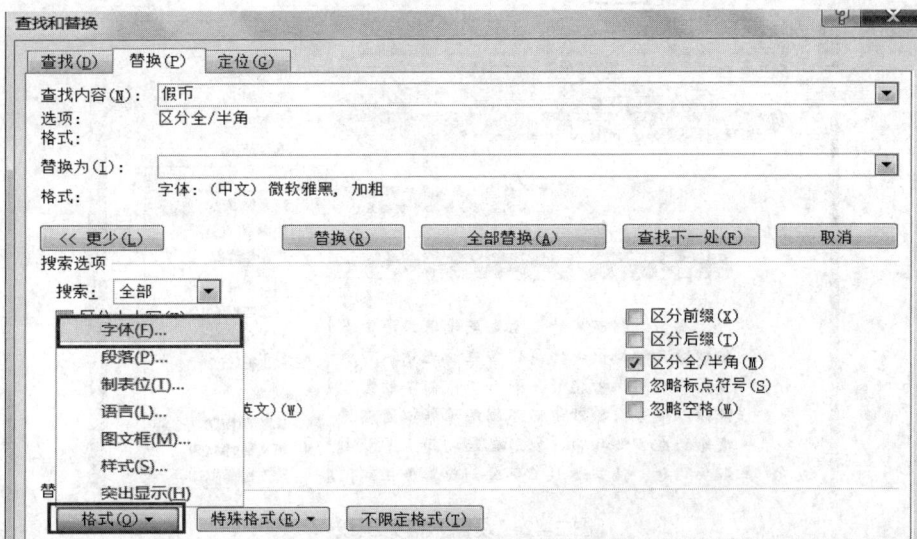

图 2-40　打开"替换字体"对话框

在"替换字体"对话框中设置字体为"微软雅黑"，字形为"加粗"，字体颜色为红色，如图 2-41 所示。单击"确定"按钮，关闭"替换字体"对话框，在"查找和替换"对话框中单击"全部替换"。

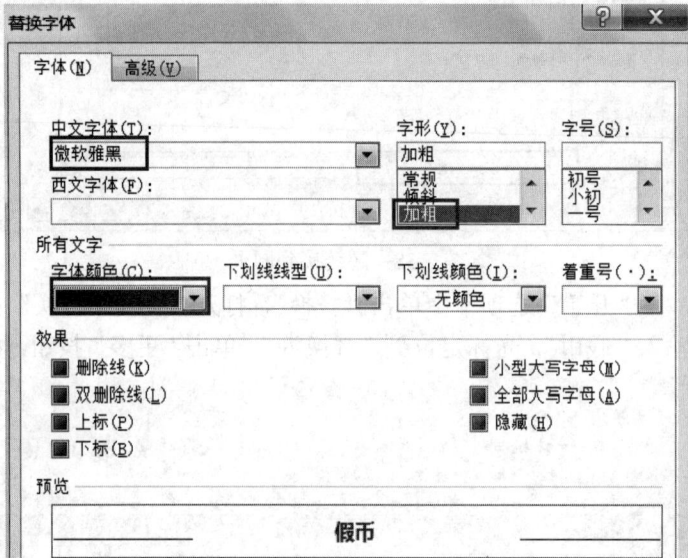

图 2-41　设置替换字体

3. 表格操作

【任务实施】

操作步骤 1：选中表格，在"设计"选项卡中单击"边框"下拉列表框，选择"无框线"，如图 2-42 所示。

表格操作

图 2-42　设置表格无框线

操作步骤 2：定义书签。选中"一、实施方案"，在"插入"选项卡中单击"书签"，打开"书签"对话框，如图 2-43 所示。

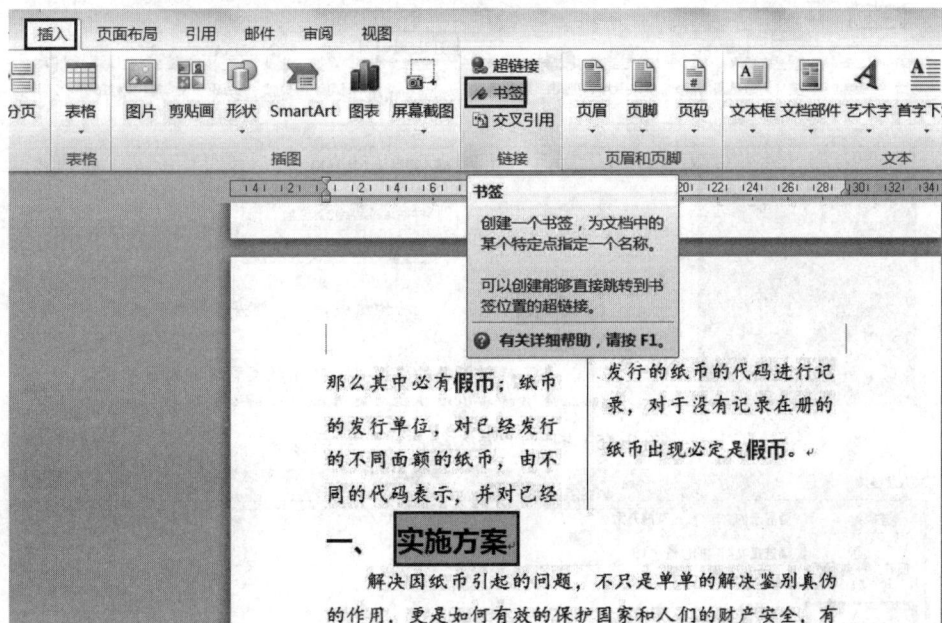

图 2-43　打开"书签"对话框

　　在"书签"对话框中，将光标定位在"书签名"文本框，输入"实验方案"或利用复制、粘贴完成书签命名，单击"添加"按钮，完成书签定义，如图 2-44 所示。重复上述操作步骤完成对"二、结构组成"和"三、部分验钞机价格表"的书签定义。

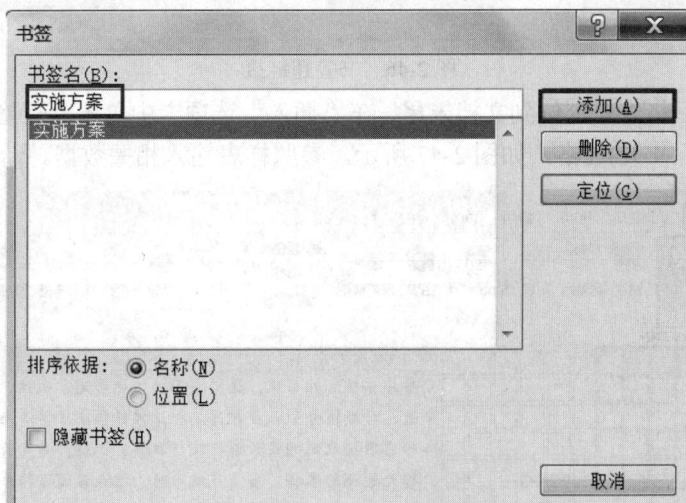

图 2-44　定义书签

　　选中表格中的"实施方案"，在"插入"选项卡中单击"超链接"，打开"插入超链接"对话框，如图 2-45 所示。
　　在"插入超链接"对话框中单击"本文档中的位置"，选择上述操作步骤定义的书签名"实施方案"，如图 2-46 所示。重复上述操作步骤，完成表格中"结构组成、部分验钞机价格表"的超链接设置。

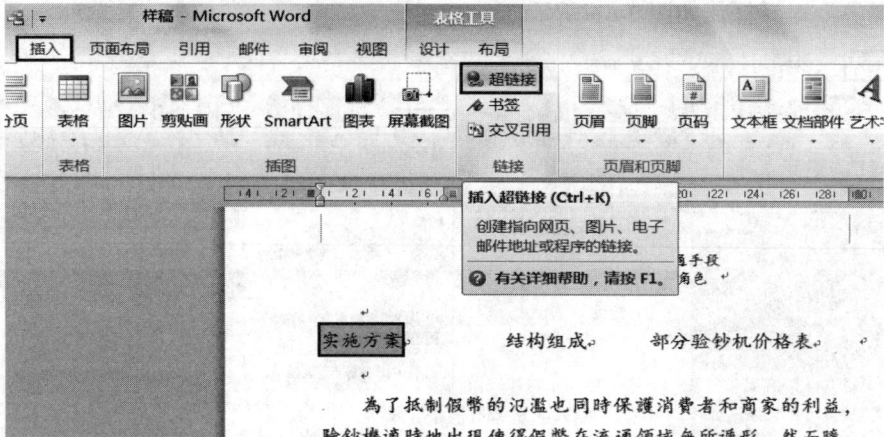

图 2-45 打开"插入超链接"对话框

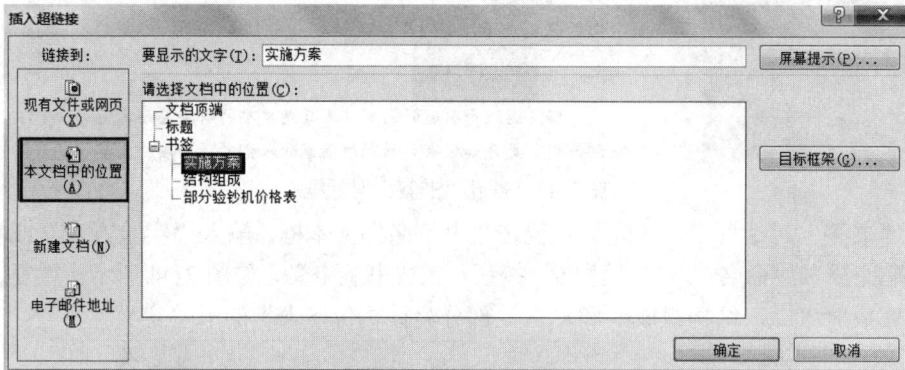

图 2-46 书签超链接

操作步骤 3：将光标定位到文档末尾，在"插入"选项卡中单击"表格"，拖动鼠标，选择"4×5"(5 行 4 列)表格，如图 2-47 所示。参照样表输入相关数据。

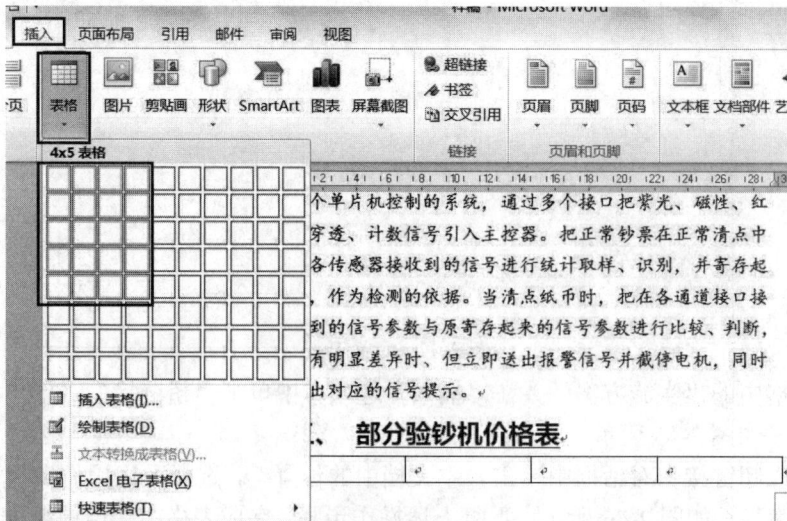

图 2-47 插入表格

将光标依次定位到样式列单元格，在"插入"选项卡中单击"图片"，选择验钞机图片存放路径，并选择各品牌对应的验钞机图片，且调整图片大小，如图 2-48 所示。

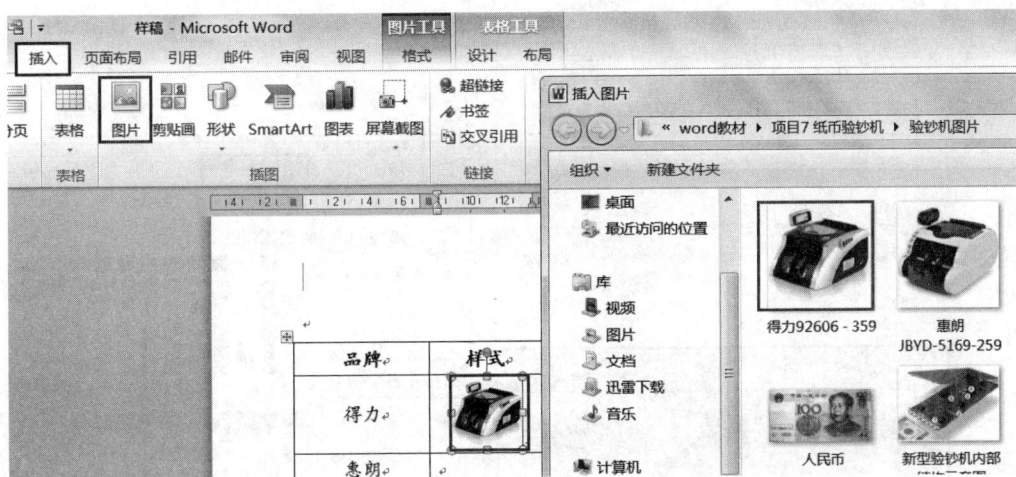

图 2-48　在表格插入图片

操作步骤 4：先设置表格外框线，鼠标指向表格，单击表格左上角的"十字光标"，选定整张表格，并在"设计"选项卡上单击"笔画粗细"下拉列表框，选择"2.25 磅"线宽，如图 2-49 所示。

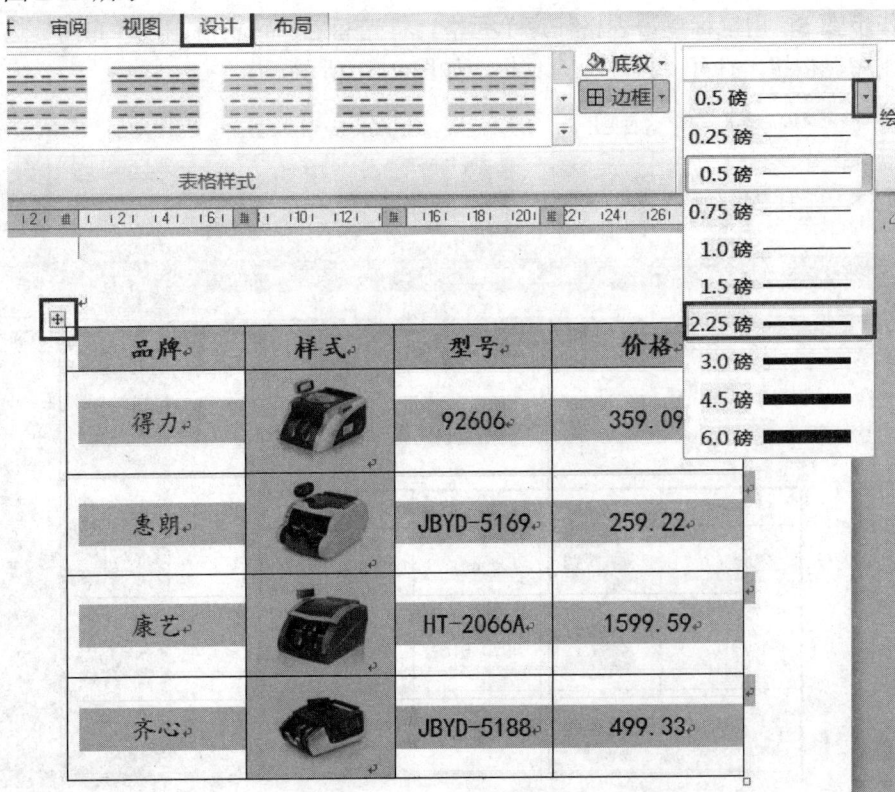

图 2-49　设置线宽

在"设计"选项卡中单击"笔颜色"下拉列表框选择"红色",单击"边框"下拉列表框选择"外侧框线",如图 2-50 所示。选中表格标题行,即第 1 行,在"边框"下拉列表框选择"下框线"。

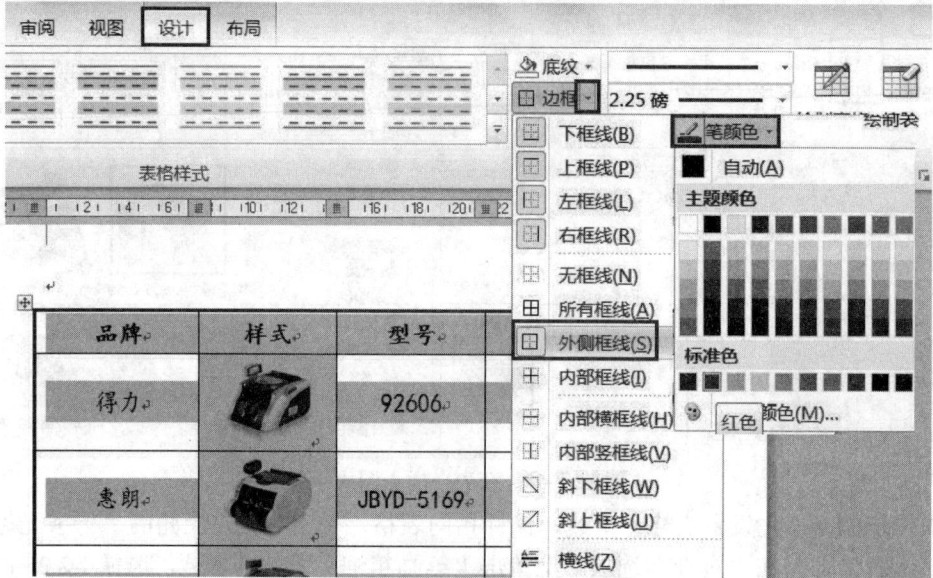

图 2-50　设置外框线

操作步骤 5:用鼠标单击表格任意单元格,将光标定位到表格,在"布局"选项卡中单击"排序"按钮,打开"排序"对话框,如图 2-51 所示。

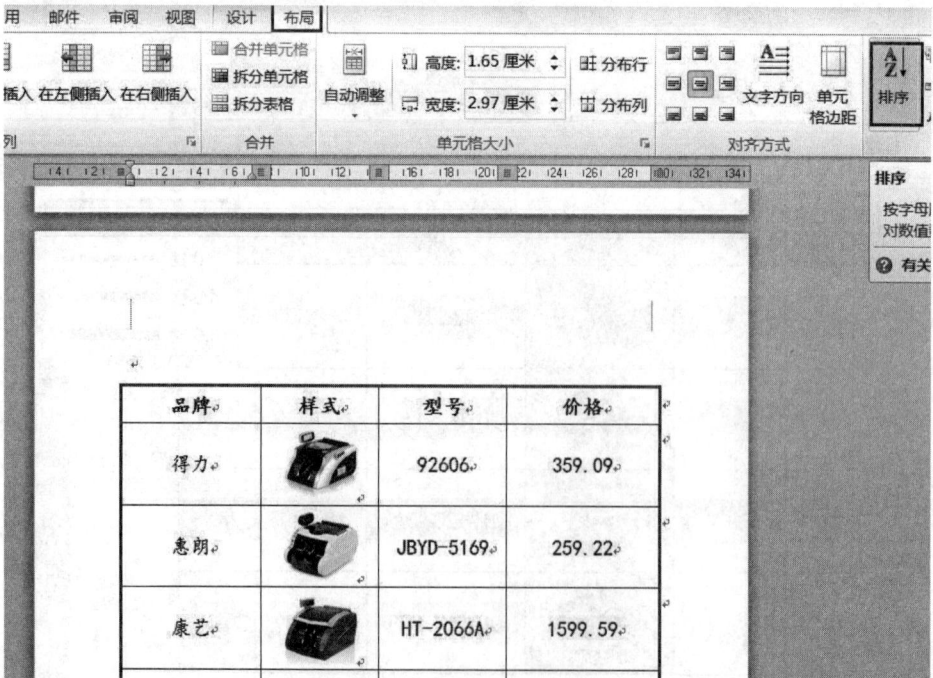

图 2-51　打开"排序"对话框

在"排序"对话框中打开"主要关键字"下拉列表框,选择"价格",单击"确定"按钮,完成对表格的排序,如图 2-52 所示。

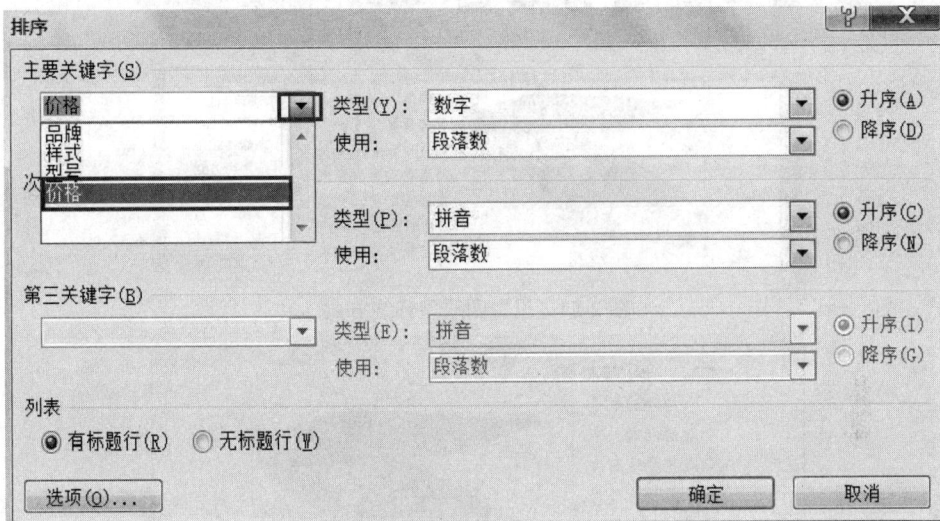

图 2-52　"主要关键字"下拉列表框

4. 图片设置

【任务实施】

操作步骤 1: 将光标定位到段落"解决因纸币引起的问题,不只是单单地解决鉴别真伪的作用……",在"插入"选项卡中单击"图片",选择验钞机图片存放路径,并插入图片"新型验钞机内部结构示意图",如图 2-53 所示。

图片设置

图 2-53　插入图片

鼠标单击图片,在"格式"选项卡中单击"自动换行",选择"四周型环绕"(如图 2-54 所示),并将图片移动到该段右侧,如图 2-55 所示。

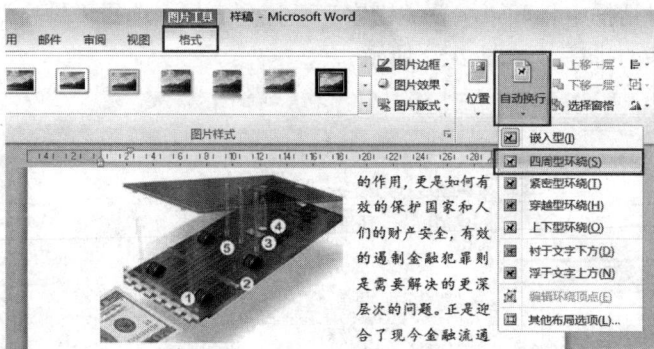

图 2-54　设置四周型环绕方式

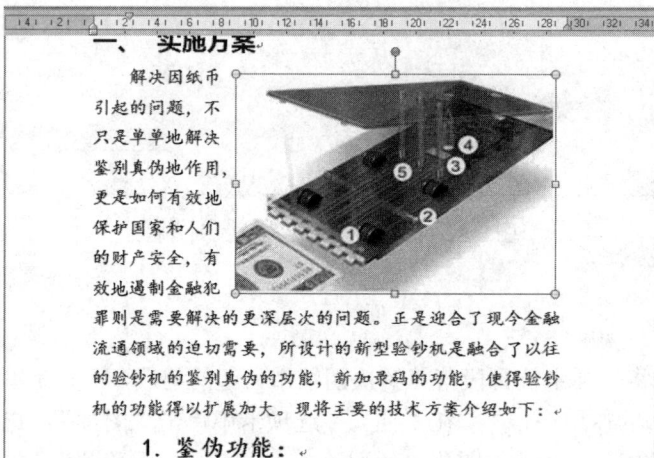

图 2-55　移到图片位置

在"格式"选项卡中单击"大小"命令组的"高级版式"按钮，打开"布局"对话框，在"锁定纵横比"复选框打"√"，高度绝对值改为"5.0 厘米"，如图 2-56 所示。

图 2-56　"布局"对话框

　　鼠标指向图片，单击右键，在快捷菜单中选择"设置图片格式"，打开"设置图片格式"对话框，锐化改为"50%"，如图 2-57 所示。

图 2-57　设置锐化

　　鼠标单击图片，在"格式"选项卡中选择"图片样式"的"简单框架，白色"，如图 2-58 所示。

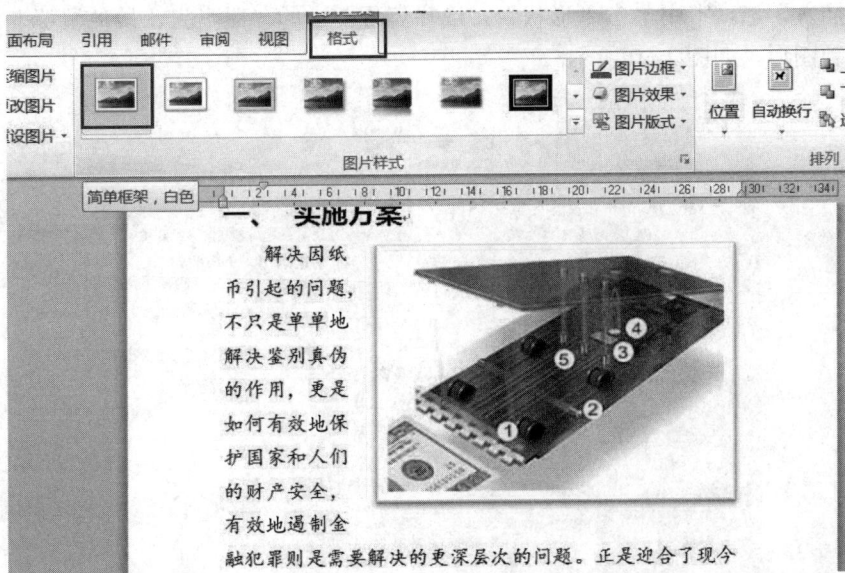

图 2-58　图片样式

　　操作步骤 2：参照操作步骤 1，在指定位置插入图片"人民币"，设置环绕方式为"上下型环绕"。

　　鼠标单击图片，在"格式"选项卡中单击"图片效果"，选择"发光"→"红色，8pt 发光，强调文字颜色 2"，如图 2-59 所示。

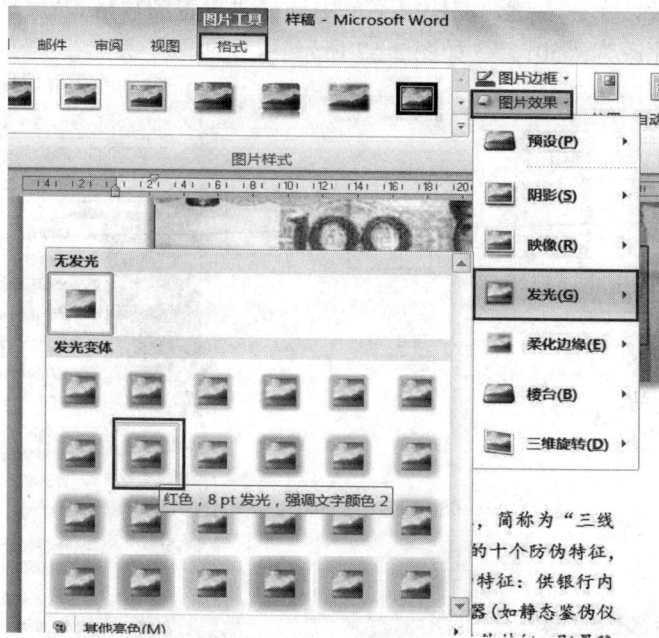

图 2-59　设置发光效果

操作步骤 3：将光标定位到"二、组织结构"的前一段末尾，即段落"除了银行间建立起通信关系……"，按回车键，加多个空行。

在"插入"选项卡中单击"形状"，选择流程图中的"磁盘"，按住鼠标左键在合适的位置绘制图形，如图 2-60 所示。

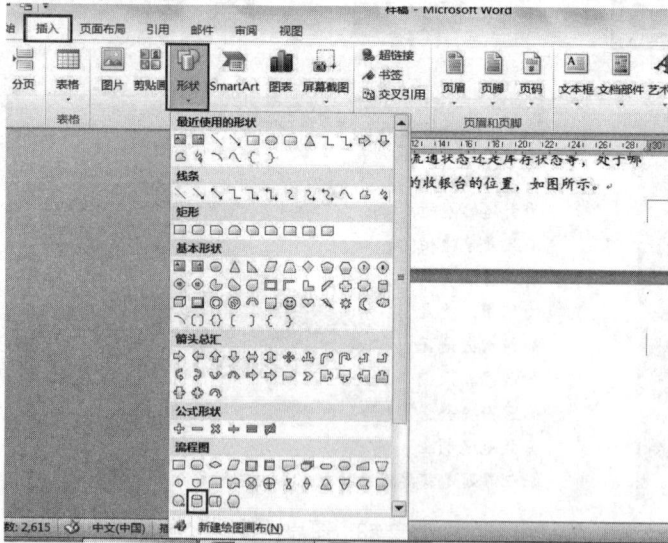

图 2-60　绘制图形

鼠标指向绘制的图形，单击右键，在快捷菜单中选择"添加文字"，如图 2-61 所示。输入文字"中国人民银行纸币数据库系统"，字号为"六号"。(可以先将图形拉大，输入文字，设置好字号，再缩小图形。)

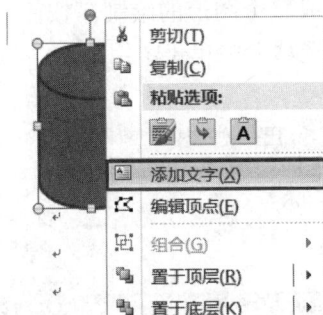

图 2-61　图形添加文字

单击绘制的图形，在"格式"选项卡中单击"其他"按钮，如图 2-62 所示。参照效果图为图形选择填充主题，如图 2-63 所示。

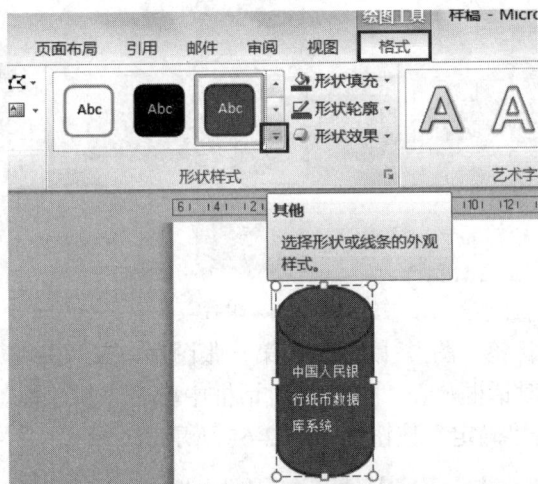

图 2-62　绘制图形设置填充主题 1

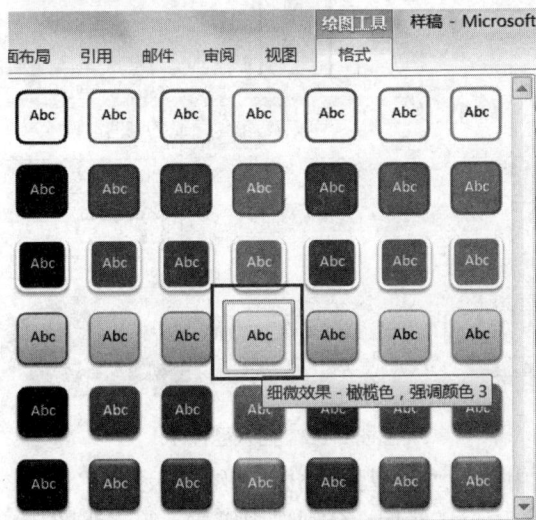

图 2-63　绘制图形设置填充主题 2

　　重复上述操作步骤，完成整个图形的绘制。按住"Ctrl"键，单击各绘制图形的边框选中所有图形，在"格式"选项卡中单击"组合"，将各个图形组成一个整体，如图 2-64所示。

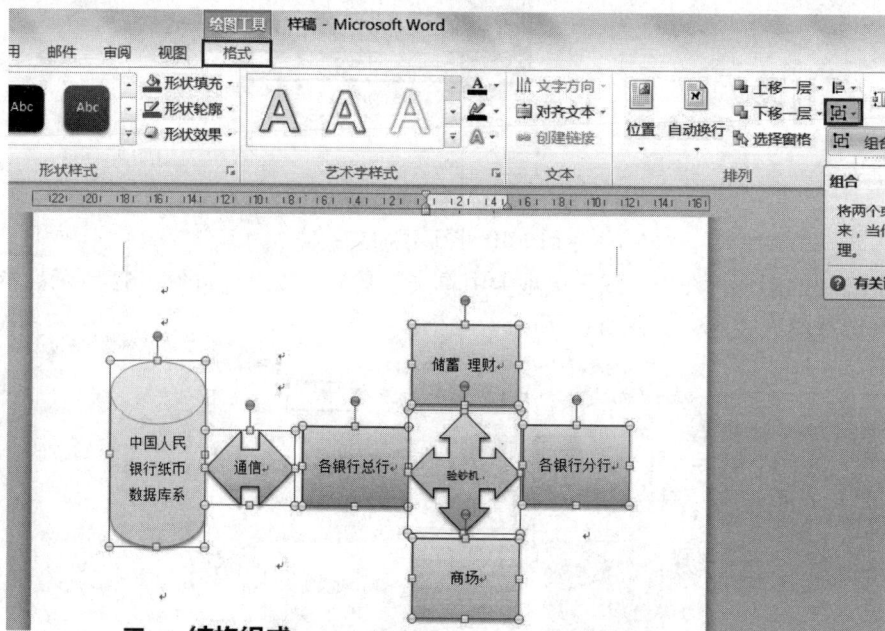

图 2-64　组合

　　操作步骤4：新建标签"图"。鼠标单击第一张图片，在"引用"选项卡中单击"插入题注"，打开"题注"对话框。在"题注"对话框中单击"新建标签"，在"标签"文本框输入"图"，并单击"确定"按钮，如图 2-65 所示。

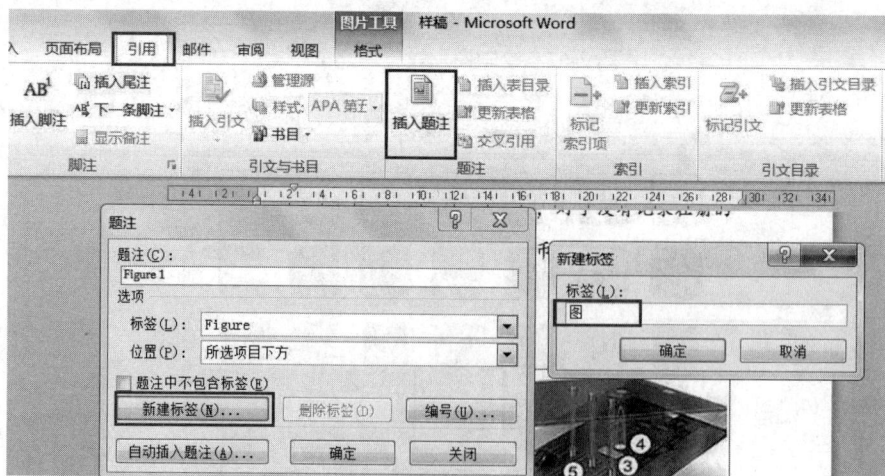

图 2-65　插入题注 1

　　在"题注"文本框中输入"新型验钞机内部结构示意图"，单击"确定"按钮，设置题注"居中"，如图 2-66 所示。然后，分别选中第二、第三张图片，打开"题注"对话框，输入题注名，完成对第二、第三张图片题注的插入。

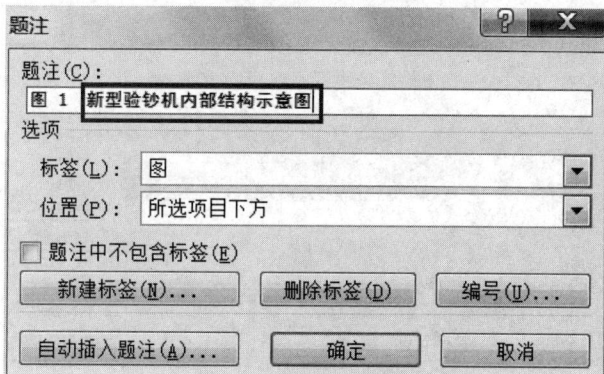

图 2-66　插入题注 2

5. 设置页眉、页码

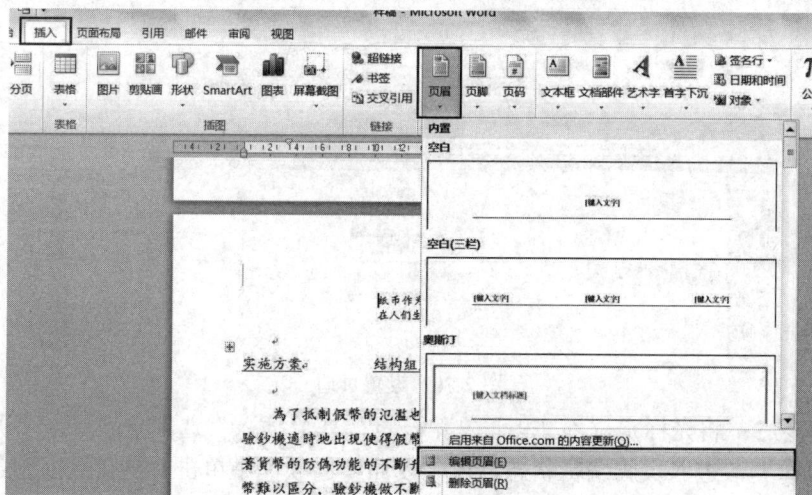

【任务实施】

操作步骤 1：将光标定位到文档正文第一页，在"插入"选项卡中单击"页眉"，选择"编辑页眉"，进入页眉编辑状态，如图 2-67 所示。

设置页眉页码

图 2-67　进入页眉编辑状态

在页眉编辑状态下，选中"段落标记符"，如图 2-68 所示。在"开始"选项卡中单击"边框和底纹"下拉列表框，选择"无框线"，如图 2-69 所示。

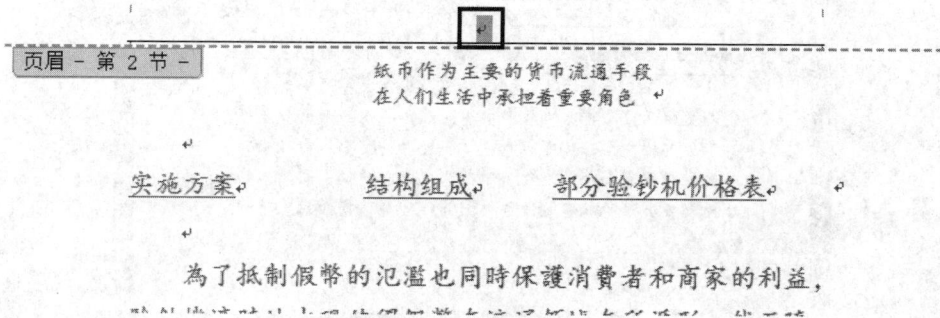

图 2-68　删除页眉线 1

图 2-69　删除页眉线 2

操作步骤 2：将光标定位到文档正文第一页，在"插入"选项卡中单击"页眉"，选择"编辑页眉"，进入页眉编辑状态。在"设计"选项卡中单击"链接到前一条页眉"，关闭与封面页的关联后，输入页眉文字"纸币验钞机"，如图 2-70 所示。

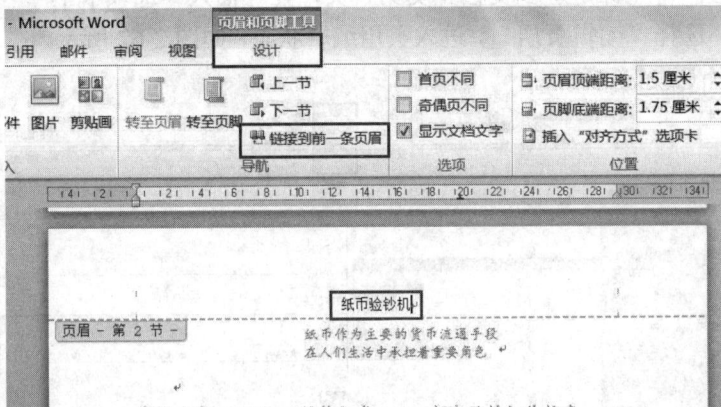

图 2-70　设置页眉

操作步骤 3：将光标定位到文档正文第一页，在"插入"选项卡中单击"页脚"，选择"编辑页脚"，进入页脚编辑状态。在"设计"选项卡中单击"链接到前一条页眉"，关闭与封面页的关联，如图 2-71 所示。

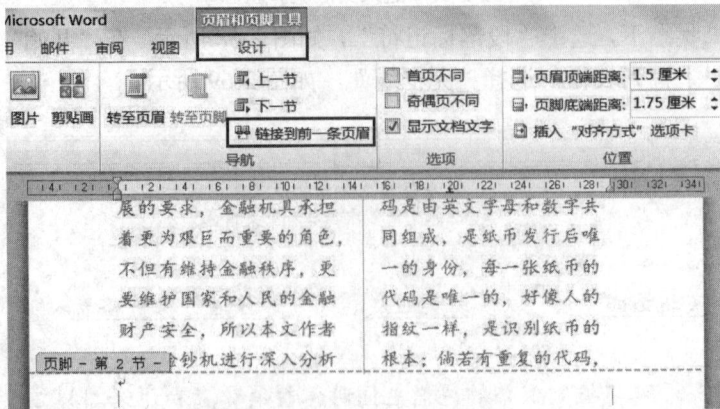

图 2-71　关闭与前一节的链接

　　在"设计"选项卡中单击"页码"，选择"设置页码格式"，打开"页码格式"对话框，如图 2-72 所示。

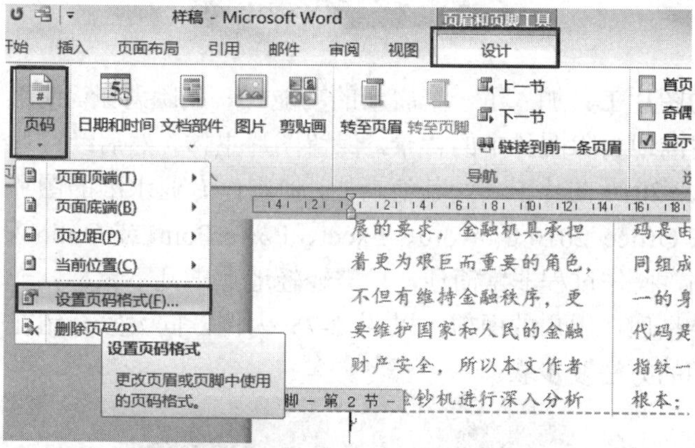

图 2-72　设置页码 1

　　在"页码格式"对话框中单击"编号格式"下拉列表，选择罗马编号"Ⅰ,Ⅱ,Ⅲ,…"，页码编号的"起始页码"从Ⅰ开始，如图 2-73 所示。

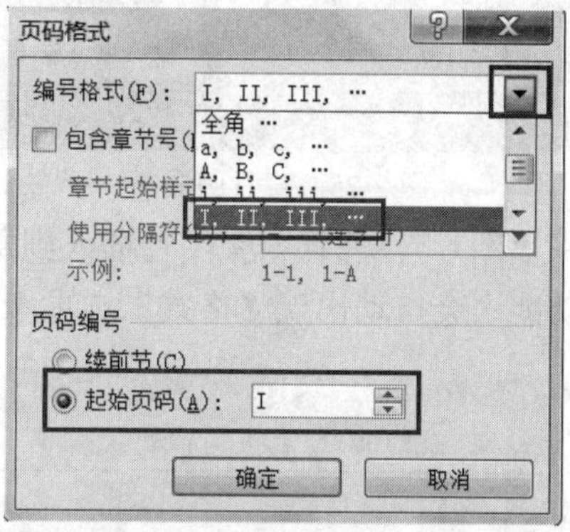

图 2-73　修改页码格式

　　在"设计"选项卡中单击"页码"，选择"页面底端"中"普通数字 2"，完成页码的插入，如图 2-74 所示。

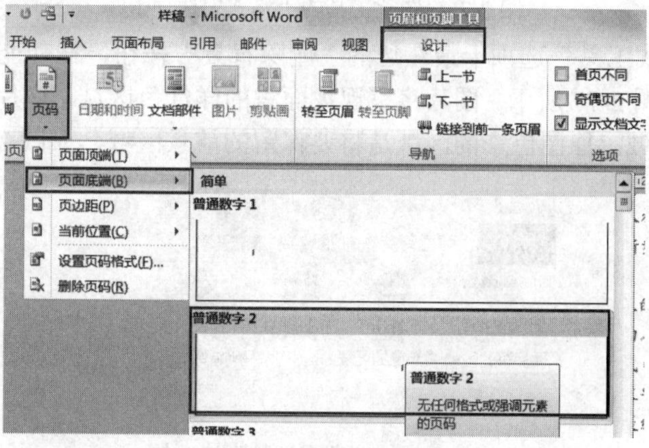

图 2-74　插入页码

2.4 知 识 拓 展

Office 2010 的图片工具加入了一个崭新的功能——删除背景。使用删除背景工具能精准地去除图片中的背景，保留图片主体，然后经过背景合成，结合 Office 2010 图片工具的其他功能，使制作专业水准的图片变得十分轻松。在 Office 2010 的 Word、Excel、PowerPoint 或 Outlook 中都可以进行抠图，操作过程非常简便，只需轻轻地点击几下鼠标，一张精美的图片便会呈现在用户的面前。以图 2-75 为例，向大家介绍在 Office 2010 中抠图的方法及步骤。

素材

图 2-75　背景例图 1

(1) 依次单击"插入"→"图片"，选择一张图片插入到文档中。

(2) 选中插入的图片，功能区会自动出现"格式"选项卡，如图 2-76 所示。

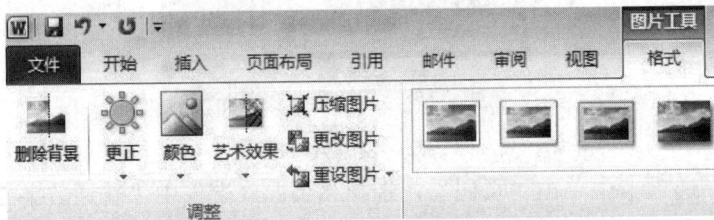

图 2-76　图片工具的"格式"选项卡

(3) 单击"格式工具"选项卡最左边的"删除背景"按钮，在功能区会自动显示"背景消除"选项，如图 2-77 所示。图片将呈现大面积的洋红色区域，这片洋红色区域是电脑自动识别的背景区域，原图色彩的区域是将要保留的前景区域，如图 2-78 所示。

图 2-77　"背景消除"选项

图 2-78　洋红色为电脑识别清除的背景区域

(4) 电脑默认保留的这块前景区域也许与我们期望的区域有所偏差，可以通过拖动图片中区域选框的 8 个顶点进行重新选择，如图 2-79 所示。

图 2-79　调整区域选框

(5) 修改区域选框后，有些需要保留的细节可能被电脑认为是背景，用"标记要保留的区域"和"标记要删除的区域"工具进一步对细节修改，如图 2-80 所示。

图 2-80　对细节进行选择

(6) 单击"保留更改"按钮，完成对图片的抠图操作。完成后的图片为背景透明的图片，如图 2-81 所示。

图 2-81　完成取消背景的效果图

(7) 选中图片，单击鼠标右键，再单击"设置图片格式"，在弹出的"设置图片格式"对话框中选择"填充"，勾选"图片或纹理填充"单选框，单击"文件"，如图 2-82 所示。选择新的图片背景文件，图片就更改成新的图片背景，如图 2-83 所示。

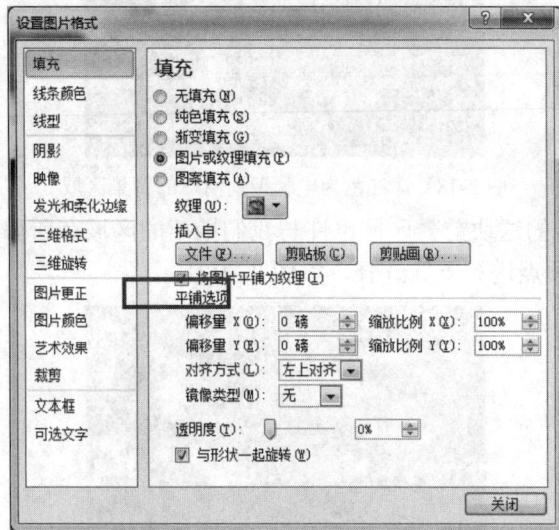

图 2-82　"设置图片格式"对话框

图 2-83　改变图片的背景

通过以上步骤更改的图片其实只是 Office 2010 设置上的改变。选中图片，单击鼠标右键，再单击"另存为图片"，打开后会发现还是更改前的图片效果。如果要将图片保存为更改后的效果，只需按以下操作即可。

① 选中图片，按快捷键"Ctrl + V"复制图片，再单击鼠标右键，单击粘贴选项的第二个"粘贴图片"按钮，或直接按键盘上的字母"U"，如图 2-84 所示。

图 2-84　粘贴选项

② 选中图片，单击鼠标右键，再单击"另存为图片"，将图片保存在电脑中，这时保存的图片效果就是最终设置的图片效果。还可以通过 Office 2010 的图片样式，对保存后的图片做进一步的效果处理，如图 2-85 所示。

图 2-85　更改样式后的图片效果

如果要保存设置样式后效果的图片，那么重复以上两个步骤即可。如果图片的主体与背景色彩区别是很明显的，那么自动标识的清除背景区域能较好地区分前景与背景，如图 2-86 所示；如果前景与背景色彩区别不是很明显，那么需要用"标记要保留的区域"和"标记要删除的区域"工具对细节多做几次修改。

图 2-86　主体与背景色彩区别明显

在 Office 2010 中抠图，只要使用"背景消除"选项卡中 5 个按钮，通过 Office 2010 软件内置的图片工具，就能制作出非常专业的图片。只要稍微加一个步骤，合成图片也将是轻而易举的事，如图 2-87 所示。

图 2-87　合成图

第3章 论文排版

本项目通过对论文的排版，帮助读者掌握样式、目录、脚注和尾注、交叉引用以及插入目录等操作。

3.1 知 识 点

1. 样式

样式可分为段落样式和字符样式。字符样式包含字体、字形、字号等信息，而段落样式除了包含字符格式信息之外，还包含段落格式、边框、图文框、编号等格式信息。两种样式的使用、创建、修改方法基本相同。用户可以应用 Word 预定义的标准样式，也可以自定义样式进行修改。

在"开始"选项卡中有一组预设的样式，可以运用到具体的段落和文字上，如图 3-1 所示，在样式中可以选择需要的样式，展开之后可以将选中内容保存为新样式（ 将所选内容保存为新快速样式(Q)... ），并输入样式名，如图3-2所示。

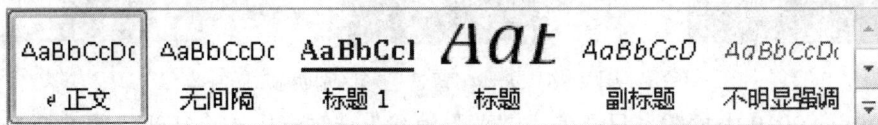

图 3-1 样式

更改样式可修改样式集、颜色、字体、段落间距，还能将设置的样式作为默认样式，如图3-3所示。

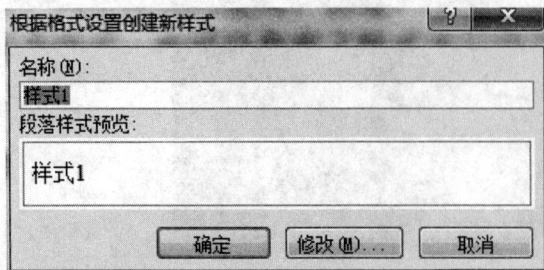

图 3-2 根据格式设置创建新样式

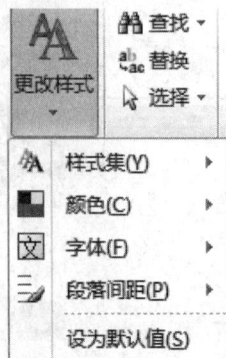

图 3-3 更改样式

　　"样式"窗口列表中包含了系统预设的一些样式，可以新建、管理样式，如图 3-4 所示。⚿按钮可以新建样式，单击后打开新建样式对话框，如图 3-5 所示。在该对话框中，可设置样式名称、样式类型和样式基准；新建样式可设置文字的字体、字形和字号，对齐方式、行距等，并通过"格式"按钮可以设置其他一系列的格式。

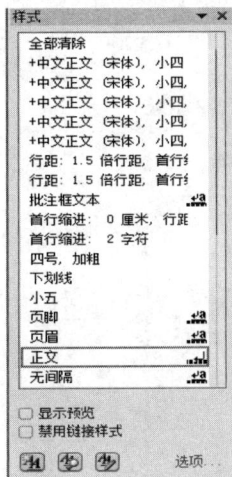

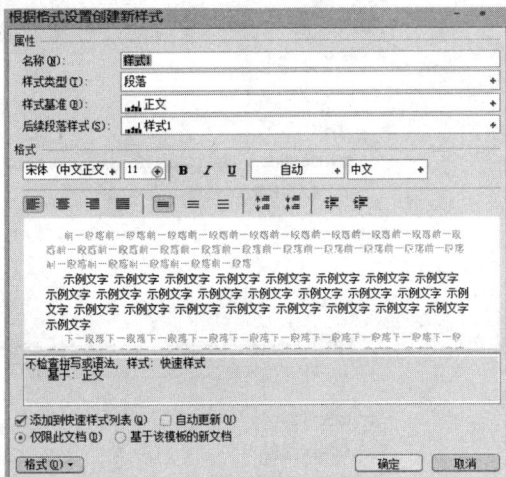

图 3-4　"样式"窗口　　　　　　　　　图 3-5　新建样式对话框

　　若要使用系统预设或自己新建的样式，只需要把光标放到该段落，单击要应用的样式即可。样式可以方便地修改和删除，选择该样式右侧的向下箭头可快速进行修改和删除样式。管理样式：对其他文档进行样式管理，可导入/导出样式，如图 3-6 所示。

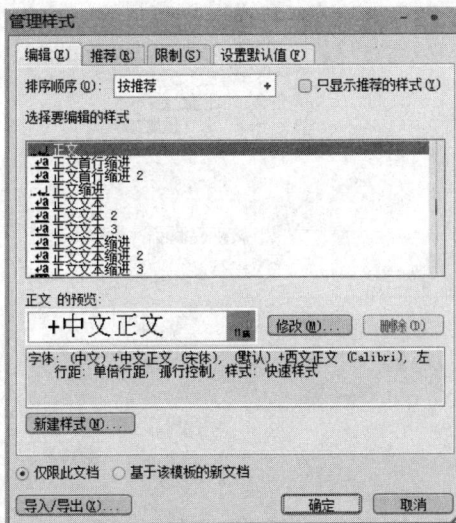

图 3-6　管理样式

2. 目录

　　目录是在长文档中经常使用的，可以方便地定位所要查看的文档内容。Word 2010 可方便地插入目录。在"引用"选项卡中可以选择预设的目录样式或者 Office.com 中的目录样式，如图 3-7 所示。

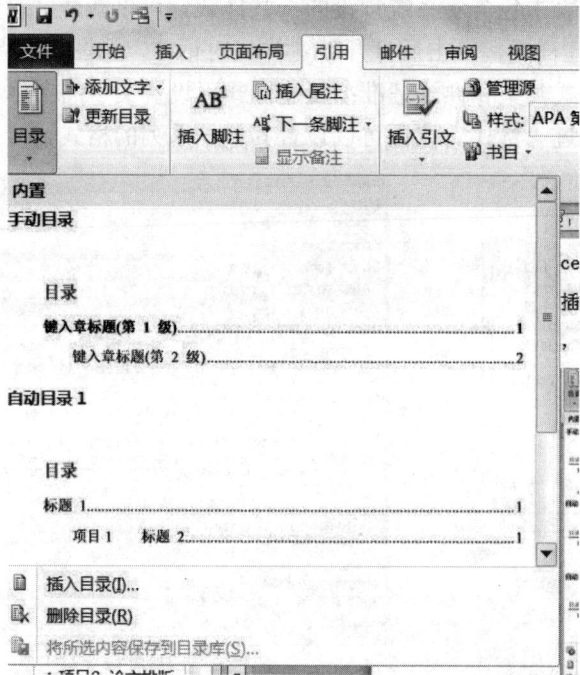

图 3-7　插入目录

单击"插入目录"可以打开"目录"对话框，设置目录页码的格式、制表符前导符和显示级别，如图 3-8 所示。只要有样式能方便地插入目录，就可在内容修改后更新目录。

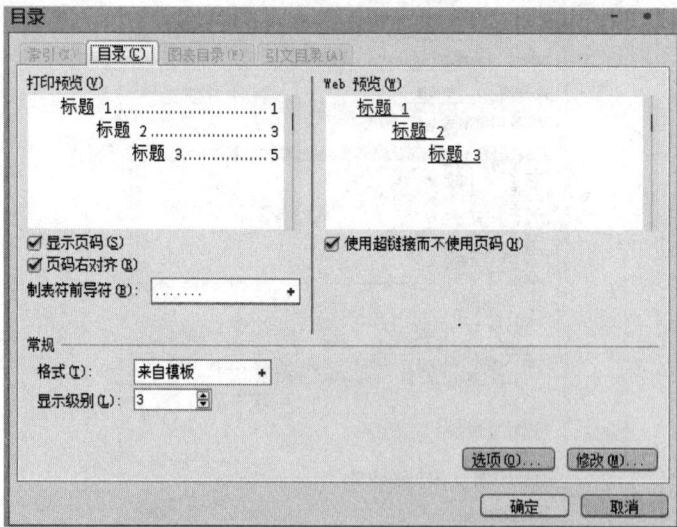

图 3-8　目录设置

3. 脚注和尾注

脚注和尾注是对文本的补充说明。脚注一般位于页面的底部，可以作为文档某处内容的注释；尾注一般位于文档的结尾，列出引文的出处等。

通过下一条脚注快速定位脚注和尾注，如图 3-9 所示。尾注是在文档结尾处插入的注释，默认的编号是小写罗马字母。插入尾注只需单击<u>插入 E</u>按钮。

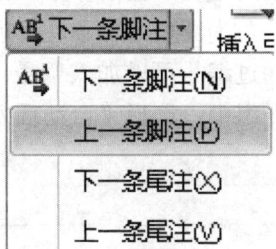

图 3-9   下一条脚注、尾注

4. 引文与书目

引文与书目主要用于制作论文的参考文献，包括插入引文、管理源、样式、书目等功能。

引文是文章在引用参考文献中所要用到的，选择源类型，输入作者、标题、年份、市/县、出版商，系统会自动生成引文，如图 3-10 所示。

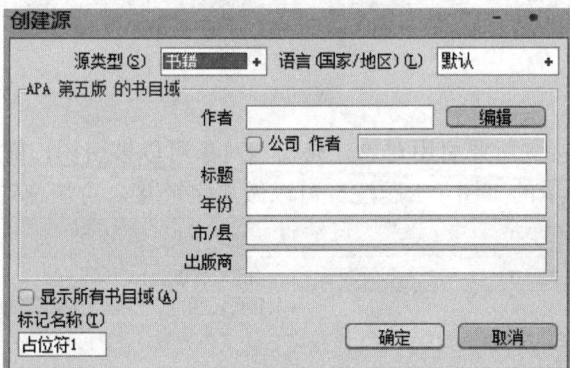

图 3-10   创建源

书目是在文档中对涉及书目的引用，可采用书目对话框进行设置，如图 3-11 所示。

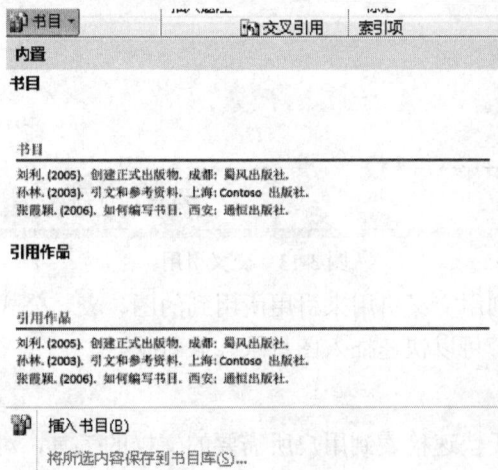

图 3-11   书目

5. 题注

题注是对图、表、公式等对象的注释，包括标签、编号和内容。在论文中，为了方便引用该对象或直接生成图表目录，可为图表添加题注。

题注的标签可以自行设置，通过编号可以加入章号，"-"后面的内容是自动编号的。在"引用"选项卡的"题注"命令组中，选择"自动插入题注"，如图3-12所示。

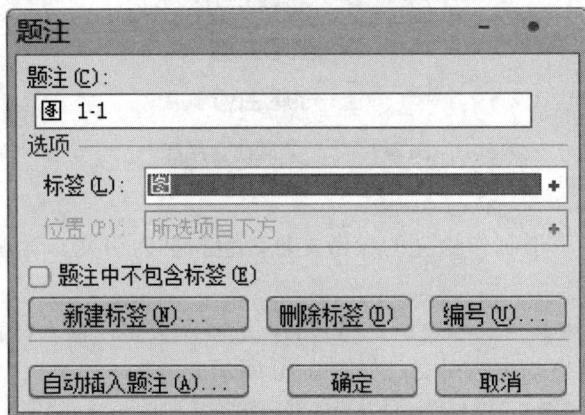

图 3-12　题注

6. 交叉引用

交叉引用可以链接到所要引用对象，只要该对象可以被引用，就可单击交叉引用，如图3-13所示。图中显示的"图1-1题注"可以做文字链接，可快速定位此图。

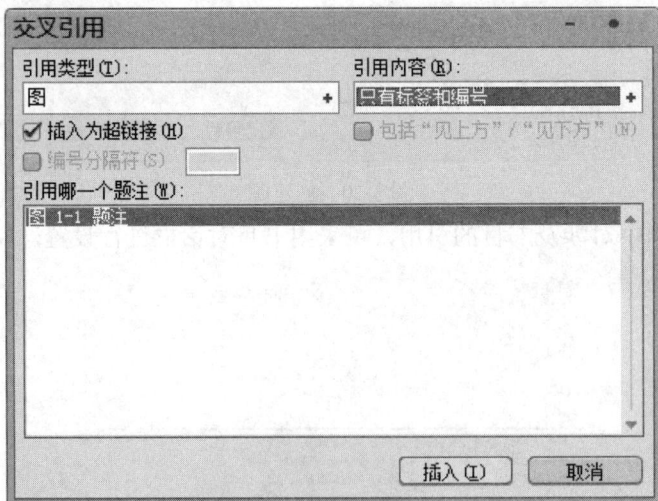

图 3-13　交叉引用

插入题注后，可以利用交叉引用来引用所用到的图、表、公式标签名和编号。在论文中，图、表设置了题注，可以快速插入图目录、表目录。

7. 引文目录

引文目录是为了便于快速检索到用户所需要的文档的工具，对于一些事例、规章、法规可以快速地定位。

在"引用"选项卡的"引文目录"命令组中，单击"标记引文"，如图3-14所示；标记引文后，可快速生成引文目录，如图 3-15 所示。

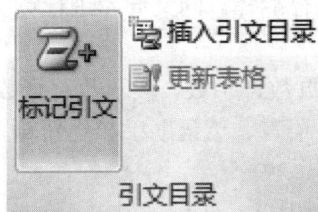

图 3-14 标记引文

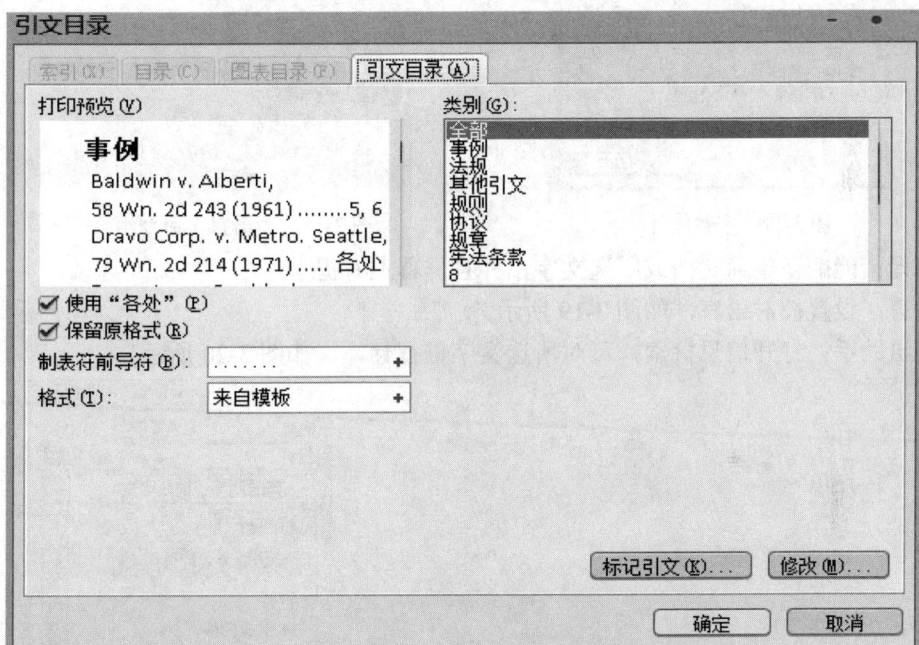

图 3-15 引文目录

8．审阅

"审阅"选项卡的"校对"命令组包含拼写和语法、信息检索、同义词库和字数统计，如图 3-16 所示。

图 3-16 "校对"命令组

(1) 拼写和语法可以检查语法错误和拼写错误。用户可以接受修改建议，也可以忽略。利用快捷键 F7，可以快速地定位和找出语法或拼写错误；也可以选择文字，右击鼠标，在弹出菜单的最上面就是建议的修改内容。

（2）信息检索是利用 Word 2010 自带的搜索引擎对输入的关键字进行搜索，获得相关的解释和说明，即对文字句子进行翻译。同义词库进行英文同义词选择，英语助手类似于一本英语词典。

（3）字数统计可以对文章的页数、字数、段落数、行数等进行统计，如图 3-17 所示。

"语言"命令组包含翻译、语言、英语助手和更新输入法词典，如图 3-18 所示。

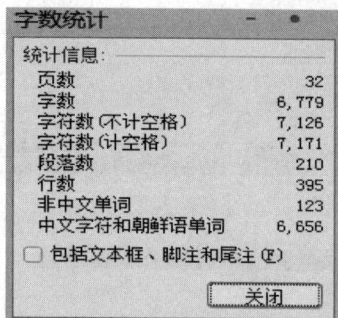

图 3-17　字数统计

图 3-18　"语言"命令组

翻译：能翻译整篇文档或所选文字，并且屏幕上有提示。

语言：设置校对语言，如图 3-19 所示。

英语助手：打开信息检索，可对所选文字进行翻译，如图 3-20 所示。

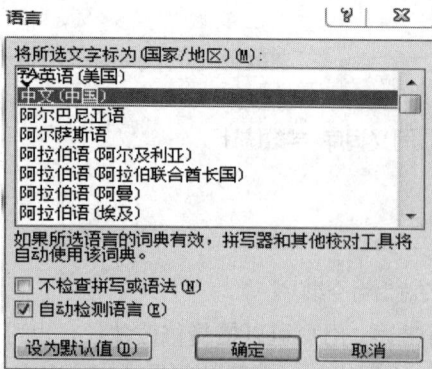

图 3-19　设置校对语言

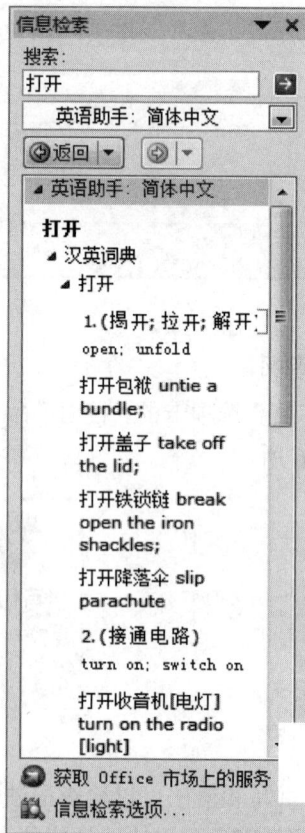

图 3-20　英语助手

有些文档需要进行繁简转换，可以在"审阅"选项卡中选择"中文简繁转换"命令组，能快速对中文进行简繁转换，如图 3-21 所示。

"批注"命令组包含新建批注、删除、上一条和下一条，如图 3-22 所示。它能快速对选择的内容添加批注、删除批注及定位批注。

"修订"命令组包含修订、显示标记和审阅窗格，如图 3-23 所示。按下"修订"就进入了修订状态。在该状态下，文字的编辑和修改都会记录下来，可接受或拒绝修订。显示标记后面可以勾选需要显示的标记。审阅窗格可显示所有修订的内容。

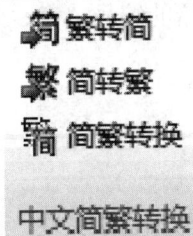
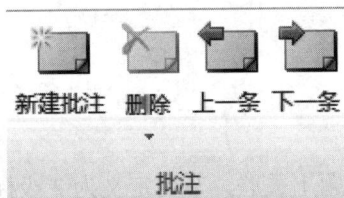
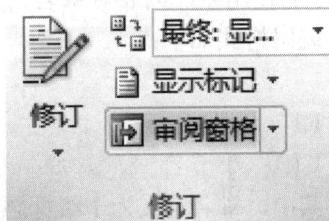

图 3-21　中文简繁转换　　　图 3-22　"批注"命令组　　　图 3-23　"修订"命令组

"更改"命令组包含接受、拒绝、上一条和下一条，如图 3-24 所示。它可以接受或拒绝修订，并通过上一条、下一条选择修订的内容。

比较文档可以打开两个版本的文档进行比较，也可以对多位作者修订的内容进行合并。

"保护"命令组包含阻止作者和限制编辑，如图 3-25 所示。它可以阻止作者更改特殊章节，通过限制编辑可设置格式限制、编辑限制和强制保护。

图 3-24　"更改"命令组　　　图 3-25　"保护"命令组

3.2　任　务　书

1. 页面设置

设置纸张大小为"A4"，上边距为"3 厘米"，下边距为"2.5 厘米"，左边距和右边距均为"2 厘米"，装订线为"0.5 厘米"，页眉和页脚距边界为"1.5 厘米"。

任务书

2. 论文题目及摘要设置

(1) 设置题目为"黑体"、"小二"号，行距为 1.5 倍。

(2) 设置姓名、学院名称为"楷体"、"小四"号，行距为 1.5 倍。

(3) 设置摘要、关键词：两个词设置为"黑体"、"小四"号，其内容为"宋体"、"小四"号，行距为 1.5 倍。

3. 样式和多级列表的应用

(1) 一级标题设置：修改标题 1 样式为"黑体""三号"，段前 0.5 行，段后 0.5 行，行距为 1.5 倍，左对齐。

(2) 二级标题设置：修改标题 2 样式为"黑体""小三号"，段前 0.5 行，段后 0 行，行距为 1.5 倍，左对齐。

(3) 三级标题设置：修改标题 3 样式为"宋体""四号""加粗"，段前 0 行，段后 0 行，行距为 1.5 倍，左对齐。

(4) 使用多级列表对章名、节名、小节名进行自动编号，代替原始的编号。章、节、小节编码格式如下：

1   章名

1.1   节名

1.1.1   小节名

其中，章名定义为 1 级标题与标题 1 关联，节名定义为 2 级标题与标题 2 关联，小节名定义为 3 级标题与标题 3 关联。

(5) 新建样式，样式名为"学生学号"。其中，中文字体为"宋体"，西文字体为"Times New Roman"，字号为"小四"，首行缩进"2 字符"，行距为 1.5 倍。

(6) 将(5)中的新建样式应用到正文中无编号的文字，不包括章名、节名、小节名、表文字、表和图。

4. 绘制组织结构图

在节"3.3 调研结果"第一段后，绘制图 3-26 所示的组织结构图。

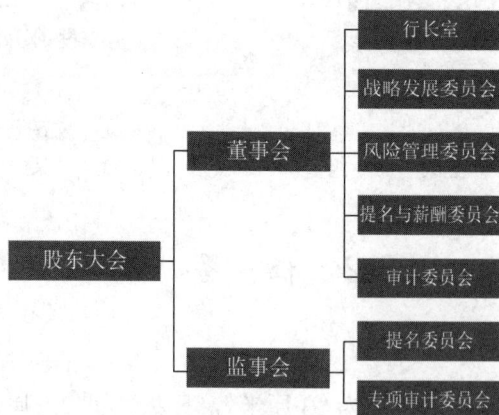

图 3-26   组织结构图

5. 题注，交叉引用

(1) 对正文中的图添加题注"图"，位于图下方，居中。要求：编号为"章序号"-"图在章中的序号"，图居中。

(2) 对正文中的表添加题注"表"，位于表上方，居中。要求：编号为"章序号"-"表在章中的序号"，设置表格：根据窗口自动调整表格。

(3) 对正文中出现"如下图所示"中的"下图"两字使用交叉引用，改为"图 X-Y"，其中"X-Y"为图题注的编号。

(4) 对正文中出现"如下表所示"中的"下表"两字使用交叉引用,改为"表 X-Y",其中"X-Y"为表题注的编号。

6. 添加封面和目录

(1) 在文档前依次插入封面、原创性申明。

(2) 新建样式,样式名为"参考文献"。其中,中文字体为"黑体",字号为"小三",无缩进,行距为 1.5 倍,将样式"参考文献"应用到文档中的标题"参考文献"和"致谢"。

(3) 在文档的"关键词"所在段后,插入两个分节符,产生一页空白页。

(4) 在空白页使用 Word 提供的功能,自动生成两级目录。其中,标题为"目录",字体为"黑体""加粗",字号为"三号",居中显示。"参考文献"和"致谢"在一级目录中显示。

(5) 通过修改样式,目录 1、目录 2 将自动生成,一级目录设置为"宋体"、"小四"号、"加粗",行距为 1.5 倍;二级目录设置为"宋体"、"小四"号,行距为 1.5 倍。

7. 设置页眉、页脚

(1) 设置目录的页码为大写的罗马字母 I、II、III、IV、V。注意:目录页前的封面、原创性申明和论文题目页无页眉、页脚。

(2) 利用域为正文设置页码,格式为"第 X 页,共 Y 页",居中,更新目录。

(3) 页眉从正文页开始。页眉内容左为学院 LOGO,论文题目居中,页眉下有一条下划线。

论文素材　　　　　　　论文成品　　　　　　　论文成品

3.3 任 务 示 范

1. 页面设置

【任务实施】

操作步骤: 在"页面布局"选项卡中单击"纸张大小",选择"A4"纸,如图 3-27 所示。

在"页面布局"选项卡中单击"页面设置"按钮,打开"页面设置"对话框,如图 3-28 所示。在"页边距"选项卡中,设置上边距为"3 厘米",下边距为"2.5 厘米",左边距和右边距均为"2 厘米",装订线为"0.5 厘米"。

页面设置

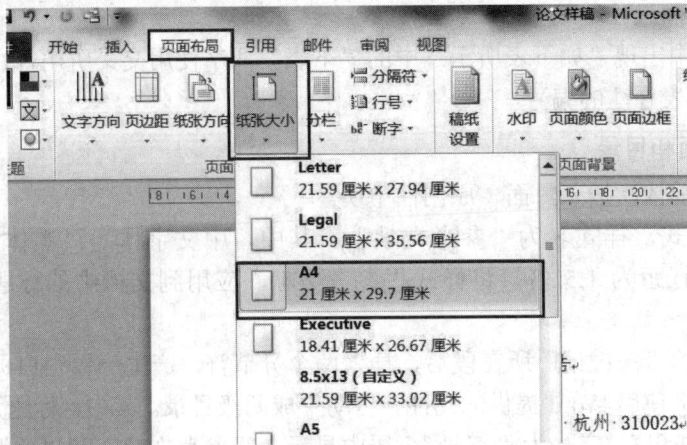

图 3-27 设置纸张大小

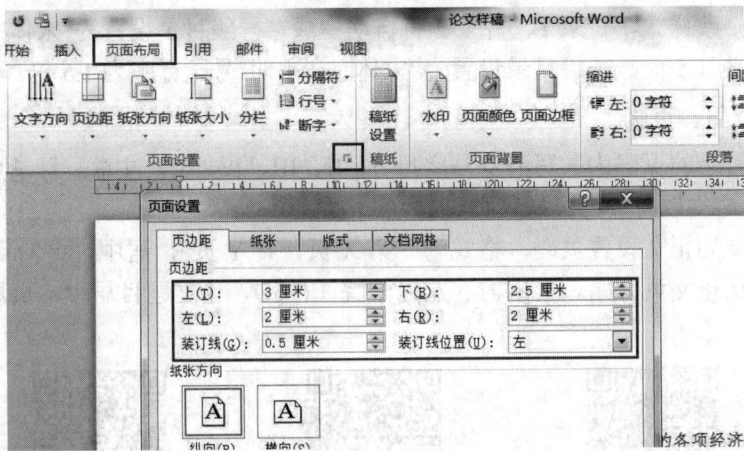

图 3-28 设置页边距

单击"页面设置"对话框中的"版式"选项卡，设置页眉和页脚距边界均为"1.5 厘米"，如图 3-29 所示。

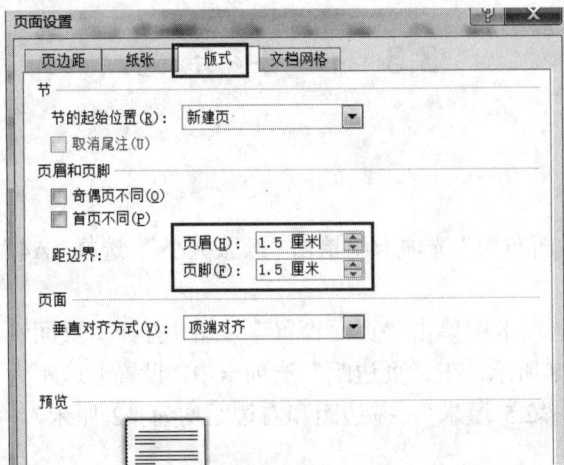

图 3-29 设置页眉、页脚距边界

2. 论文题目及摘要设置

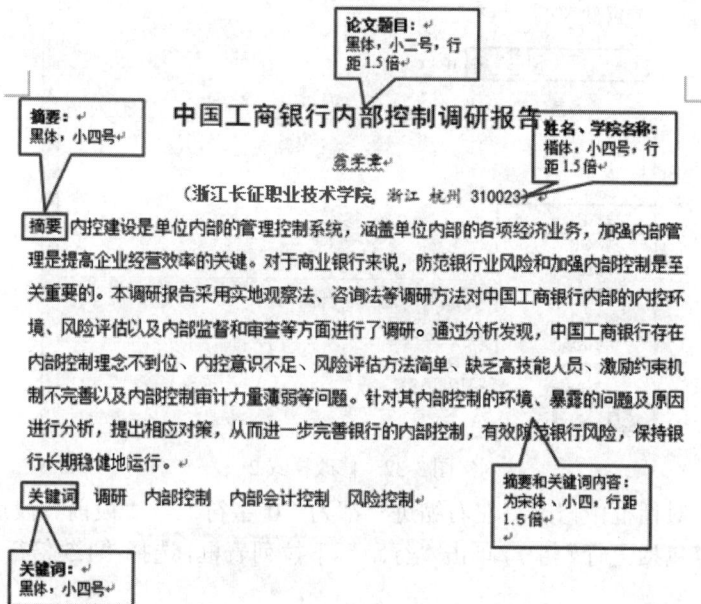

【任务实施】

操作步骤：参照图 3-30 所示，完成论文题目、姓名、学院名称、摘要以及关键词的字体、字号、行间距的设置。

论文题目及摘要设置

图 3-30 论文题目、摘要字体设置

3. 样式和多级列表的应用

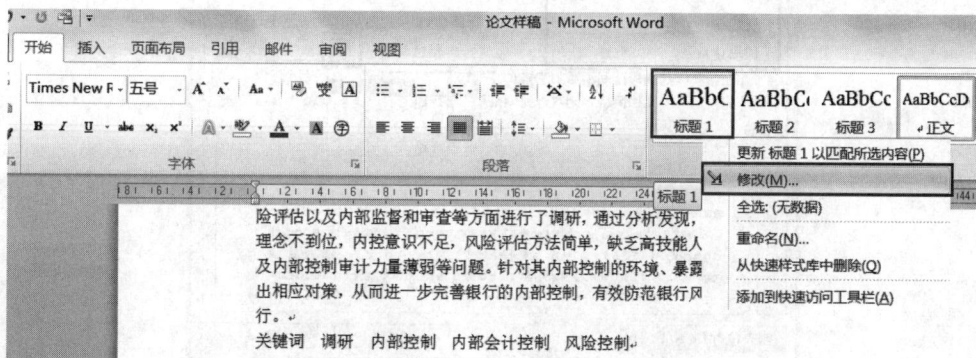

【任务实施】

操作步骤 1：在"开始"选项卡中鼠标右击"样式"命令组的"标题 1"，选择"修改"，打开"修改样式"对话框，如图 3-31 所示。

样式和多级列表的应用

图 3-31 修改样式 1

在"修改样式"对话框中修改"格式"中字体为"黑体",字号为"三号",取消"加粗"。单击"格式"命令按钮,选择"段落",打开"段落"对话框,如图3-32所示。

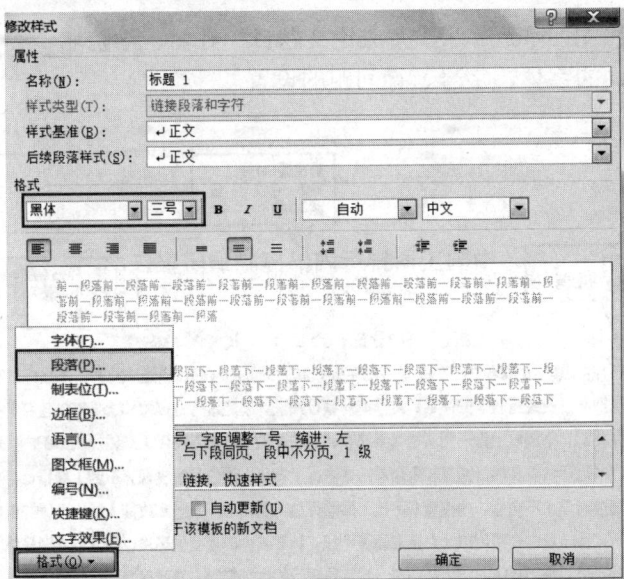

图3-32 修改样式2

在"段落"对话框中修改"左右缩进"都为"0字符","段前、段后间距"从键盘输入"0.5行"(包括"行"字),单击"行距"下拉列表框,选择"1.5倍行距",如图3-33所示。

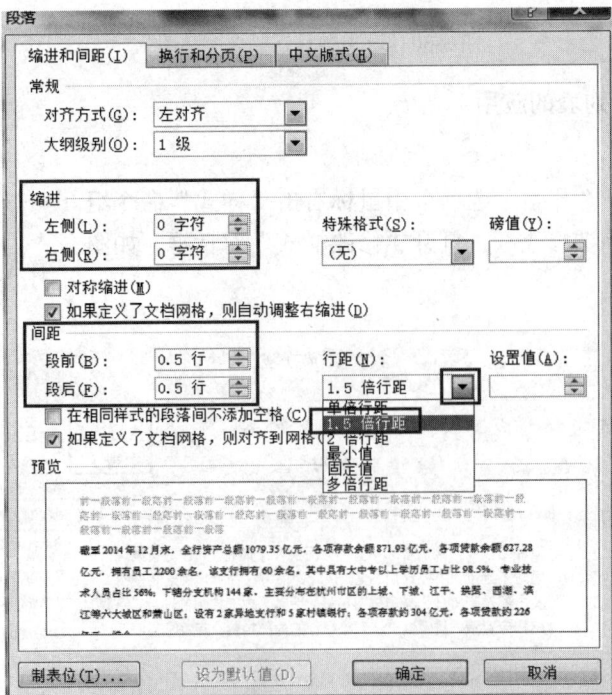

图3-33 修改样式3

操作步骤 2: 在快速样式列表中，没有"标题 2"选项，应先进行显示所有样式操作。

在"开始"选项卡中单击"显示样式窗口"按钮，打开"样式"对话框。在"样式"对话框中单击"选项"，打开"样式窗格选项"对话框，单击"选择要显示的样式"下拉列表框，选择"所有样式"，如图 3-34 所示。然后，单击"确定"按钮，关闭"样式窗格选项"对话框。

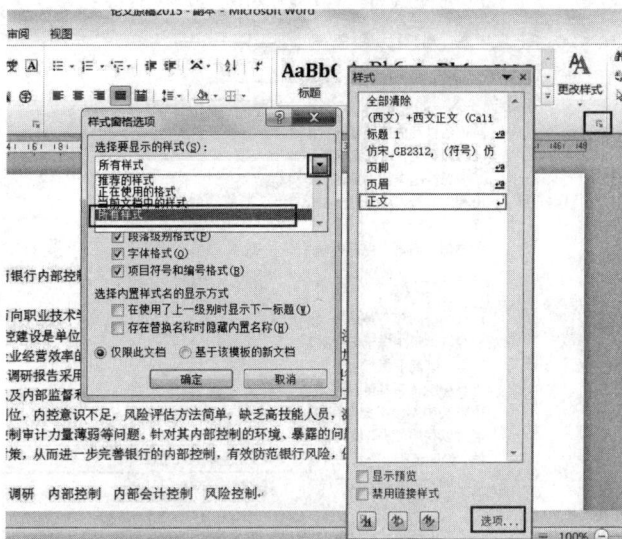

图 3-34 显示所有样式

在"样式"对话框中右击"标题 2"，选择"修改"，打开"修改样式"对话框，如图 3-35 所示。参照操作步骤 1 完成对标题 2 的修改。

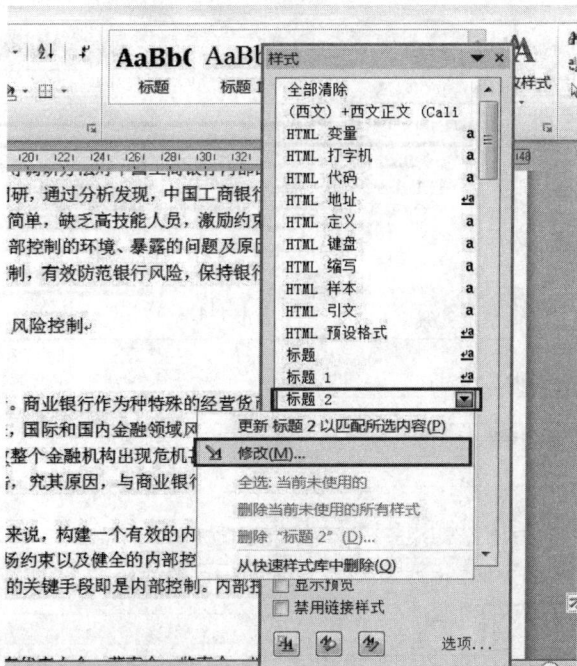

图 3-35 通过样式对话框修改样式

操作步骤 3： 参照操作步骤 2，完成对标题 3 的修改。

操作步骤 4： 将光标定位到"1 引言"，在"开始"选项卡中单击"多级列表"，选择"定义新的多级列表"，打开"定义新多级列表"对话框，如图 3-36 所示。

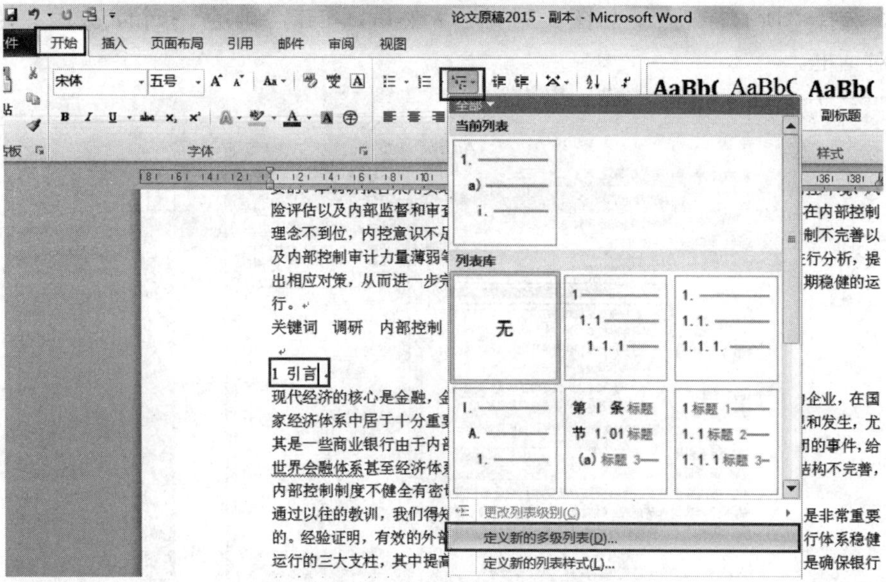

图 3-36　定义新多级列表 1

在"定义新多级列表"对话框中选择要修改的级别"1"，单击"更多"按钮，如图 3-37 所示。单击"将级别链接到样式"下拉列表框，选择"标题 1"，建立 1 级标题与标题 1 的关联，如图 3-38 所示。

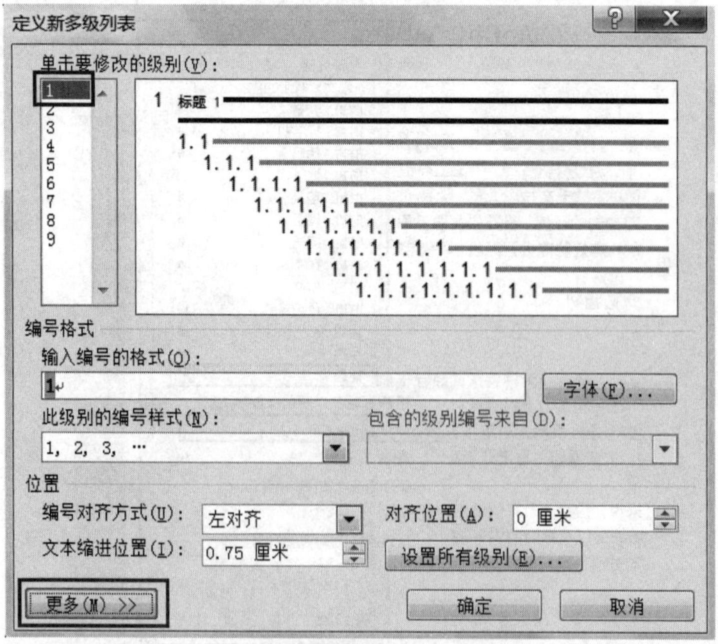

图 3-37　定义新多级列表 2

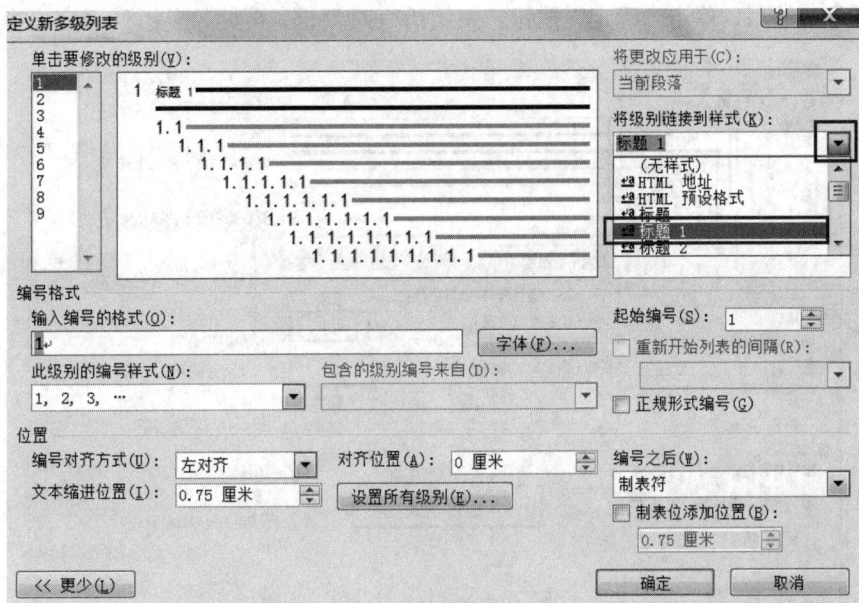

图 3-38 定义新多级列表 3

依次选择要修改的级别"2"和级别"3",单击"将级别链接到样式"下拉列表框,选择"标题 2"和"标题 3",分别建立 2 级标题与标题 2 的关联、3 级标题与标题 3 的关联,"如图 3-39 所示。

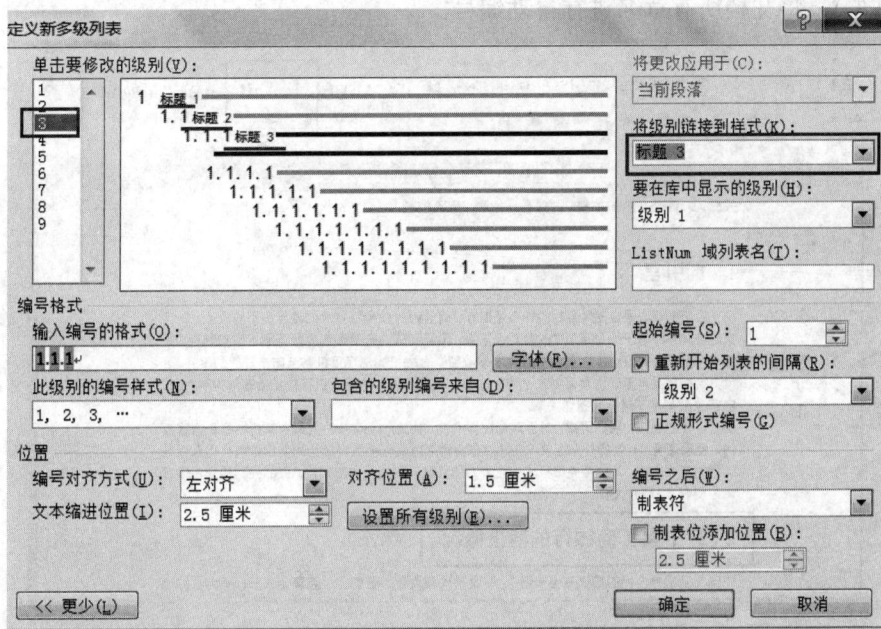

图 3-39 定义新多级列表 4

单击"定义新多级列表"对话框中的"设置所有级别"按钮,在打开的"设置所有级别"对话框中,将"第一级的文字位置"和"每一级的附加缩进量"都改为"0 厘米",如

图 3-40 所示。然后，单击"确定"按钮，关闭所有对话框。至此，多级列表定义操作完成。

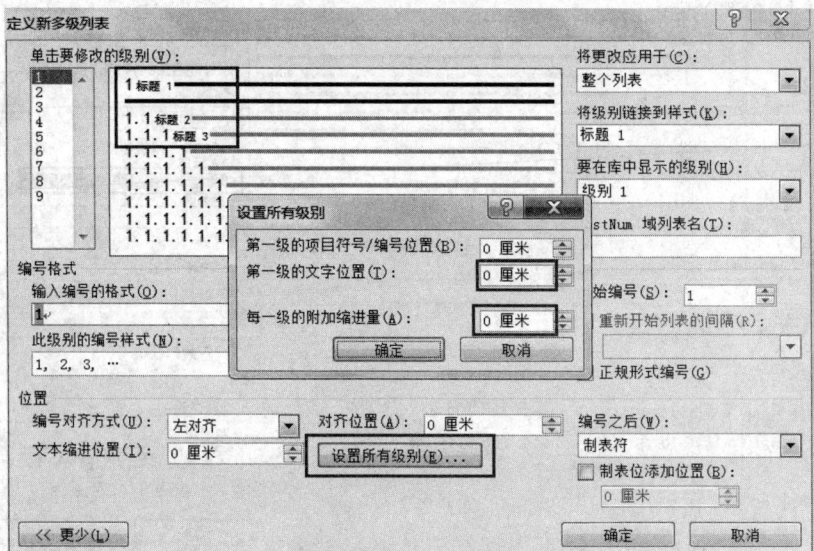

图 3-40　定义新多级列表 5

　　将多级列表应用到章节。将光标定位到"2 中国工商银行的背景概况"，单击"开始"选项卡中的样式"标题 1"，将光标所在段的文字使用标题 1 设置的字体、字号、段落格式，并自动产生编号(如图 3-41 所示)，原有的编号应删除(图 3-41 中圆圈所示)。重复此操作(或利用格式刷)，将文档所有章名进行自动编号。

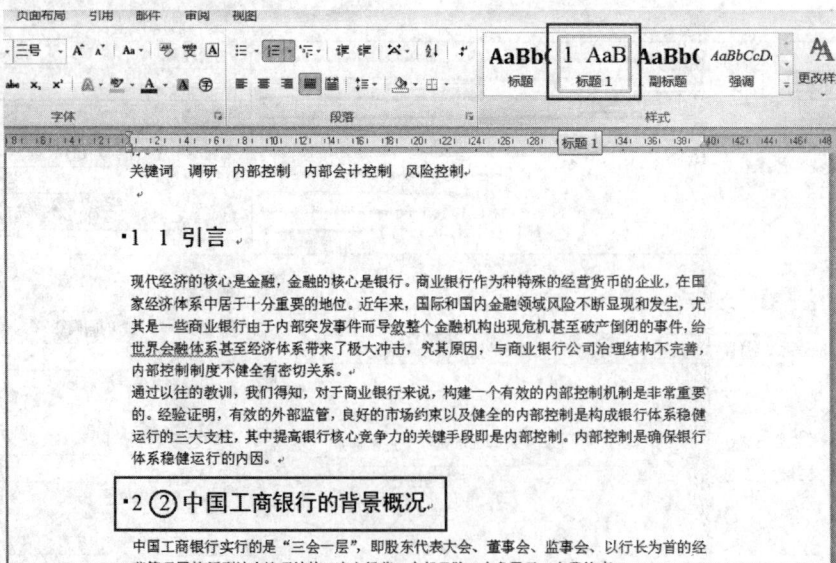

图 3-41　章名使用样式

　　由于"快速样式列表"中没有显示"标题 2"，因此应先打开"样式"对话框。在"开始"选项卡中单击"显示样式窗口"按钮，将光标定位到"3.1 调研目的"，在"样式"对话框中选择"标题 2"，重复此操作(或利用格式刷)，将文档所有节名进行自动编号，原有的编号应删除(如圆圈所示)，如图 3-42 所示。

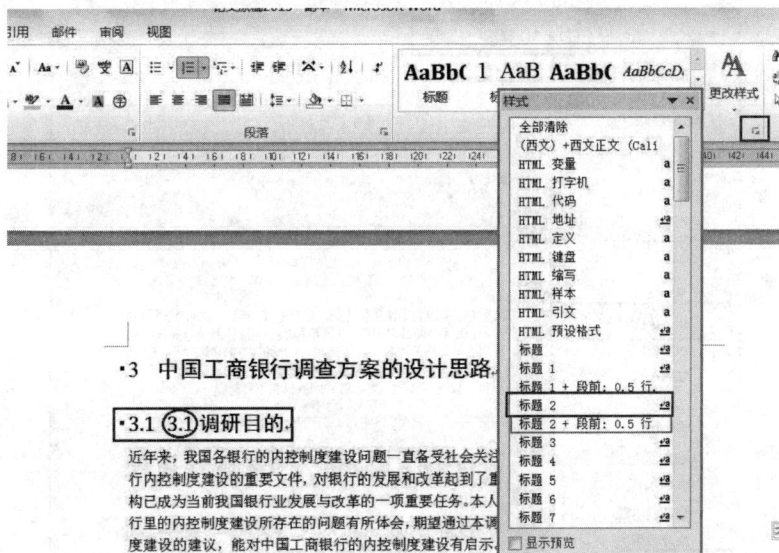

图 3-42　节名使用样式

操作步骤 5：在"开始"选项卡中单击"显示样式窗口"按钮，打开"样式"对话框。在"样式"对话框中单击"新建"，打开"根据格式设置创建新样式"对话框，如图 3-43 所示。

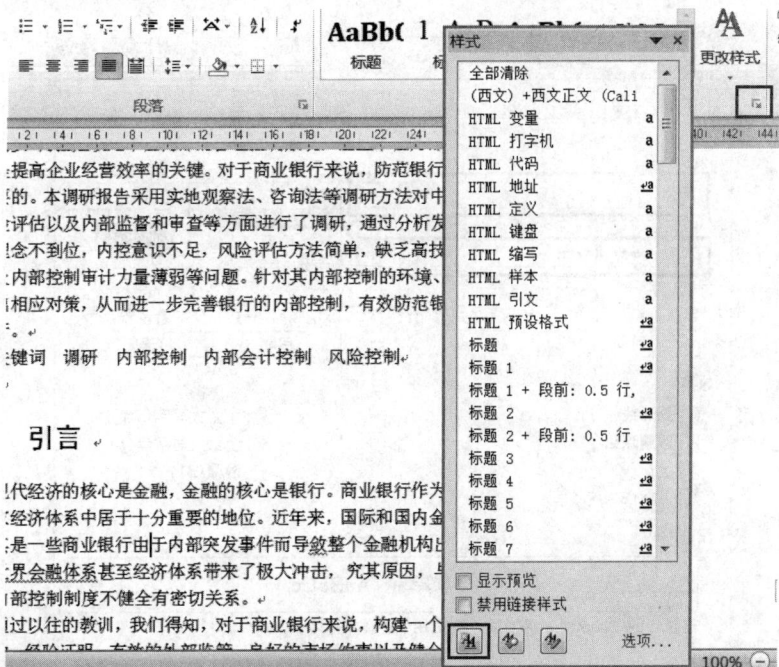

图 3-43　创建新样式 1

在"根据格式设置创建新样式"对话框的"名称"文本框中输入自己的学号，单击"格式"按钮，选择"字体"，打开"字体"对话框，如图 3-44 所示。

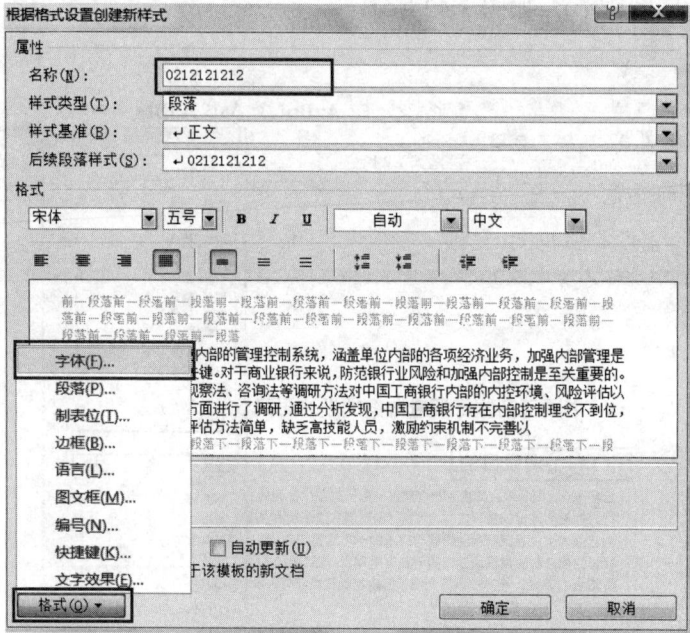

图 3-44　创建新样式 2

　　在"字体"对话框中设置中文字体为"宋体"，西文字体为"Times New Roman"，字号为"小四"，如图 3-45 所示。

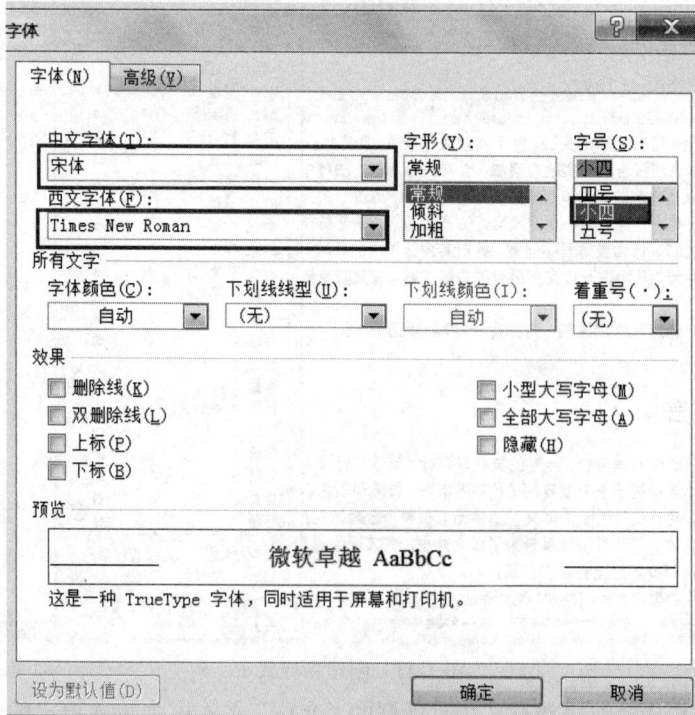

图 3-45　创建新样式 3

在"根据格式设置创建新样式"对话框中单击"格式"按钮，选择"段落"，打开"段落"对话框，设置特殊格式为"首行缩进"，磅值为"2 字符"，行距为"1.5 倍行距"，如图 3-46 所示。然后，单击"确定"按钮，关闭所有对话框，完成新样式的创建。

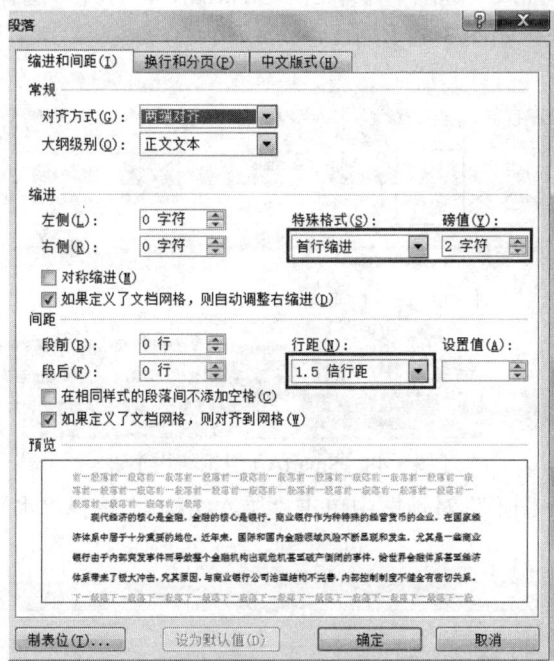

图 3-46　创建新样式 4

操作步骤 6：将光标定位于文档起始位置"1 引言"后第一段的任意位置，在"开始"选项卡中单击"样式快速列表"中新建的样式名，如"0212121212"，如图 3-47 所示。重复此操作步骤(也可以使用格式刷)，完成文档中所有段落的样式应用(不包括章名、节名、小节名、表文字、表和图)。

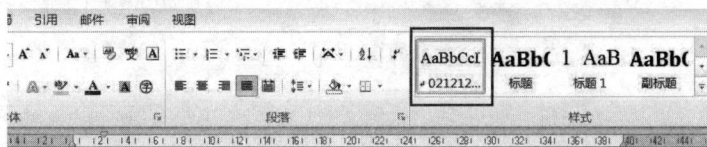

·1　引言

现代经济的核心是金融，金融的核心是银行。商业银行作为种特殊的经营货币的企业，在国家经济体系中居于十分重要的地位。近年来，国际和国内金融领域风险不断显现和发生，尤其是一些商业银行由于内部突发事件而导致整个金融机构出现危机甚至破产倒闭的事件，给世界会融体系甚至经济体系带来了极大冲击，究其原因，与商业银行公司治理结构不完善、内部控制制度不健全有密切关系。

通过以往的教训，我们得知，对于商业银行来说，构建一个有效的内部控制机制是非常重要的。经验证明，有效的外部监管、良好的市场约束以及健全的内部控制是构成银行体系稳健运行的三大支柱，其中提高银行核心竞争力的关键手段即是内部控制。内部控制是确保银行体系稳健运行的内因。

·2　中国工商银行的背景概况

图 3-47　正文段落应用样式

4. 绘制组织结构图

【任务实施】

操作步骤 1: 在"插入"选项卡中单击"SmartArt",打开"选择
SmartArt 图形"对话框,如图 3-48 所示。

绘制组织结构图

图 3-48　SmartArt 组织结构 1

在"选择 SmartArt 图形"对话框中单击"层次结构",选择"水平组织结构图",如图
3-49 所示。

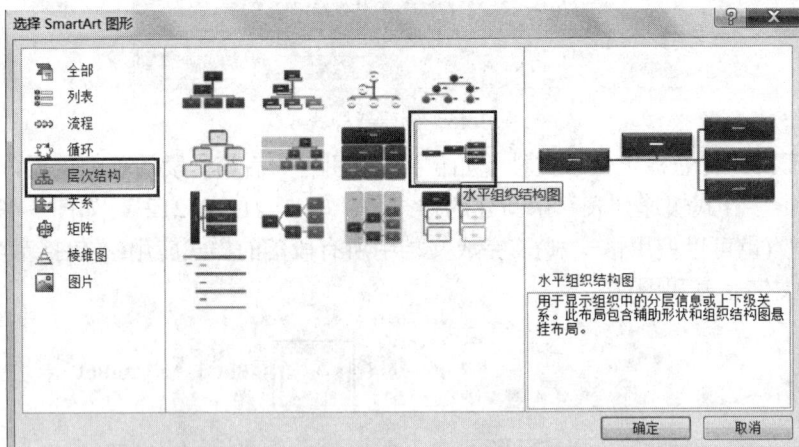

图 3-49　SmartArt 组织结构 2

操作步骤 2: 修改组织结构图。选中"助理"文本框,按"Del"键删除,如图 3-50
所示。

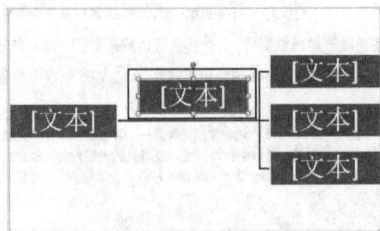

图 3-50　SmartArt 组织结构 3

选中图 3-51 所示的文本框,在"设计"选项卡中单击"降级"。

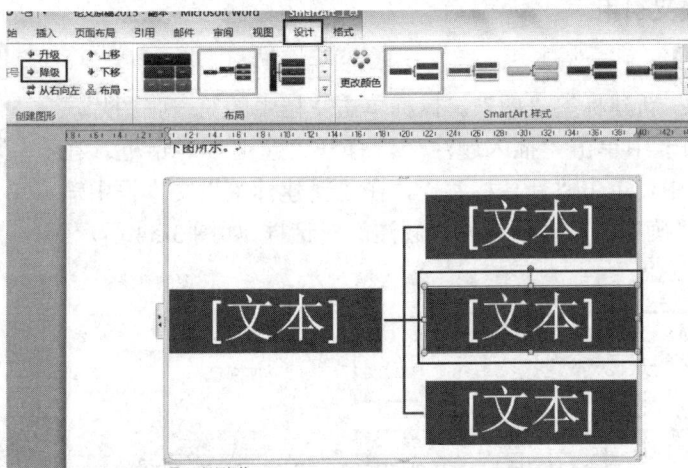

图 3-51 SmartArt 组织结构 4

选中图 3-52 所示的文本框，在"设计"选项卡中单击"添加形状"下拉文本框，选择"在下方添加形状"，重复此操作步骤完成组织结构图的架构，最后输入相应文本。完成的效果如图 3-53 所示。

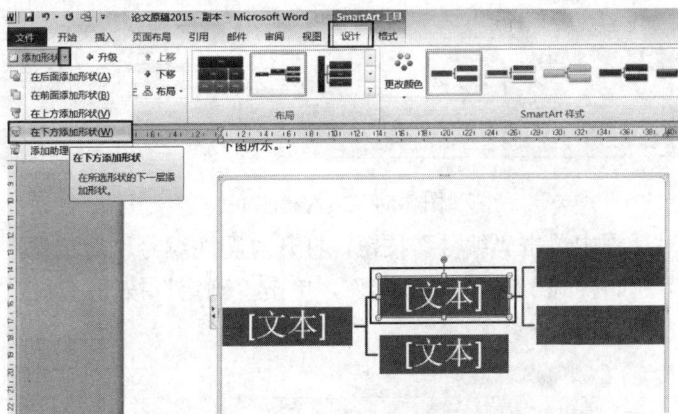

图 3-52 SmartArt 组织结构 5

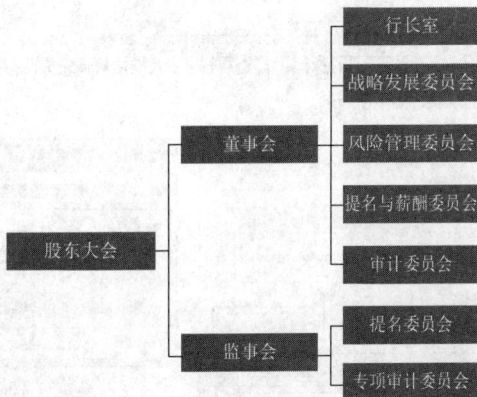

图 3-53 SmartArt 组织结构 6

5. 题注与交叉引用

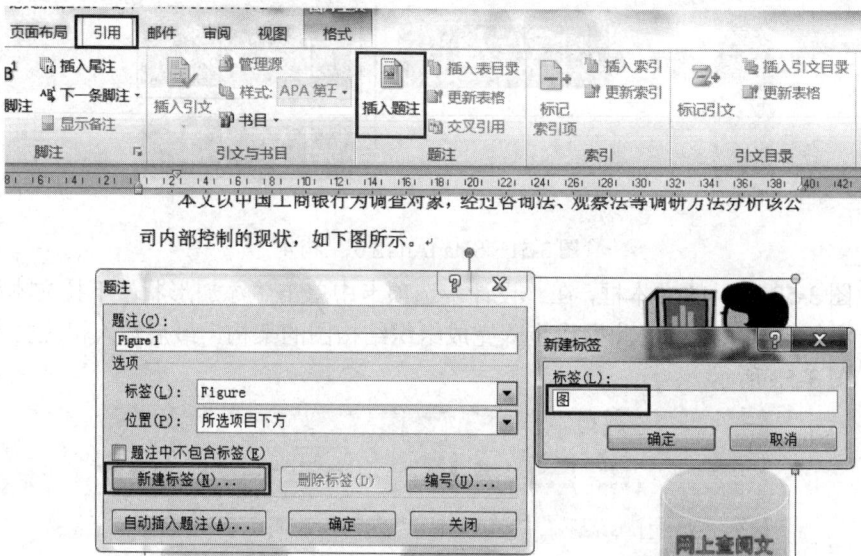

【任务实施】

操作步骤 1：新建标签"图"。鼠标单击文档中的第一张图片，在"引用"选项卡中单击"插入题注"，打开"题注"对话框。在"题注"对话框中，单击"新建标签"，在"新建标签"文本框中输入"图"，单击"确定"按钮后返回"题注"对话框，如图 3-54 所示。

题注与交叉引用

图 3-54　插入题注 1

在"题注"对话框中单击"编号"按钮，打开"题注编号"对话框，然后勾选"包含章节号"，"章节起始样式"选择"标题 1"，单击"确定"按钮，返回"题注"对话框，如图 3-55 所示。

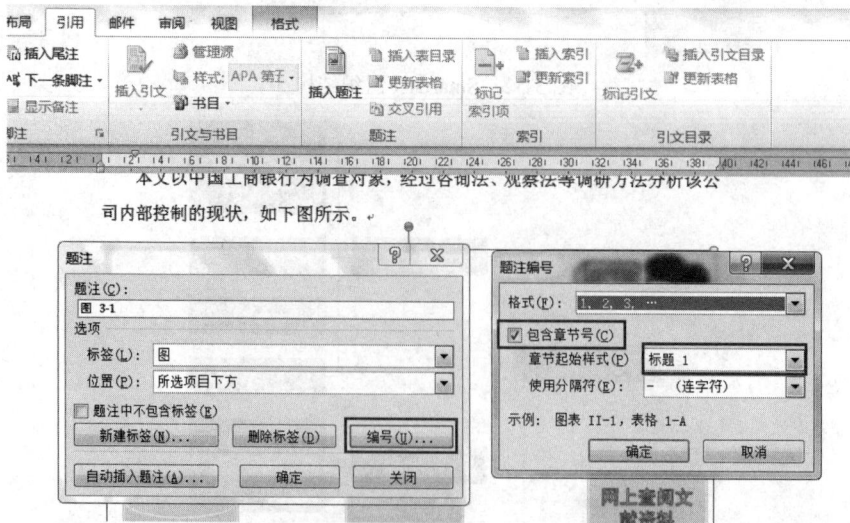

图 3-55　插入题注 2

在"题注"文本框中输入"研究方法",位置选择"所选项目下方",如图 3-56 所示。单击"确定"按钮,在"开始"选项卡中设置"居中"。分别选中第二、第三张图片,打开"题注"对话框,分别输入题注名"组织架构""内审架构",完成对第二、第三张图片题注的插入。

图 3-56 插入题注 3

操作步骤 2:参照操作步骤 1,新建标签"表",设置"编号"包含章节,建立文档中4 张表格的题注。

光标定位到第一张表格的任意单元格,在"布局"选项卡中单击"自动调整",选择"根据窗口自动调整表格",如图 3-57 所示。光标依次定位其余表格,重复此步骤完成设置。

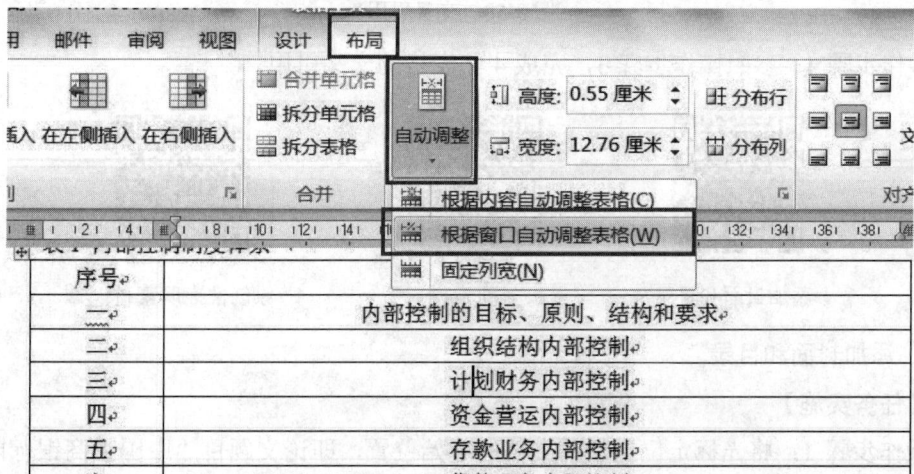

图 3-57 根据窗口自动调整表格

操作步骤 3：选中文档中第一张图片上方的"下图"两字，在"引用"选项卡中单击"交叉引用"，打开"交叉引用"对话框。引用类型选择"图"，引用内容选择"只有标签和编号"，引用哪一个题注选择"图 3-1 研究方法"，单击"插入"按钮，如图 3-58 所示。重复此步骤，完成对另外两张图片的交叉引用。

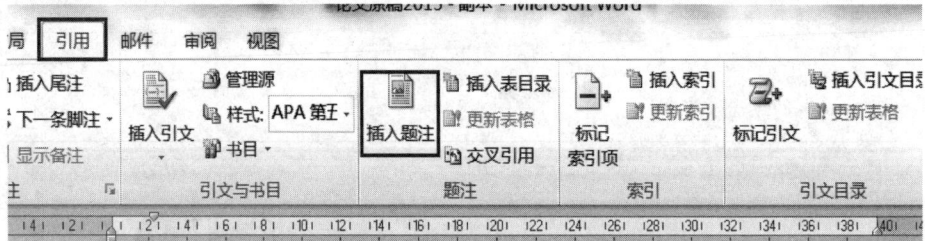

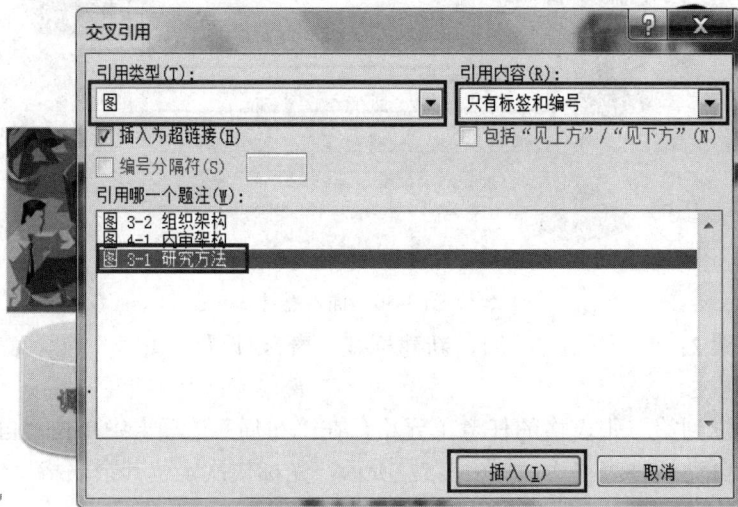

图 3-58　交叉引用

操作步骤 4：参照操作步骤 3，完成 4 张表格的交叉引用。

添加封面和目录　　　　　　封面素材　　　　　　原创性声明素材

6. 添加封面和目录

【任务实施】

操作步骤 1：将光标定位到整篇文档的起始位置，即论文题目"中国工商银行内部控制调研报告"前，在"插入"选项卡中单击"对象"下拉列表按钮，选择"文件中的文字"，如图 3-59 所示。

图 3-59　插入文件 1

中国工商银行内部控制调研报告

翁学章

在"插入文件"对话框中找到"封面"文件，选择该文件并单击"插入"按钮，或直接双击该文件将封面插入论文中，如图 3-60 所示。

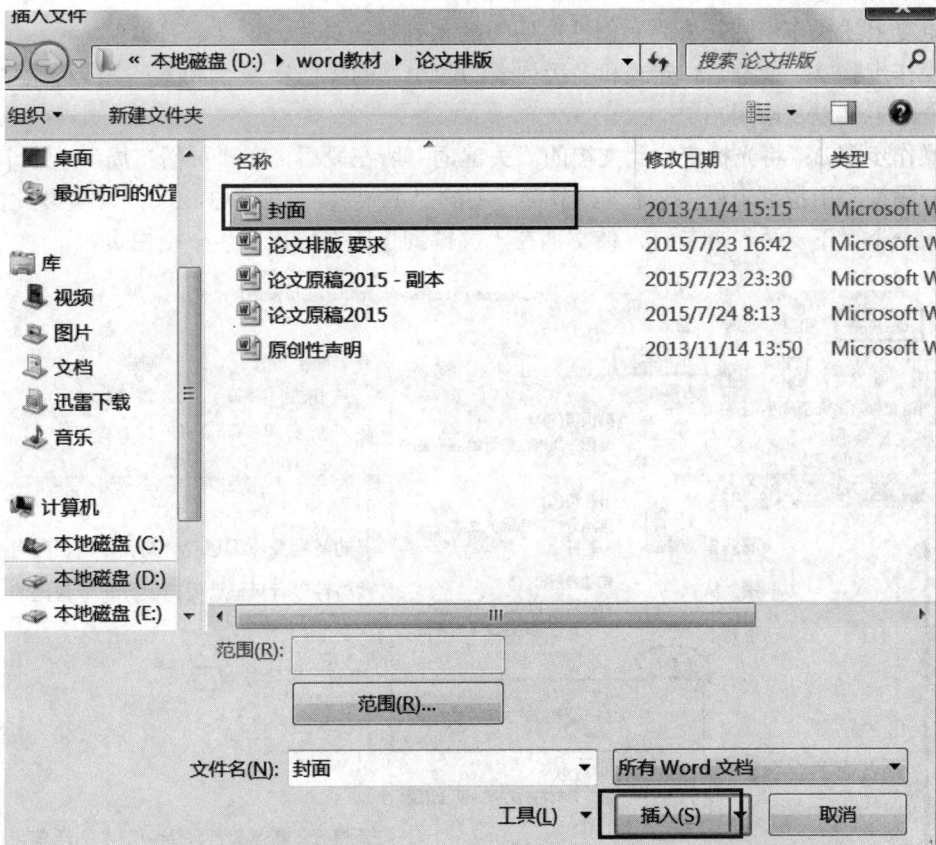

图 3-60　插入文件 2

光标定位到论文题目前，在"插入"选项卡中单击"分页"，可插入一个"分页符"将论文题目页另起一页，如图 3-61 所示。

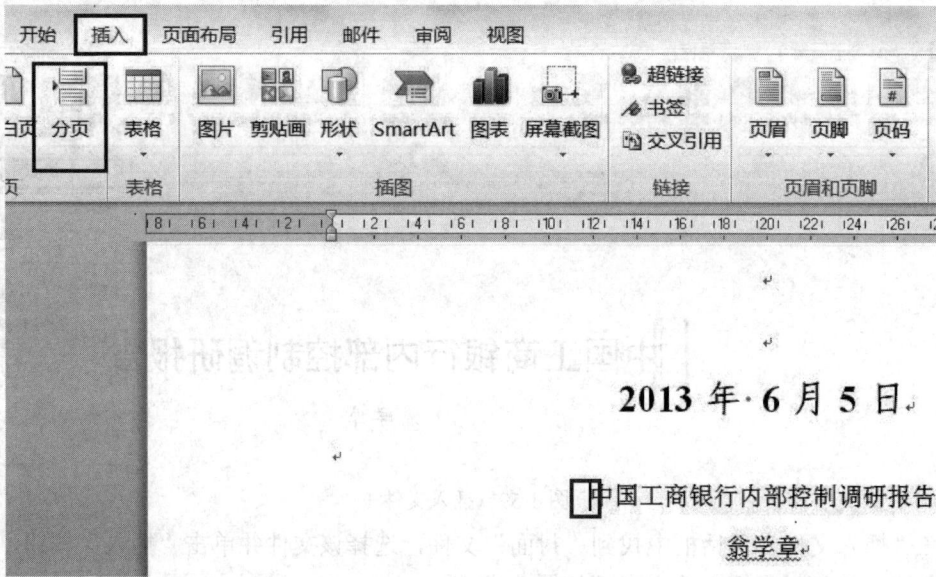

2013 年 · 6 月 5 日

中国工商银行内部控制调研报告

翁学章

图 3-61 插入文件 3

重复上述操作步骤，将"原创性声明"插入到封面页后、论文题目页前。

操作步骤 2：参考"3. 样式和多级列表的应用"的操作步骤 5 和 6 完成样式"参考文献"的定义以及应用。

操作步骤 3：将光标定位到文档的"关键词"所在段后，在"页面布局"选项卡中单击"分隔符"下拉列表框，选择"分节符"中的"下一页"，如图 3-62 所示。重复此操作，再插入一个"下一页"分节符，使文档在"关键词"所在段后产生一空白页。

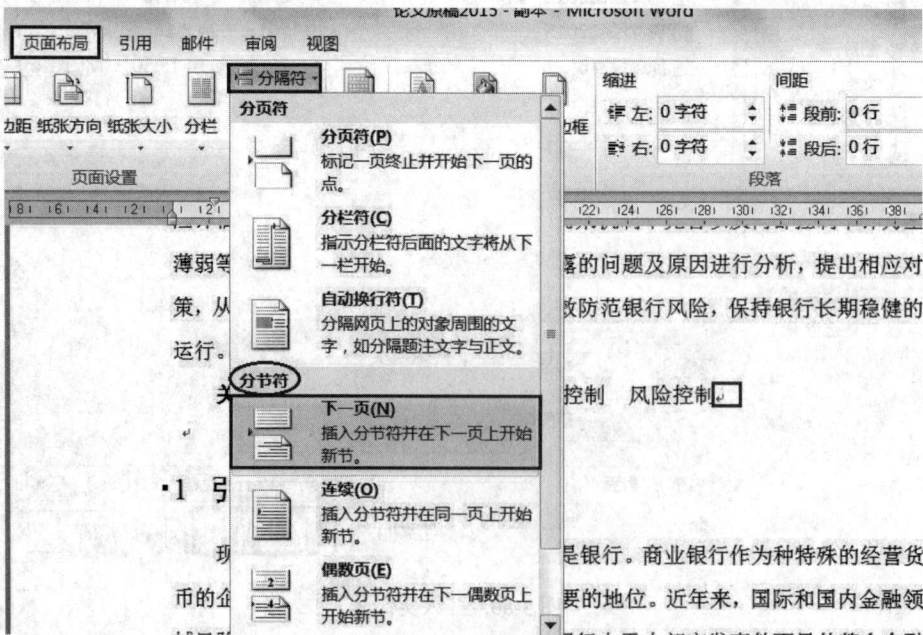

图 3-62 分节符

操作步骤 4: 将光标定位到"空白页",输入"目录",设置字体为"黑体",字号为"三号""加粗"。在"引用"选项卡中单击"目录",选择"插入目录",如图 3-63 所示。

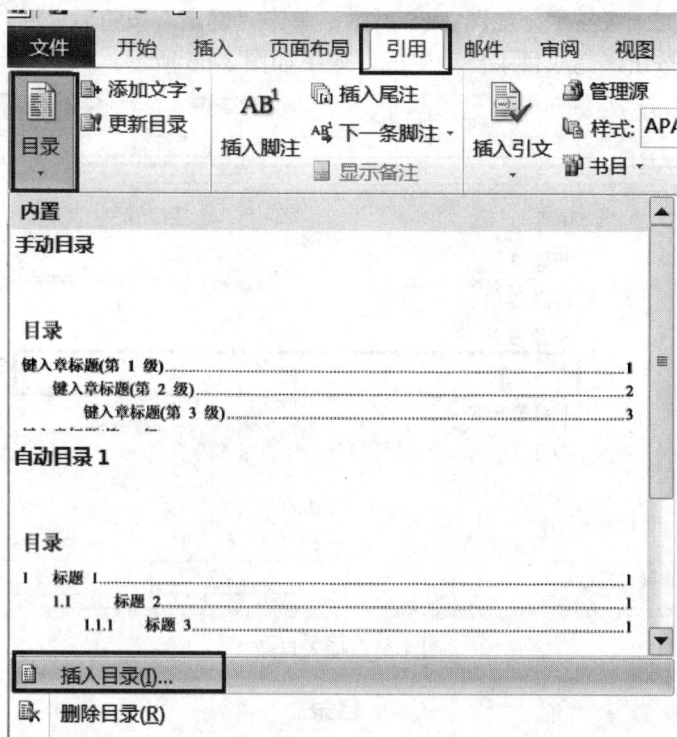

图 3-63 插入目录 1

在"目录"对话框中,将显示级别设置为"2",只显示章名、节名两级目录,单击"选项"按钮,如图 3-64 所示。

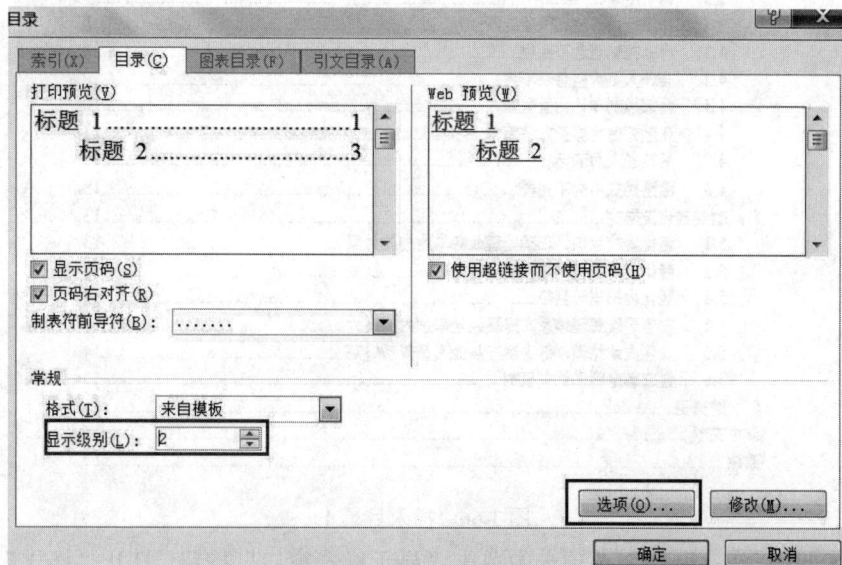

图 3-64 插入目录 2

在"目录选项"对话框的"有效样式"中拖拉滚动条，找到操作步骤 2 中建立的样式"参考文献"，将目录级别设置为"1"，即文档中标题"参考文献"和"致谢"在生成的目录中与章名同一级显示，如图 3-65 所示。单击"确定"按钮后返回"目录"选项卡，再单击"确定"按钮，完成目录自动生成，效果如图 3-66 所示。

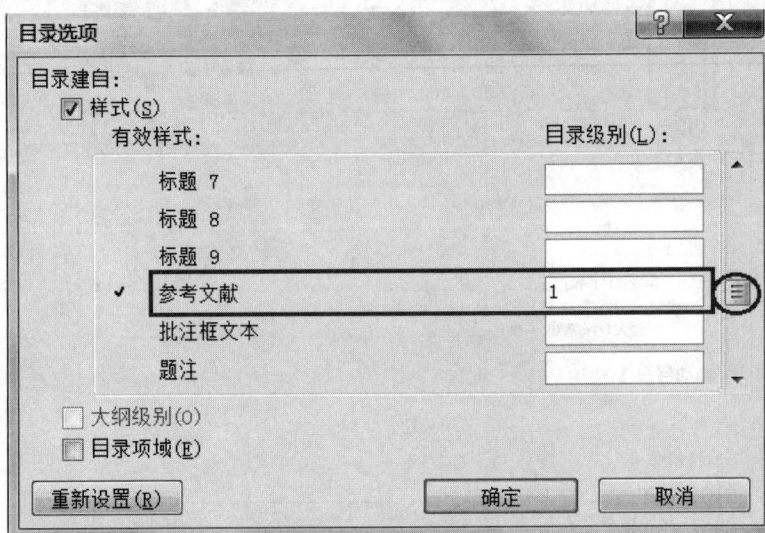

图 3-65　插入目录 3

目录

图 3-66　插入目录 4

操作步骤 5：在"开始"选项卡中单击"显示样式窗口"按钮，打开"样式"对话框。在"样式"对话框中，鼠标右键单击"目录 1"，选择"修改"，如图 3-67 所示。

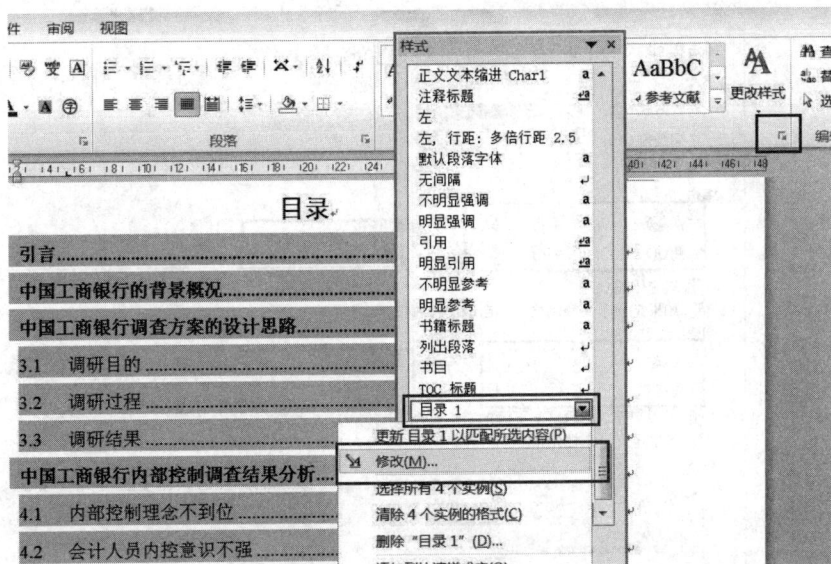

图 3-67 修改目录样式 1

在"修改样式"对话框中修改"格式"中字体为"宋体",字号为"小四"号、"加粗",单击"格式"命令组按钮,选择"段落",打开"段落"对话框,如图 3-68 所示。

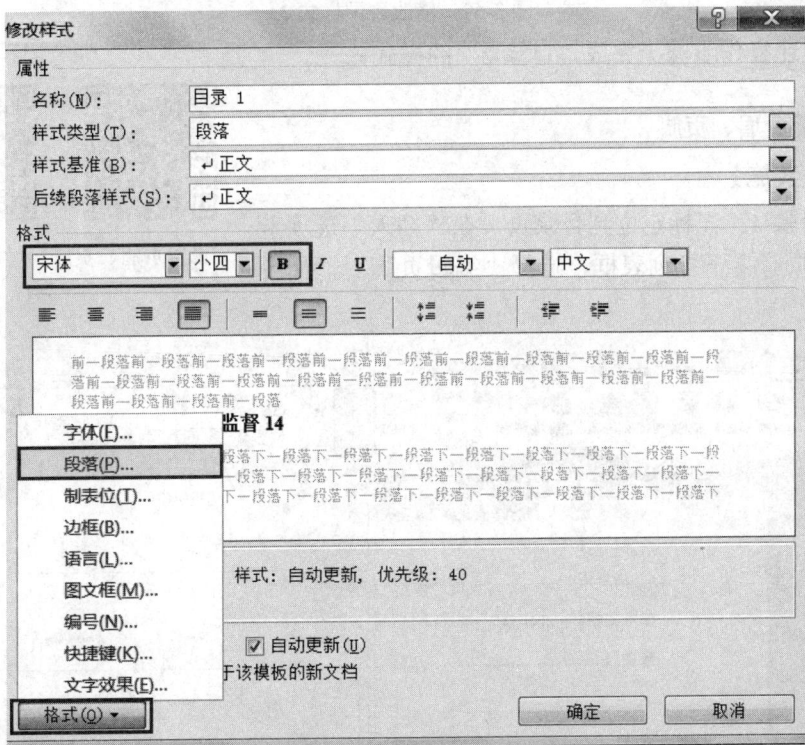

图 3-68 修改目录样式 2

在"段落"对话框中,修改左、右缩进为"0 字符",段前、段后间距为"0 行",单击行距下拉列表框选择"1.5 倍行距",如图 3-69 所示。

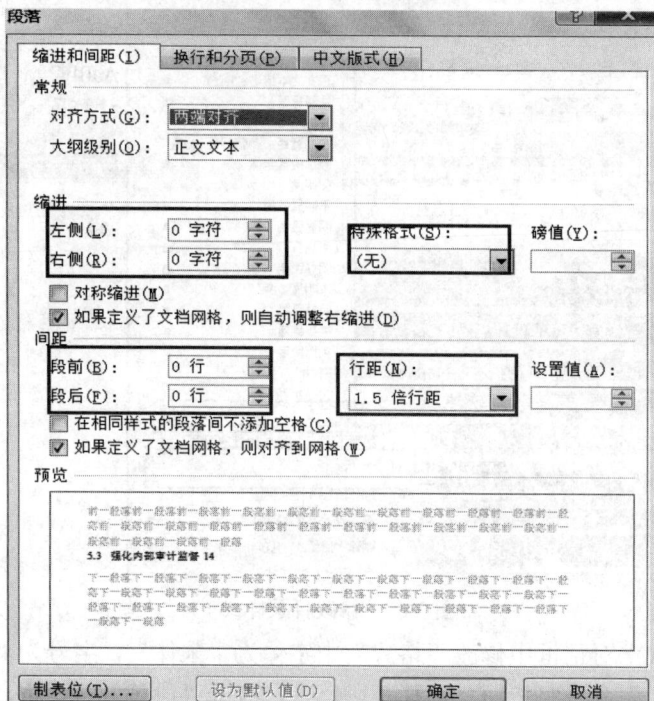

图 3-69　修改目录样式 3

重复上述操作步骤，完成"目录 2"的样式修改。

7. 设置页眉、页脚

【任务实施】

操作步骤 1：光标定位到目录页，在"插入"选项卡中单击 "页脚"下拉列表框，选择"编辑页脚"，如图 3-70 所示。

设置页眉、页脚　学校 LOGO

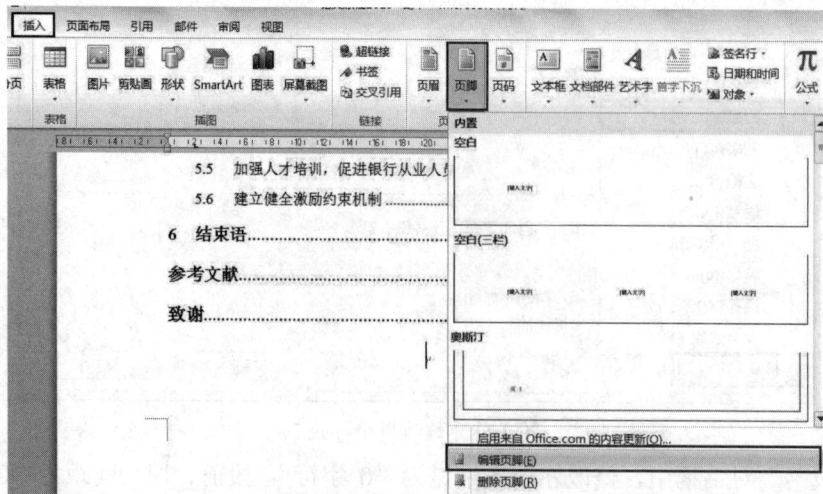

图 3-70　插入页码 1

在"设计"选项卡中单击"页码",选择"设置页码格式",如图 3-71 所示。

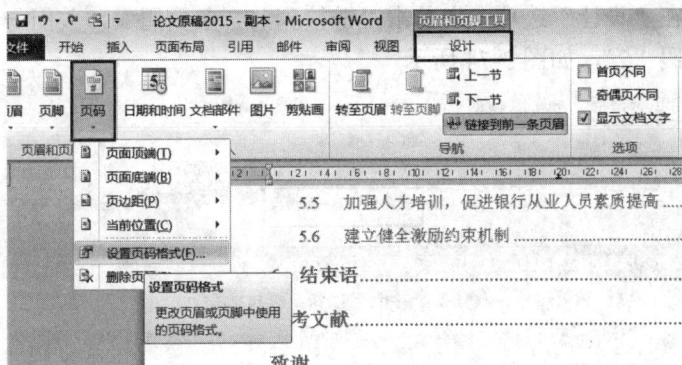

图 3-71 插入页码 2

在"页码格式"对话框中单击"编号格式"下拉列表,选择罗马字符"Ⅰ,Ⅱ,Ⅲ,…",在"页码编号"中设置"起始页码"为"Ⅰ",如图 3-72 所示。

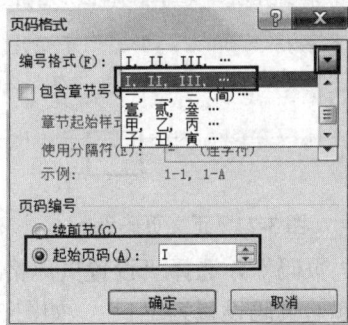

图 3-72 插入页码 3

在"设计"选项卡中单击"链接到前一条页眉",关闭与封面页、原创性声明页、论文题目页的关联;单击"页码",选择"页面底端"中的"普通数字 2",为目录页插入页码,如图 3-73 所示。

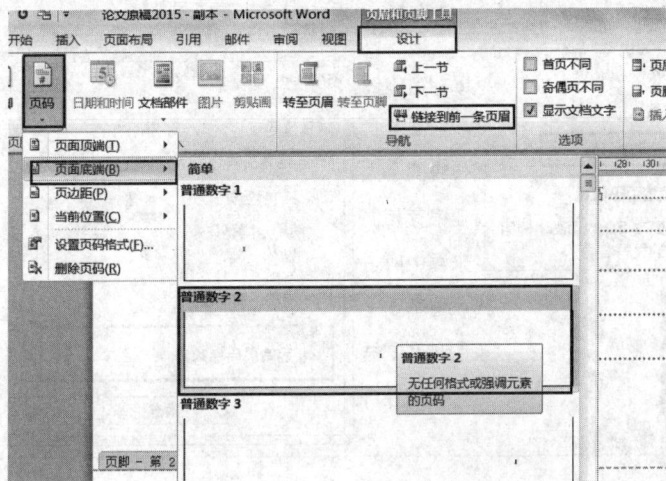

图 3-73 插入页码 4

操作步骤 2：光标定位到正文第一页，即"1 引言"所在页，参考操作步骤 1，进入页脚的编辑状态。在"设计"选项卡中单击"链接到前一条页眉"，关闭与目录页的关联，在页脚处删除页码"2"，如图 3-74 所示。

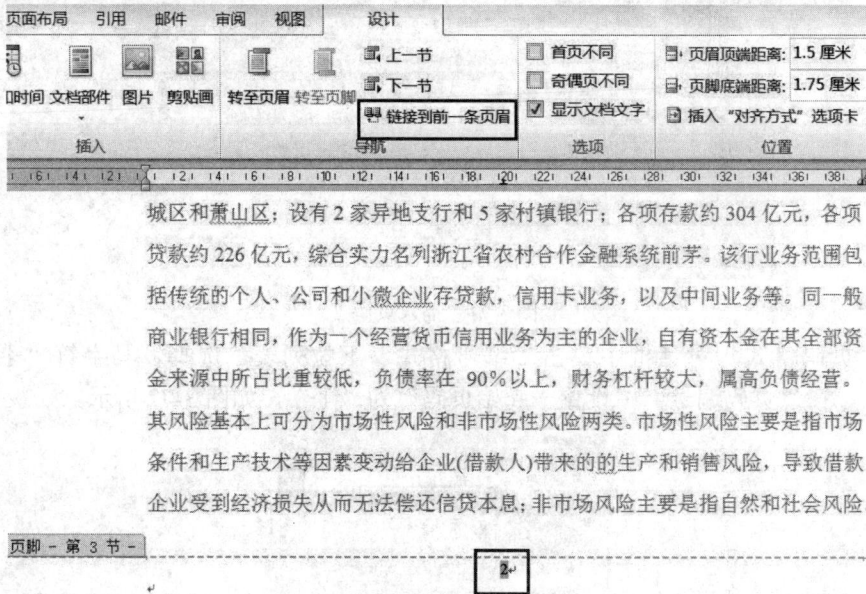

图 3-74　正文页码设置 1

　　在"设计"选项卡中单击"页码"，选择"设置页码格式"，在打开的"页码格式"对话框中，将"页码编号"的起始页码设置为"1"，如图 3-75 所示。

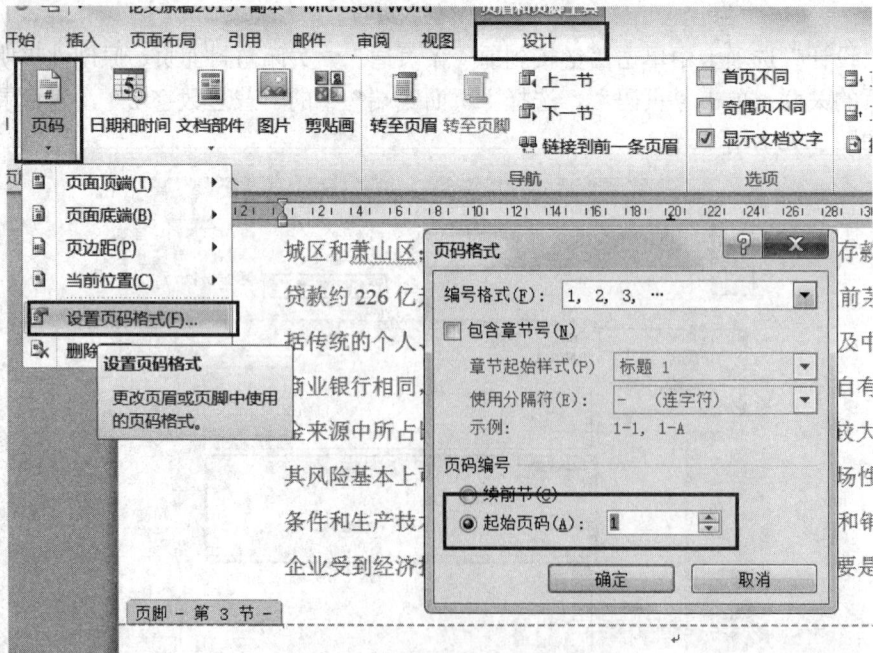

图 3-75　正文页码设置 2

在"页脚"位置输入"第",然后在"设计"选项卡中单击"文档部件",选择"域",如图 3-76 所示。

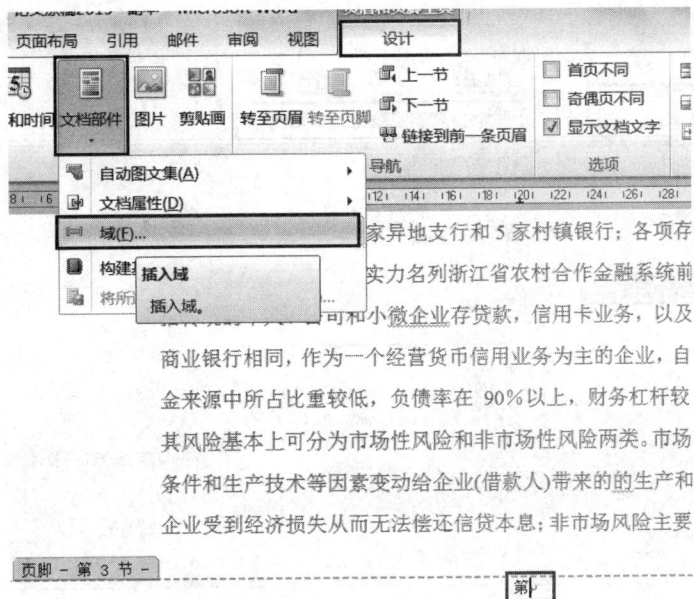

图 3-76 正文页码设置 3

在"域"对话框中单击"类别"下拉列表框,选择"编号",域名选择"Page",格式选择阿拉伯数字"1,2,3,…",单击"确定"按钮,插入当前页页码,如图 3-77 所示。

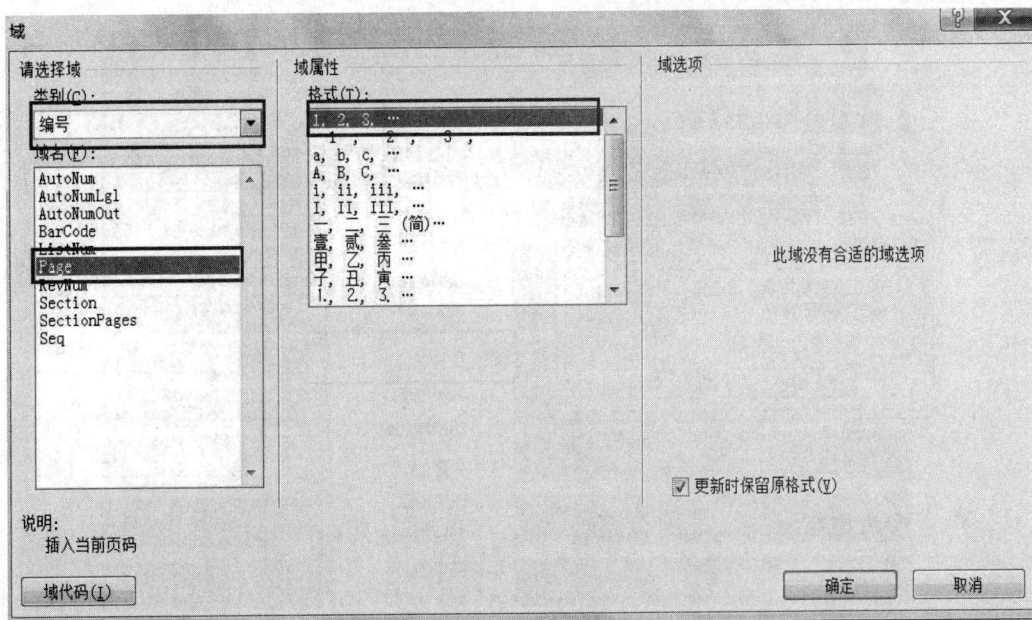

图 3-77 正文页码设置 4

在页码后输入"页共",参照上述操作步骤打开"域"对话框,域名选择"SectionPages",

格式选择阿拉伯数字"1，2，3，…"，单击"确定"按钮，如图 3-78 所示。插入正文总的页数，然后输入"页"，完成整个页码的设置，关闭页眉。

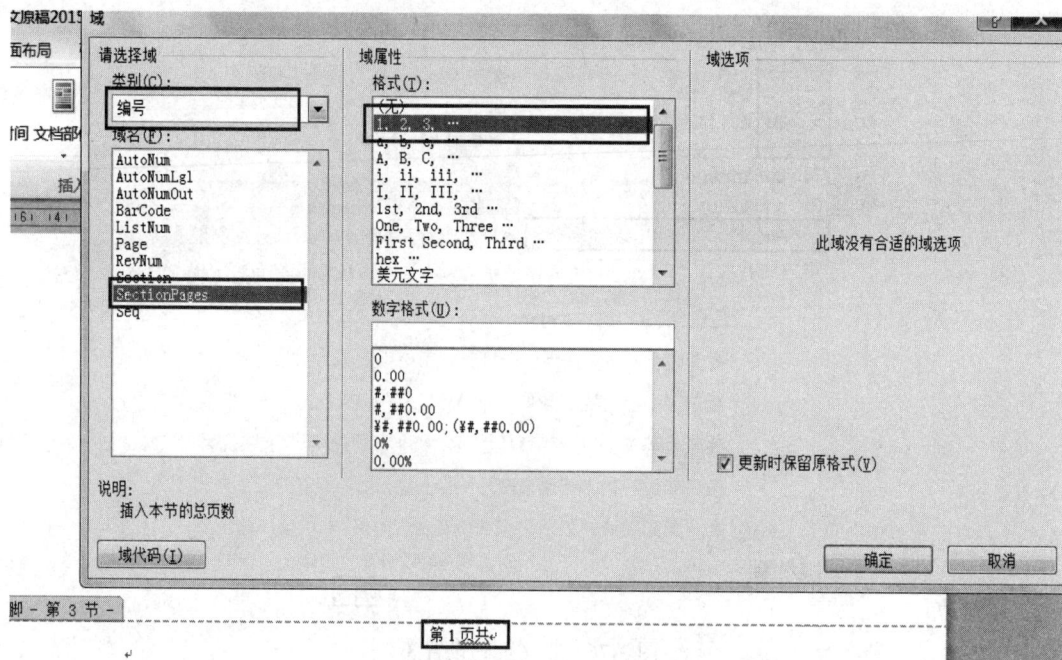

图 3-78　正文页码设置 5

在目录页上，鼠标单击右键，选择快捷菜单中的"更新域"，在"更新目录"对话框中选择"只更新页码"，单击"确定"按钮后完成目录页的更新，如图 3-79 所示。

图 3-79　目录更新域

操作步骤 3：光标定位到正文第一页，即"1 引言"所在页，在"插入"选项卡中单击"页眉"，选择"编辑页眉"，进入页眉编辑状态，如图 3-80 所示。

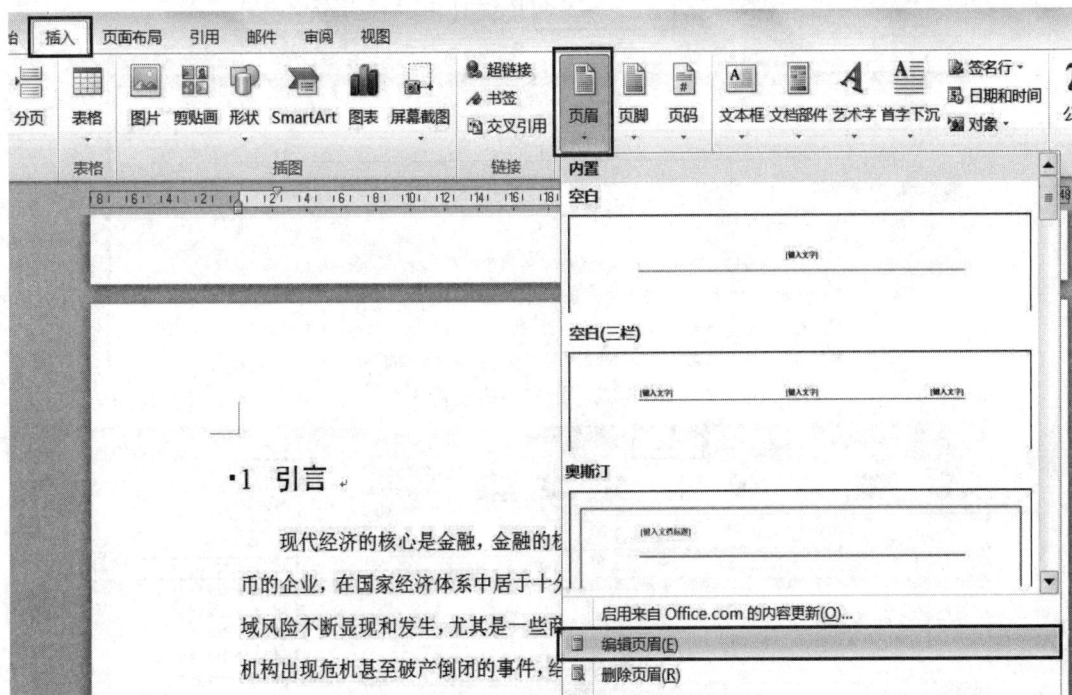

图 3-80 正文页眉设置 1

在页眉编辑状态下选中"段落标记符"，再在"开始"选项卡中单击"边框和底纹"下拉列表按钮，选择"下框线"，为页眉添加下划线，如图 3-81 所示。

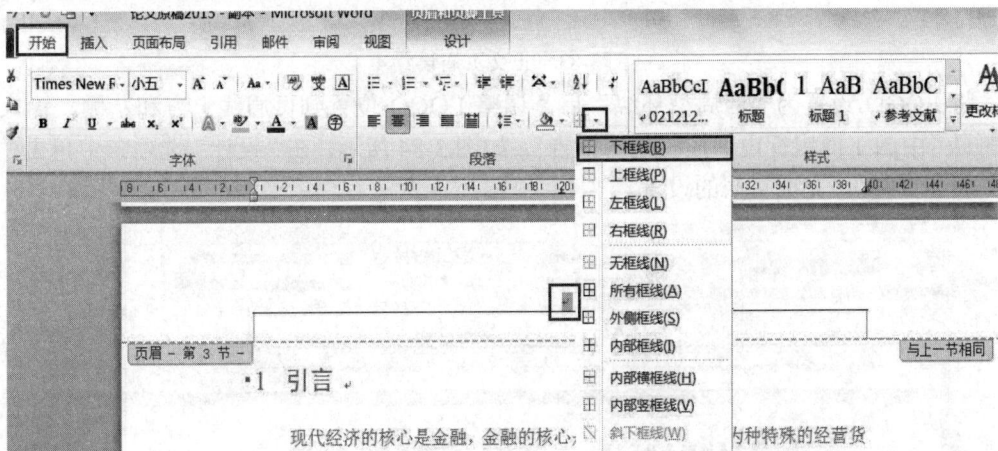

图 3-81 正文页眉设置 2

在"设计"选项卡中单击"链接到前一条页眉"，关闭与目录页的关联，如图 3-82 所示。

从"论文排版要求"文件中复制学院 LOGO 到页眉位置，并将环绕方式改为"四周型环绕"。在"格式"选项卡中单击"自动换行"，选择"四周型环绕"，如图 3-83 所示。

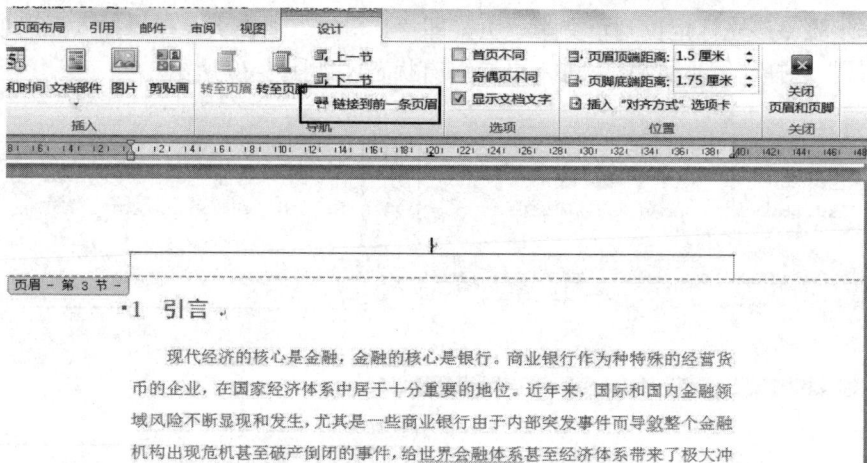

图 3-82　正文页眉设置 3

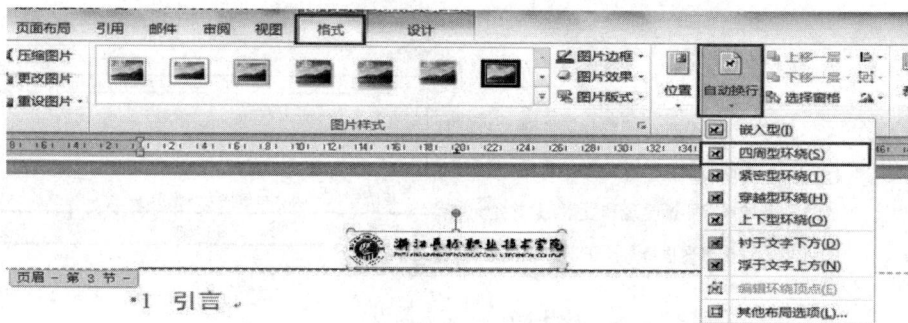

图 3-83　正文页眉设置 4

　　将 LOGO 设置为"四周型环绕"后，调整 LOGO 位置到页眉线上方和左侧，输入论文题目"中国工商银行内部控制调研报告"，如图 3-84 所示。在"设计"选项卡中单击"关闭页眉和页脚"，完成页眉的设置。

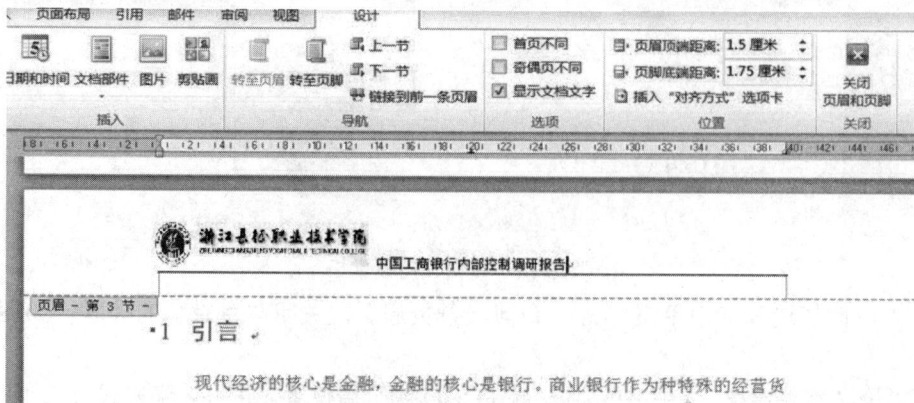

图 3-84　正文页眉设置 5

3.4 知识拓展

索引是一份科技文档的重要组成部分，它把文中的重要名词罗列出来，并给出它们相应的页码，方便读者快速查找该名词的定义和含义。

设置索引首先要标记索引，然后插入索引，也可以先将索引字段设置在表格中，然后通过"自动标记"导入表格来"标记索引项"，再单击"确定"按钮生成索引。索引也能根据文档的变化而更新。"索引"对话框如图 3-85 所示。

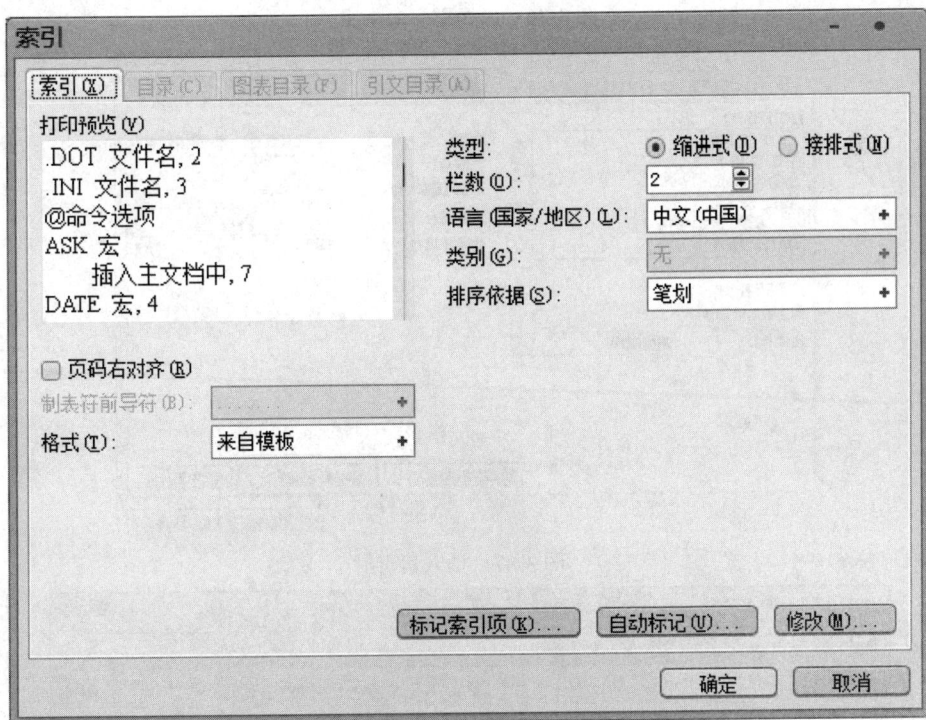

图 3-85 "索引"对话框

设置自动索引的操作步骤如下：

(1) 把需要索引的文字录入到一张表中，要生成的索引字段如表 3-1 所示，将该表保存成 Word 文档或者 Excel 文件。这里以 Word 文档为例，将表 3-1 保存成 index.docx。

表 3-1 索引字段

样式	Style
目录	Catalog
引用	Quote
排版	Type

(2) 在"引用"选项卡中单击"索引"命令组，选择"插入索引"，如图 3-86 所示。

在打开的"索引"对话框中选择"自动标记",如图 3-87 所示。在弹出的对话框中选择事先保存好的索引文件 index.docx,系统会自动进行标记,如图 3-88 所示。

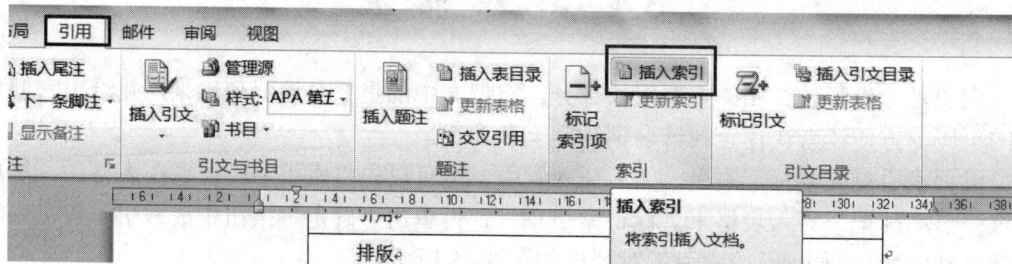

图 3-86　"索引"命令组

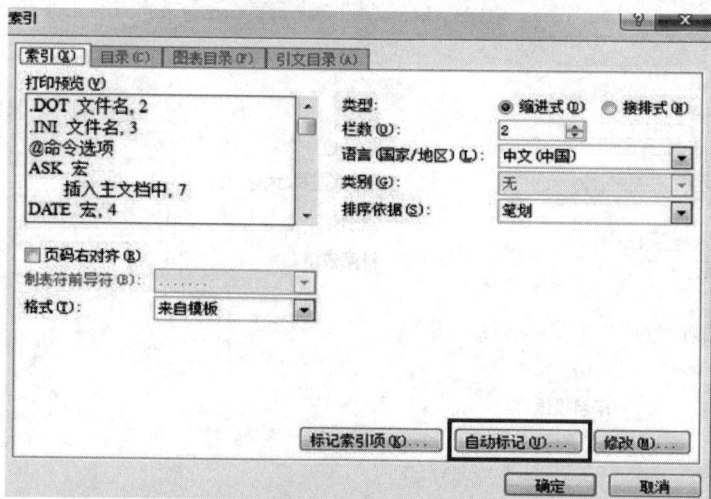

图 3-87　插入索引

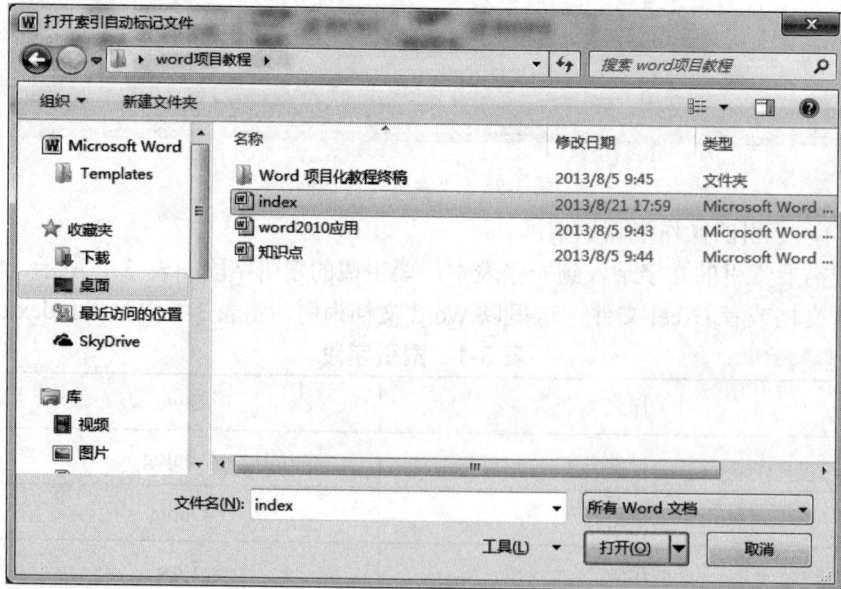

图 3-88　选择索引文件

(3) 最后，只需在文档结尾再次选择"插入索引"，单击"确定"按钮即可快速生成索引，从而完成文档的索引，如图 3-89 所示。

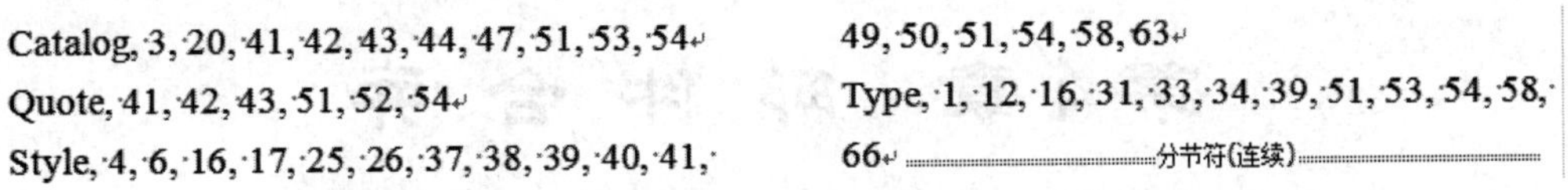

Catalog, 3, 20, 41, 42, 43, 44, 47, 51, 53, 54↵
Quote, 41, 42, 43, 51, 52, 54↵
Style, 4, 6, 16, 17, 25, 26, 37, 38, 39, 40, 41,

49, 50, 51, 54, 58, 63↵
Type, 1, 12, 16, 31, 33, 34, 39, 51, 53, 54, 58,
66↵ ·············分节符(连续)·············

图 3-89   索引结果

第4章　邮件合并

4.1 知识点

在 Word 2010 中，专门设置一个邮件选项卡，通过它可以创建信封、标签，并通过选择收件人找到合并的数据，编写和插入域来插入数据，预览结果来检查合并效果，最后合并成新文档或打印输出。

在邮件合并中，可创建信封和标签，如图 4-1 所示。

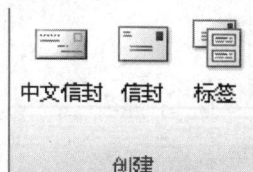

图 4-1　创建

邮件信封制作是一个向导，如图 4-2 所示。根据向导一步步设置信封的样式，选择单个信封或者基于地址簿文件批量生成。选择地址簿中的记录，可快速地生成信封。

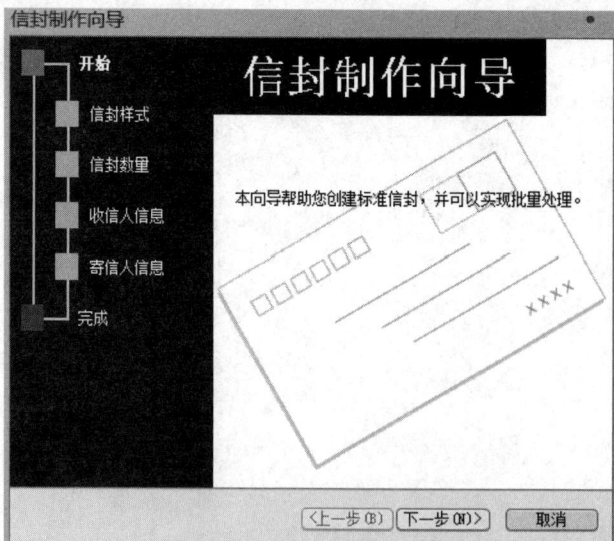

图 4-2　信封制作向导

标签的创建是根据具体标签的规格大小来设计，如图 4-3 所示。可以设置全页为相同标签，通过选项来设置标签的大小和间距，如图 4-4 所示；也可以自己设置标签大小，利用标签详情来制作，如图 4-5 所示。

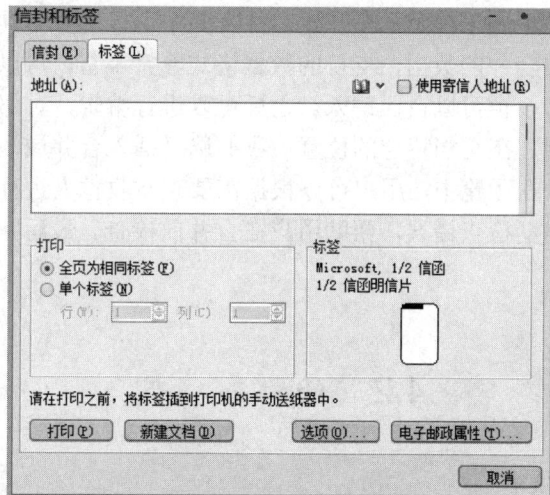

图 4-3　信封和标签

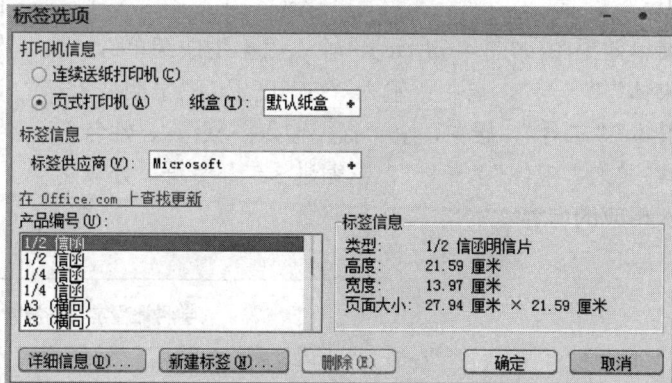

图 4-4　标签选项

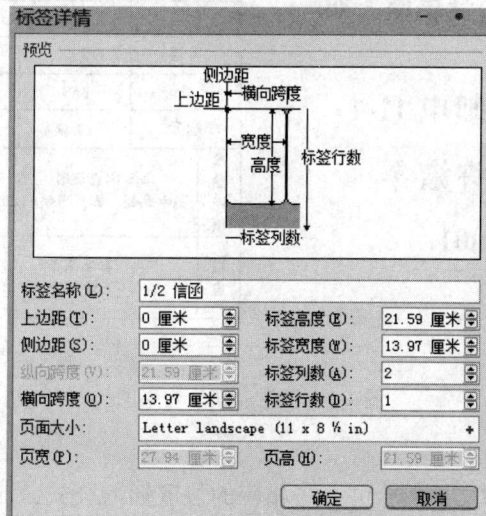

图 4-5　新建标签详情

　　这里要制作的成绩单属于信函，在开始邮件合并中可以选择不同类型的文档。选择收件人实际上就是选择要合并的数据，支持的数据格式非常丰富，可以是 Word 表格、Excel 表格、Access 数据库等，也可以自己键入。之后可以进行编辑，对部分信息进行调整或删除。接下来就是插入域。在文档特定的位置，我们选择插入合并域，或者利用规则进行判断，输出合并的结果。在预览中，用户可以根据需要查找收件人进行预览，也可以用导航栏观察。系统提供了自动检查错误，帮助用户在合并前检查。最后完成合并，可以输出成文档或是打印。

4.2　任　务　书

1. 创建主文档成绩单

　　本任务是制作空白的"成绩单"，需要运用已经掌握的字体设置和表格制作的知识。

　　根据学生成绩单效果图(如图 4-6 所示)，输入"学生成绩单"，设置字体格式为"宋体""一号"，居中；输入"()年度上(下)学期"，设置字体格式为"宋体""二号"，居中，空一行；输入"班级:、姓名:、学号:"设置字体格式为"宋体""一号"，左缩进 3.5 个字符；分成两栏；绘制表格输入相应的内容。

任务书

学生成绩单
（2011-2012）学年度上期

班级：邮电 11-1

姓名：许淑琴

学号：001

学科课程学习情况			
科目	期末总评	科目	期末总评
数学	78	地理	78
物理	87	历史	90
化学	89	体育	85
英语	56		
总分	563		
平均分	80.43	等级:	合格
考勤记录	本学期总课时　节、出勤　节、缺勤　节、缺勤中病假　节、事假　节、迟到　节、旷课　节。		
附言	本学期于　年　月　日放假、下学期于　年　月　日开学。		

图 4-6　学生成绩单效果图

2. 邮件合并

　　本任务要实现数据和文档的合并，在相应的位置插入公式，计算总分和平均分，使用域插入学生信息和各科成绩，使用规则生成"等级"(要求平均分大于 85 分为"优秀"，其他为"合格")。运用邮件合并将"各科成绩"的数据合并到"成绩单"中，生成每人单独一张的成绩单。

合并"成绩单.xls"数据到成绩单文档中，插入域，利用表格公式计算总分和平均分；利用规则对平均分高于 85 分的同学总评为优秀，否则为合格；预览结果，完成并合并，导出为多份成绩单并保存。

4.3 任 务 示 范

1. 创建主文档成绩单

【任务实施】

操作步骤 1：根据图 4-6，首先将页面布局中的纸张方向设置为"横向"。鼠标单击"纸张方向"按钮，在打开的选项中选择"横向"。

操作步骤 2：选择"页面布局"选项卡中"页面设置"命令组里的"分栏"命令，选择"两栏"将页面分成两栏。

学生成绩单成品

操作步骤 3：根据图 4-6，在左栏部分相应的位置录入"学生成绩单""()年度上(下)学期"和"班级：、姓名：、学号："等内容，并且通过"字体"设置为相应的设置。

操作步骤 4：根据图 4-6，在右栏部分插入相应的表格，并且调整表格的单元格大小及合并操作，录入相应的文字内容。

　　邮件合并　　　　　　成绩单素材　　　　学生成绩单成品　　　　学生成绩单成品

2. 邮件合并

【任务实施】

操作步骤 1：选择"邮件"选项卡，单击"选择收件人"命令打开对话框，再选择"使用现有列表"，通过打开的"选取数据源"窗口选择"成绩单.xls"文件，实现数据的合并。

操作步骤 2：在相应的字段位置插入合并域，包括学年、班级、姓名、学号、各科成绩。

操作步骤 3：选中表格，在"布局"选项卡中的公式计算总分和平均分。公式为"=sum()求总分，=Average()求平均分"。参数根据表格的单元格命名规则进行参数设置。

操作步骤 4：设置规则。在编写和插入域命令组的 规则· 中选择 如果...那么...否则(I)... ，对平均分高于 85 分的同学总评为优秀，否则为合格，进行设置，如图 4-7 所示。Word 2010 会根据平均分的情况在等级中给出评价。

操作步骤 5：预览结果。预览合并的效果，查看合并后的单个文档效果。最后完成并合并，导出为多份成绩单，并保存为"成绩单.docx"。

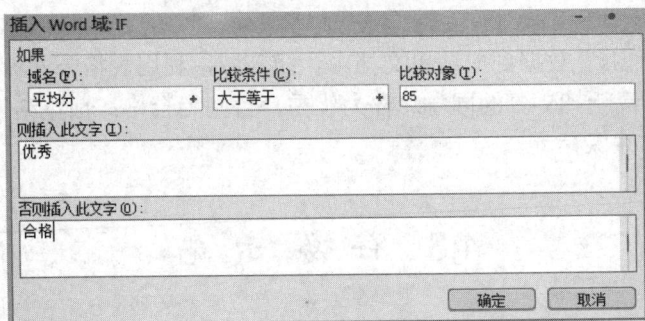

图 4-7　插入 Word 域

4.4　知　识　拓　展

1. 信封制作

至于信封，先按一定格式制作好信封，运用邮件合并将"班级通信录"的数据合并到信封中，生成每人单独一个信封，然后打印出这些信封给每个学生邮寄"成绩单"。

"邮件"选项卡的中文信封可根据向导来快速创建。将信封和收件人的信息进行合并，可制作全班的信封。

(1) 在 Excel 中输入收件人姓名、地址、邮编、寄件人姓名和地址信息，保存为 data.xlsx，，如图 4-8 所示。

收件人姓名	地址	邮编
张三	杭州XX区XX街道1单元201室	310003
李四	宁波XX区XX街道1单元401室	310008
王五	上海XX区XX街道1单元301室	350002
马六	绍兴XX区XX街道3单元201室	370001
侯七	嘉兴XX区XX街道1单元601室	380003
小张	温州XX区XX街道3单元501室	410002
老李	深圳XX区XX街道2单元401室	520001
大力	香港XX区XX街道3单元501室	610003
金星	澳门XX区XX街道2单元301室	710001
martin	新加坡XX区XX街道3单元401室	820006

图 4-8　收件人信息

知识拓展素材

(2) 在"邮件"选项卡中，选择中文信封，并根据信封制作向导，选择"基于地址簿文件，生成批量信封"，如图 4-9 所示。

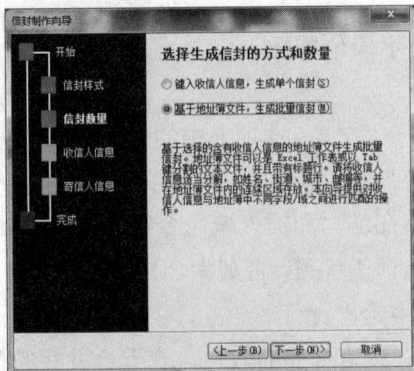

图 4-9　信封数量

(3) 在收件人信息中设置，首先要选择地址簿，在弹出的对话框中先设置文件类型为"Excel"，然后选择"data"文件，如图 4-10 所示；接着选择收信人信息：收件人姓名、地址和邮编，如图 4-11 所示。

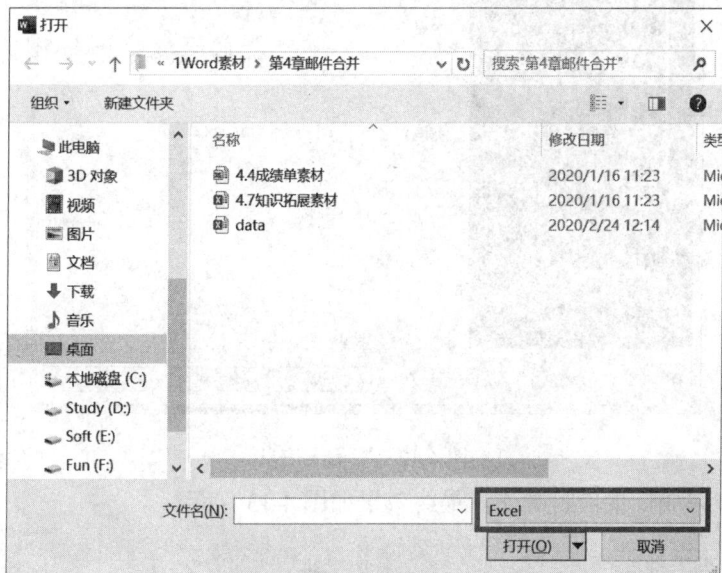

图 4-10 选择地址簿

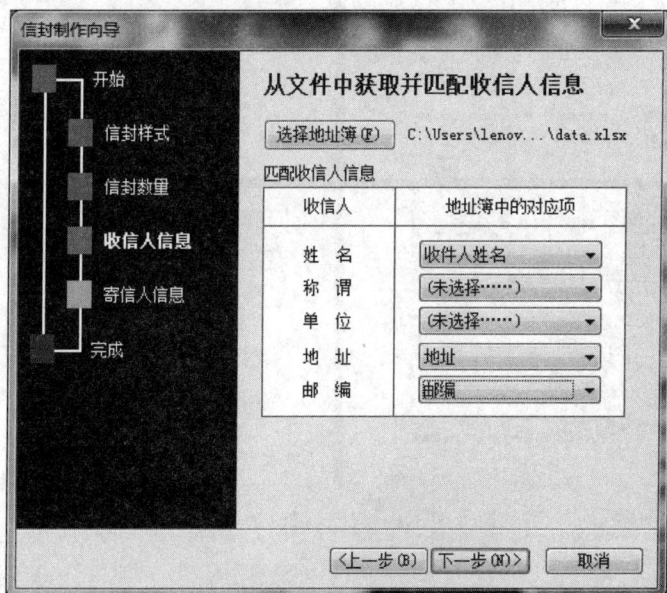

图 4-11 匹配收信人信息

(4) 输入寄信人信息，如图 4-12 所示。

邮件合并可以用在很多场合，比如制作请柬、批量打印标签等，它是个非常实用的工具，还可以继续挖掘。

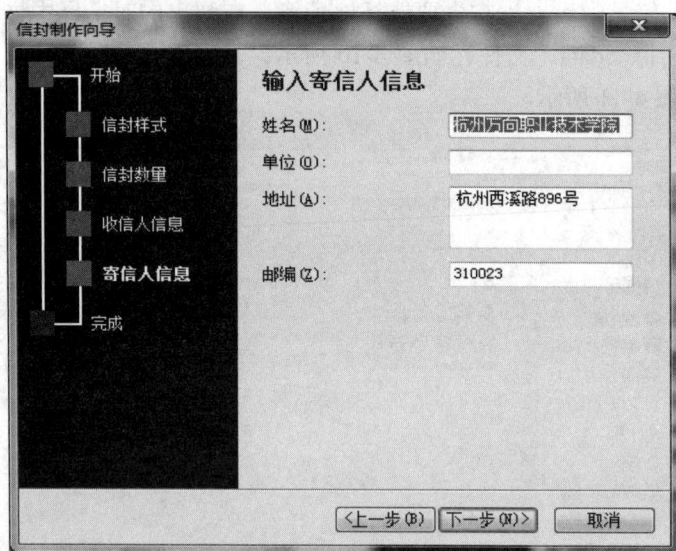

图 4-12　寄信人信息

(5) 下一步完成批量信封制作，最终效果如图 4-13 所示。

图 4-13　信封最终效果

第二部分

Excel 2010 应用

    Microsoft Excel 2010 凭借其强大的数据管理功能获得了很多数据管理人员的喜爱。本部分内容通过对数据表格的设计制作，详细介绍 Excel 2010 的基本操作、公式和函数及数据表格的格式化处理。

第5章　报销单设计与制作

本项目的任务是财务上经常用到的报表单据报销单的制作。在一个企业中，员工出差或者外出培训等都需要报销单，那么报销单中需要包含哪些必要元素，如何避免报销单的误填，怎样可以更好地提醒报销人正确填写，如何设置保护区使普通用户无法修改或删除报销单的固定文字、格式和公式，对于这些问题，我们可以通过如图 5-1 所示的报销单的设计和制作学会相应的方法。

图 5-1　报销单

5.1　任　务　书

1. 输入相关内容

通过本任务熟悉 Excel 2010 的数据输入和单元格的合并。

2. 报销单格式设置

通过本任务熟悉 Excel 2010 相关单元格格式设置，掌握字体、填充、边框等设置，学会调整单元格数字类型，调整行高和列宽，使报销单看起来更加清晰、美观。

任务书

3. 公式和函数的使用

对报销单中的金额及日期进行计算,将一些日期和小计、合计项目自动算出。通过本任务掌握基本函数 SUM()、MAX(),MIN() 及日期函数 TODAY() 的使用。

4. 设置数据有效性及插入批注

本任务通过对报销单进行有效性设置,避免输入错误。身份证必须是 18 位,职务可以采用下拉菜单方式进行选择,避免输入失误。添加批注,对填写内容起到提示作用。

5. 保护工作表

本任务通过对报销单工作表进行保护,防止用户在填表时修改或删除表格固有的文字和相关的格式;通过对文字和公式计算部分进行保护,使表格在安全情况下进行填写。

6. 隐藏标题和网格线

本任务通过对报销单隐藏其标题和网格线,使其看起来更干净。

5.2　任务示范

1. 输入相关内容

【任务实施】

输入相关标题、文字、金额、身份证、日期等信息。

操作步骤 1: 新建一个工作簿,取名"报销单.xlsx"。

操作步骤 2: 打开后,双击 sheet1 工作表标签,重命名为"报销单"。

操作步骤 3: 在报销单工作表中输入相关文字,并合并相应的单元格。

报销单成品

具体操作如下:

第 3 行:在 B3 单元格中输入标题"报销单";合并 B3:L3 单元格。

第 4 行:在 J4 单元格中输入"单据号:";合并 K4:L4 单元格,并输入 010001(文本)。

第 6 行:在 B6 单元格中输入"简要说明:";合并 C6:H6 单元格。

第 8 行:在 B8 单元格中输入"报销人基本信息";L8 单元格中输入"票据期限"。

第 9 行:在 B9 单元格中输入"姓名";合并 C9:D9 单元格,并输入自己的姓名;在 E9 单元格中输入"证件号码";合并 F9:G9 单元格,并输入个人身份证,在身份证号码前输入"'",或设置该单元格为文本类型;在 K9 单元格中输入"从"。

第 10 行:在 B10 单元格中输入"部门";合并 C10:D10 单元格,并输入"销售表";在 E10 单元格中输入"职务";合并 F10:G10 单元格,并输入"销售员";在 K10 单元格中输入"至"。

第 12 行:在 B12 单元格中输入"日期";合并 C12:E12 单元格,并输入"说明";在 F12 单元格中输入"车船机票";在 G12 单元格中输入"住宿";在 H12 单元格中输入"餐饮";在 I12 单元格中输入"通信";在 J12 单元格中输入"市内交通";在 K12 单元格中输入"其他费用";在 L12 单元格中输入"小计"。

从 13 行到 22 行空着,用于填写报销数据。

第 24 行:在 K24 单元格中输入"合计"。

第 25 行：在 K25 单元格中输入"预支款"。

第 26 行：在 H26 单元格中输入"总计大写金额："，在 K26 单元格中输入"总计"。

第 27 行：合并 B27:C27 单元格，并输入"审批人签字"；合并 D27:E27 单元格，并输入"说明"；合并 F27:G27 单元格，并输入"申请人签字"。

第 30 行：在 F30 单元格输入"报销日期"。

合并 B28:C32 单元格留给审批人签字，合并 D28:E32 单元格留给说明，合并 F28:G29 单元格留给申请人签字。

2. 报销单格式设置

【任务实施】

(1) 设置相关字体格式。

操作步骤 1： 设置标题字体格式。

选择标题所在单元格，设置字体为"幼圆"，字号为"22""加粗"，水平居中、底端对齐。

操作步骤 2： 设置固定文字的字体格式。

"单据号"字体格式：字体为"楷体"，字号为"10"，靠下右对齐。

"简要说明:""报销人基本信息""票据期限"等固定文字的字体格式：字体均为"楷体"，字号为"11""加粗"。

报销人基本信息框里面的固定文字及右侧的"从"和"至"单元格格式：字体为"楷体"，字号为"10""加粗"，右对齐。

第 12 行的列标题文字为居中对齐，合计、预支款和总计为右对齐。总计大写金额的字体格式：字体为"楷体"，字号为"11""加粗"，右对齐。

操作步骤 3： 设置需填写区域的字体格式。

需填写数字、日期格式的字体格式：字体为"Times New Roman"，字号为"10"；需填写文字说明的单元格字体格式：字体为"宋体"，字号为"10"。文字格式相同的部分可直接用格式刷。

(2) 将所有需要输入公式的区域填充为浅蓝色，并为报销单添加边框，如图 5-1 所示。

操作步骤 1： 设置填充色。

选择 L9:L10、L13:L22、F23:K23、L24 和 L26 单元格，设置填充色为"浅蓝色"。

操作步骤 2： 为报销单添加边框。

打开"简要说明:"后的单元格格式设置对话框，设置蓝色下边线。

"单据号:""姓名""证件号码""部门""从""至""总计大写金额""报销日期"后面的单元格设置黑色下框线，其余部分如图 5-1 所示设置边框线。(B27:G27 设置蓝色下框线，B33:L33 设置黑色粗上框线)

操作步骤 3： 对单元格调整数字类型。

单据号如果是以 0 开头的数字，需要在前面加上"'"，使之转化成文本格式，或者直接将此单元格设置为文本格式，如图 5-2 所示。涉及金额费用的空白单元格均要设置为会计专用格式(人民币符号，精确两位小数，千分位)，如图 5-3 所示。设置票据期限和日期的空白单元格格式为自定义格式"yyyy-mm-dd"，如图 5-4 所示。报销日期后的单元格设置为短日期格式。总计大写金额后的单元格设置为特殊，中文大写数字，并在自定义中设置，在已有设置后面加上"元整"，如图 5-5 所示。

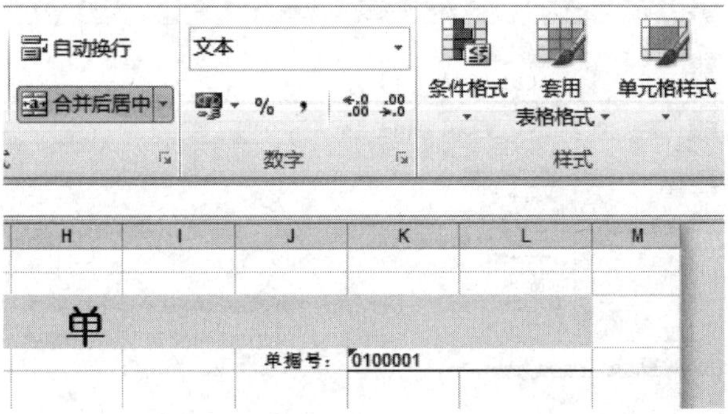

图 5-2 设置文本类型格式

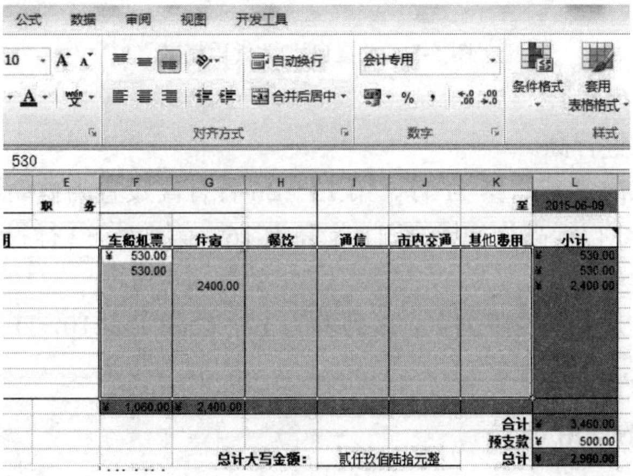

图 5-3 设置会计专用格式

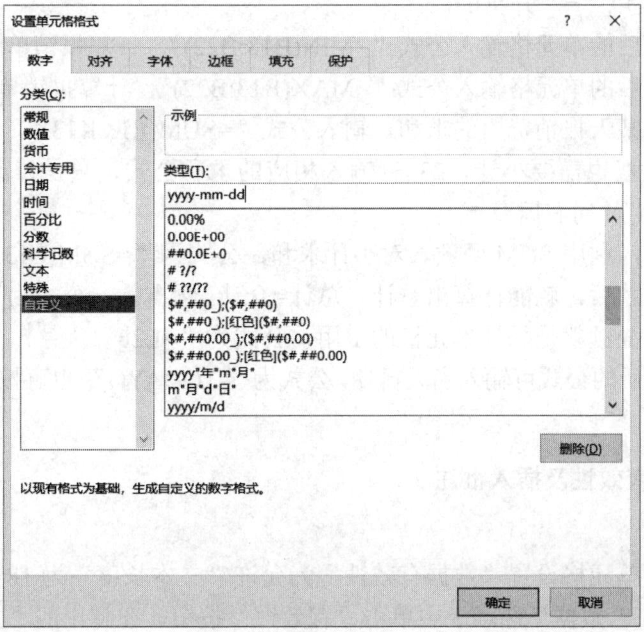

图 5-4 设置自定义日期格式

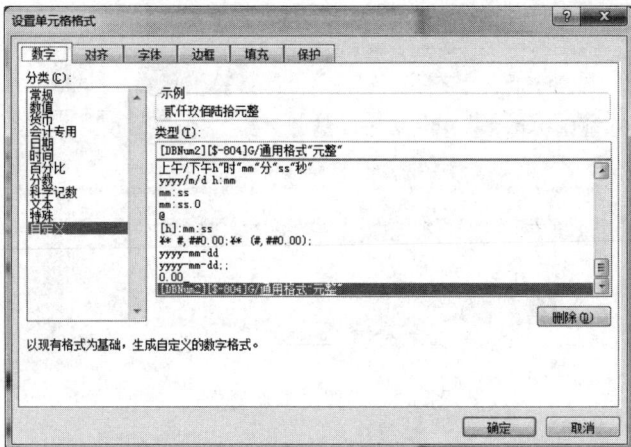

图 5-5　设置自定义货币格式

(3) 设置行高、列宽。

操作步骤 1：设置行高。

第 1～4 行、第 7～8 行、第 11 行、第 13～26 行行高设置为自动调整行高，第 5 行行高为 23，第 9、第 10 行行高为 19，第 12 行高为 16，第 27～32 行行高为 15。

操作步骤 2：设置列宽。

A、M 列宽设置为自动调整列宽，B 列宽为 17，C 列宽为 10，D 列宽为 12，E 列宽为 10，F～K 列宽为 11，L 列宽为 13。

3. 公式和函数的使用

【任务实施】

所有公式都是以 "=" 开头的。

(1) 在 "从" 后的单元格输入公式 "=MIN(B13:B22)"，计算报销单的起始日期。

(2) 在 "至" 后的单元格输入公式 "=MAX(B13:B22)"，计算报销单的终止日期。

(3) 小计是对某天报销费用的求和，输入公式 "=SUM(F13:K13)"，自动向下填充。

(4) 对每类票据也需要小计，23 行输入相应的求和公式，只是修改下参数，公式为 "=SUM(F13:F22)"，向右填充。

(5) 在合计中，利用 SUM 函数，对小计求和，公式为 "=SUM(L13:L22)"。

(6) 输入预支款后，就能计算出总计。总计=合计-预支款，公式为 "=L24-L25"。

(7) 总计大写金额就是总计单元格的引用，公式为 "=L26"。

(8) 填报日期后的公式可输入当天日期，公式为"=TODAY()"；也可按快捷键"Ctrl＋；"，插入当天的日期。

4. 设置数据有效性及插入批注

【任务实施】

(1) 将身份证单元格设置 "数据有效性" 为允许 "文本长度" 为 18 位。

操作步骤：在 "数据" 选项卡中单击 "有效性" 按钮，在弹出的 "数据有效性" 对话框中设置 "有效性条件" 为允许 "文本长度"，数据等于长度 18，如图 5-6 所示。

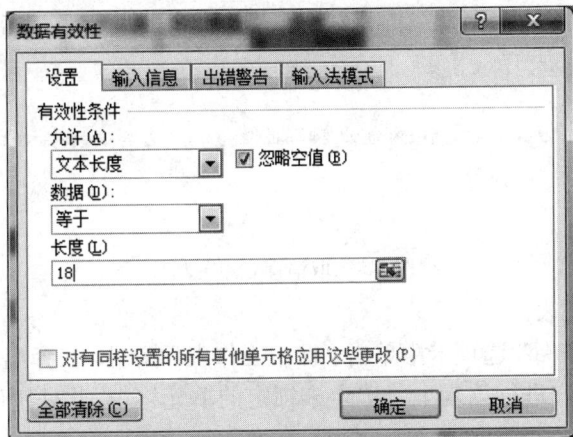

图 5-6　有效性设置文本长度

(2) 设置职务单元格有效性为序列，可在下拉框选择允许的职务("销售员，工人，技师，工程师，高工，售后人员")。

操作步骤：在"数据"选项卡单击"有效性"按钮，在弹出的"数据有效性"对话框中设置有效性条件为允许序列，来源输入"销售员，工人，技师，工程师，高工，售后人员"，如图 5-7 所示。

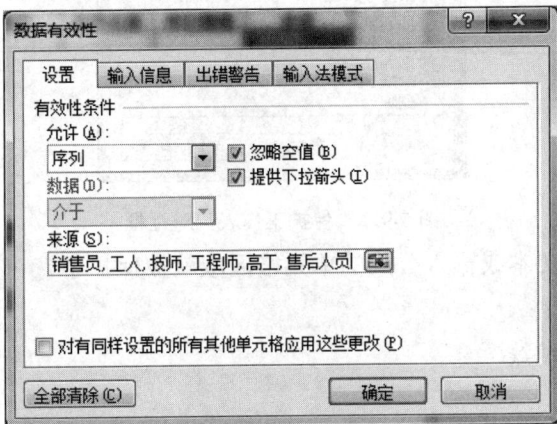

图 5-7　有效性允许自定义序列

(3) 为报销单添加批注。

操作步骤 1：在"审阅"选项卡中对 L9 单元格新建批注，内容为"起始日期自动计算，请勿填写。"

操作步骤 2：对 L12 单元格新建批注，内容为"蓝色单元格自动计算，请勿填写。"

5. 保护工作表

【任务实施】

(1) 对需要填写文字或输入公式的单元格设置为非锁定单元格。

操作步骤：选中所有需要填写文字或输入公式的单元格后，按快捷键"Ctrl + 1"，打开单元格设置对话框，设置保护选项卡，将锁定前面的钩去掉，如图 5-8 所示。

图 5-8　取消锁定单元格

(2) 设置保护工作表。

操作步骤：在"审阅"选项卡中单击"保护工作表"按钮，在弹出的对话框内设置"允许此工作表的所有用户进行"勾上"选定未锁定的单元格"，此处密码可以为空，也可以设置，如图 5-9 所示。

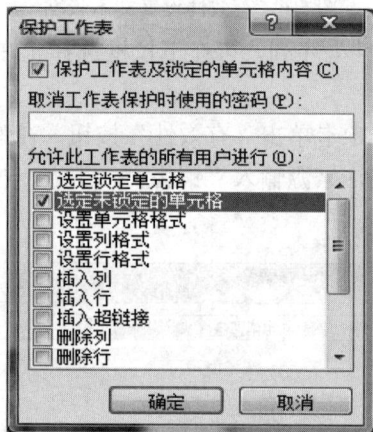

图 5-9　"保护工作表"对话框

这样，需要填写文本或输入公式的单元格区域就被保护了，可通过取消保护来修改内容。

6. 隐藏标题和网格线

【任务实施】

操作步骤 1：在"视图"选项卡中选择"网格线"和"标题"，将前面的钩去掉即可，如图 5-10 所示。

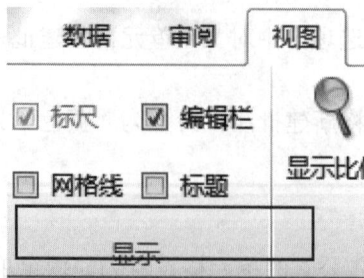

图 5-10　隐藏网格线和标题

操作步骤 2：将 34 行之后的行都选中(按快捷键"Ctrl＋Shift＋↓")，单击右键在弹出菜单中设置为隐藏；然后从 N 列开始选择后面的列(按快捷键"Ctrl + Shift + →")，单击右键设置这些列为隐藏即可。

<h2 style="text-align:center">5.3　知　识　拓　展</h2>

1. 多工作表的操作

一个 Excel 文件最多可以包含 255 张工作表。在选定多张工作表时可分为两种情况：一种是全部工作表，另一种是部分工作表。前一种情况，在工作表底部右击鼠标，在弹出的快捷菜单中选择"选定全部工作表"；后一种情况，通过按住"Shift"键再用鼠标选定相邻的多个工作表，或者按住"Ctrl"键再用鼠标选定不相邻的多个工作表来实现。选定之后，就可以对页面及格式等进行统一设置，而不必逐张进行；也可以在多张工作表内执行查找和替换操作。

2. 函数

Excel 函数是一种预定义的内置公式，它使用一些称为参数的特定数值按特定的顺序或结构进行计算，然后返回结果。所有函数都包含三部分：函数名、参数和圆括号。

3. 单元格引用

单元格的引用分为相对引用、绝对引用和混合引用。

所谓相对引用，是指公式中引用的单元格随公式所在单元格位置的变化而变化。例如，在 B2 中设置公式"=A2"，当把 B2 中的公式复制、粘贴到 B3 中时，B3 中的公式根据 B2 到 B3 的位置变化，相应地变成"=A3"。

所谓绝对引用，是指公式中引用的单元格不随公式所在单元格位置的变化而变化。例如，在 B2 中设置公式"=$A$2"($号是绝对引用的标志)，把 B2 中的公式复制到 B3 中时公式仍为"=$A$2"。假设 B2 的公式为"=$A2"，则这就是所谓的混合引用。该式中，列标前有$号，表示将公式复制到其他位置时，列不发生变化，但行号会随之变化；而"=A$2"表示将公式复制到其他位置时，列变化，但行号不会变动。

使用"F4"功能键可以在相对引用、绝对引用和混合引用之间进行转换。

4. 隐藏单元格中的所有值

有时候，需要将单元格中的所有值隐藏起来，此时可以选择包含要隐藏值的单元格。单击"开始"→"格式"→"设置单元格格式"→"数字"→"自定义"，然后将"类型"框中已有的代码删除，键入"；；；"(三个分号)即可。其原因是单元格数字的自定义格式是由正数、负数、零和文本四部分组成的。这四部分用三个分号分隔，哪个部分空，相应的内容就不会在单元格中显示。

5. 解决 SUM 函数参数中的数量限制

Excel 中 SUM 函数的参数不得超过 30 个。假如需要用 SUM 函数计算 50 个单元格 A2、A4、A6、A8、A10、A12、…、A96、A98、A100 的和，使用公式"SUM(A2，A4，A6，…，A96，A98，A100)"显然是不行的，Excel 会提示"参数太多"。其实，只需使用双组括号的 SUM 函数"SUM((A2，A4，A6，…，A96，A98，A100))"即可。稍作变换即提高了

由 SUM 函数和其他拥有可变参数的函数的引用区域数。

6. 利用公式计算大写金额(包含角、分的计算)

解决方法：在 I26 单元格输入公式，其中 L26 为合计单元格。

=IF((INT(L26*10)–INT(L26)*10)=0，TEXT(INT(L26)，"[DBNum2]G/通用格式")&"元"&IF((INT(L26*100)–INT((L26)*10)*10)=0，"整"，"零"&TEXT(INT(L26*100)–INT(L26*10)*10，"[DBNum2]G/通用格式")&"分")，TEXT(INT(L26)，"[DBNum2]G/通用格式")&"元"&IF((INT(L26*100)-INT((L26)*10)*10)=0，TEXT((INT(L26*10)-INT(L26)*10)，"[DBNum2]G/通用格式")&"角整"，TEXT((INT(L26*10)–INT(L26)*10)，"[DBNum2]G/通用格式")&"角"&TEXT(INT(L26*100)–INT(L26*10)*10，"[DBNum2]G/通用格式")&"分"))

7. 如何保护公式，使用户看不到单元格的公式

将表格中的重要公式单元格设置为隐藏、保护工作表后，即可隐藏公式。

将表格不相干部分全部隐藏。

8. 练习

可自己尝试完成一张外企报销单的制作，如图 5-11 所示。

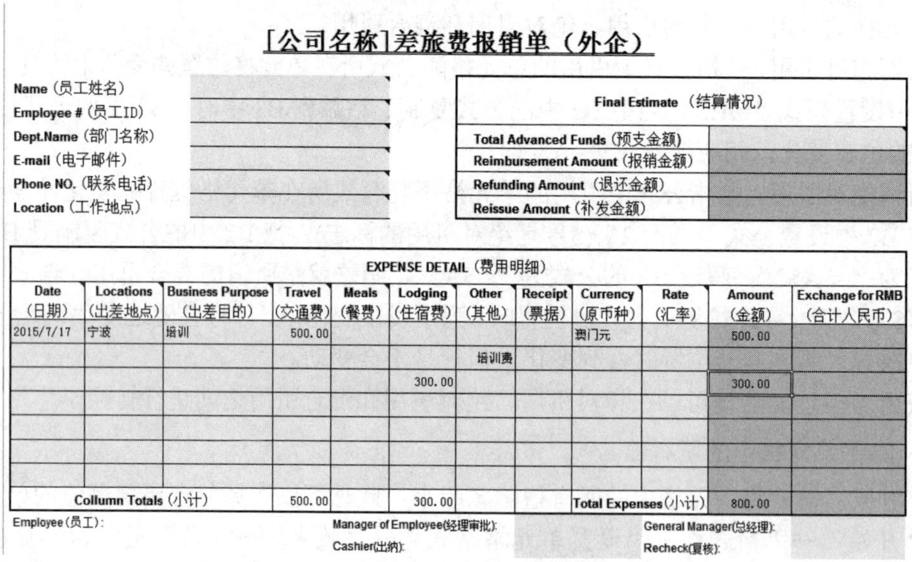

[公司名称]差旅费报销单（外企）

Name（员工姓名）
Employee #（员工ID）
Dept.Name（部门名称）
E-mail（电子邮件）
Phone NO.（联系电话）
Location（工作地点）

Final Estimate（结算情况）	
Total Advanced Funds（预支金额）	
Reimbursement Amount（报销金额）	
Refunding Amount（退还金额）	
Reissue Amount（补发金额）	

EXPENSE DETAIL（费用明细）

Date（日期）	Locations（出差地点）	Business Purpose（出差目的）	Travel（交通费）	Meals（餐费）	Lodging（住宿费）	Other（其他）	Receipt（票据）	Currency（原币种）	Rate（汇率）	Amount（金额）	Exchange for RMB（合计人民币）
2015/7/17	宁波	培训	500.00					澳门元		500.00	
						培训费					
					300.00					300.00	
Collumn Totals（小计）			500.00		300.00			Total Expenses（小计）		800.00	

Employee（员工）:　　Manager of Employee(经理审批):　　General Manager(总经理):
Cashier(出纳):　　Recheck(复核):

图 5-11　外企差旅费报销单

第6章　工资表分析与统计

本项目通过某公司某月的工资表的计算、数据分析与统计处理,详细介绍了 Excel 2010 公式函数,数据统计、排序筛选的应用。

工资表是财务会计比较熟悉的表,也是企业中必不可少的表格之一。现代企业对员工的收入是有一套计算方法的,既要根据相应的职务等级给出不同的基本工资和岗位工资,同时也要根据能力获得额外的奖金。当然,人人都要缴税并扣除三金,如果是住在职工宿舍的员工还要根据水电度数扣除水电费。本章就模拟这样一个企业,通过公式设计出一张工资表的基本结构,通过一些数据分析方法,提取并获得我们感兴趣的内容。

6.1　任　务　书

1. 插入标题及新员工信息

通过本任务熟练掌握信息的插入、删除和修改操作。

2. 公式计算

通过本任务熟练掌握 Excel 公式函数的运用。

3. 设置有效性和条件格式

通过本任务熟练掌握 Excel 有效性设置及条件格式的运用。

4. 统计相关信息

通过本任务熟练掌握 Excel 数据统计函数。

5. 排序、分类汇总

通过本任务熟练掌握 Excel 对数据的排序和分类汇总方法技巧。

6. 筛选

通过本任务熟练掌握 Excel 筛选的方法和技巧。

任务书　　　　　　　工资表素材　　　　　　工资表成品

6.2　任 务 示 范

1. 插入标题及新员工信息

【任务实施】

(1) 打开"工资表",插入标题。

操作步骤 1: 双击文件"工资表.xlsx",打开 Sheet1 工作表。

操作步骤 2: 选中第 1 行行标,右键选择插入,在顶部插入一行。

操作步骤 3: 选中 A1 单元格,输入"现代公司 10 月工资表",设置字体为"华文彩云",字号为"20"。

插入标题及
新员工信息

(2) 插入某个新人信息,在 32 行前插入一行"姓名:林淡泊,身份证 330103197803120037,1999/8/10,上海,财会部,科级,奖金 800"。工号自动填充,从 0001 开始到 0066 结束。

操作步骤: 选择 3 行行标,单击右键选择插入。插入一空行,从姓名开始输入,身份证号需在前加单引号,日期格式需要输入日期分隔符"-"或"/",每个信息输入完按 Tab 键,光标会向右移动。输入完成,对工号进行自动填充,工号要转变为文本格式,在数字 0001 前加"'"号,或者设置工号列为文本格式。

2. 公式计算

【任务实施】

(1) 根据身份证号计算出生年月日。

操作步骤: 在 D 列输入公式"=MID(C3, 7, 4)&"年"&MID(C3, 11, 2)&"月"&MID(C3, 13, 2)&"日"",向下自动填充。MID 函数提取身份证当中的年月日信息,通过&连接符进行连接,最后拼接成某人的出生年月信息。

公式计算

(2) 根据工作日期,推算工龄。

操作步骤: 在 F 列输入公式"=DATEDIF(E3, TODAY(), "Y")",向下填充。DATEDIF 函数可以求得两个日期之间的差值,结果可以是返回年数、月数和日数。计算出的结果要以常规格式显示。

(3) 根据职务等级计算出基本工资和岗位工资。

基本工资和岗位工资都是根据职务等级规定好的,以等级工资表信息为依据进行查找。

操作步骤 1: 定义参考表为"等级工资表",在基本工资列输入公式"=VLOOKUP(I3,等级工资表,2,0)",参数 1 是对应的等级,参数 2 是参考表,参数 3 返回信息是参考表第几列,参数 4、0 代表精确匹配。如果需要模糊匹配可以设置为 1。

操作步骤 2: 岗位工资的计算类似,同样使用函数"=VLOOKUP(I3,等级工资表,3,0),"计算出岗位工资。

(4) 计算三金。

住房公积金 = 基本工资 × 0.01；养老金 = 基本工资 × 0.02；失业保险金 = 基本工资 × 0.014。

操作步骤 1：住房公积金列输入公式 "=工资表!J3*0.01"。

操作步骤 2：养老金列输入公式 "=工资表!J3*0.02"。

操作步骤 3：失业保险金列输入公式 "=工资表!J3*0.014"。

(5) 计算水费和电费。引用水度数和电度数表中的数据，每度电 1.5 元，每度水 2 元。

操作步骤 1：在电费这列输入公式 "=10 月电度数!'B2*1.5"，向下填充。

操作步骤 2：在水费这列输入公式 "=10 月水度数!'B2*2"，向下填充。

(6) 计算应税金额。应税金额为实际收入超过 3000 部分。

操作步骤：如果应税金额小于 0，则显示为 0，采用 IF 函数，在应税金额列输入公式 "=IF(SUM(K3:M3)-SUM(N3:Q3)-3000>0，SUM(K3:M3)-SUM(N3:Q3)-3000，0)"，向下填充。

(7) 计算个人所得税。

操作步骤：根据个人所得税表(如表 6-1 所示)，计算个人所得税。

表 6-1　个人所得税表

个人所得税		
应税金额	税率	差值
<500	5%	0
500～2000	10%	25
2000～5000	15%	125
>5000	20%	375

使用 IF 语句嵌套，输入公式 "=IF(R3<500，R3*0.05，IF(R3<2000，R3*0.1-25，IF(R3<5000，R3*0.15-125，R3*0.2-375)))"，实现不同应税金额得到的个人所得税。

(8) 计算扣款合计为三金、水电费和个人所得税。

扣款合计单元格输入公式 "=SUM(M3:Q3，S3)"，向下自动填充。

(9) 计算实发金额。实发金额为基本工资 + 岗位工资 + 奖金 – 扣款合计。

在实发金额单元格输入公式 "=SUM(J3:L3)-T3"，向下自动填充。

3. 设置有效性和条件格式

【任务实施】

(1) 设置数据有效性。

要求设置基本工资，最低 1500，最高 4500。当输入数值超过基本工资时，弹出警告提示 "基本工资必须在 1500-4500 范围内，请重填"。

操作步骤 1：选中基本工资列数据部分，单击 "数据" 选项卡中的 "有效性" 按钮，弹出有效性设置对话框，设置允许整数，介于最小值 1500 和最大值 4500 之间，如图 6-1 所示。

设置有效性
和条件格式

操作步骤 2：设置出错警告。选择 "停止" 样式，输入标题为 "超出范围"，输入错误信息为 "基本工资必须在 1500-4500 范围内，请重填"，如图 6-2 所示。

图 6-1　有效性设置对话框

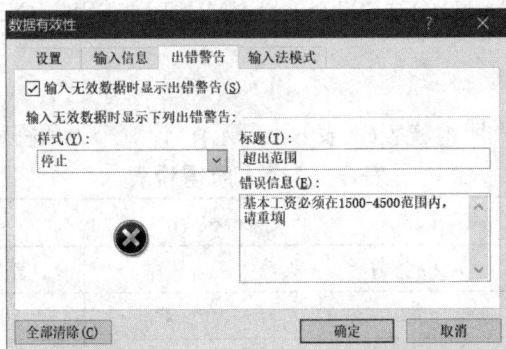

图 6-2　出错警告设置

(2) 设置条件格式。

要求奖金大于等于 2000 的设置字体为"红色""加粗"；奖金小于 800 的填充为"蓝色"。

操作步骤：选中奖金列的数据部分，单击"开始"选项卡中的"条件格式"按钮，在突出显示的下级菜单中选择"其他规则"，设置单元格大于或等于 2000，相应的格式为字体"红色""加粗"，分别如图 6-3 和图 6-4 所示。

图 6-3　选择"其他规则"

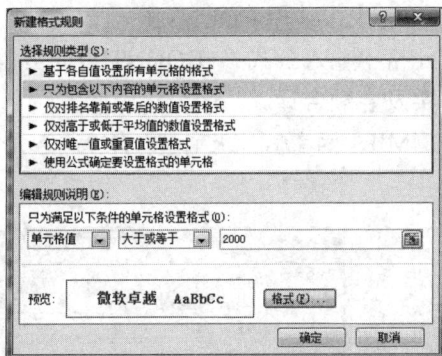

图 6-4　新建格式规则 1

用同样的方法，再设置一个奖金小于 800 的填充为蓝色，分别如图 6-5 和图 6-6 所示。

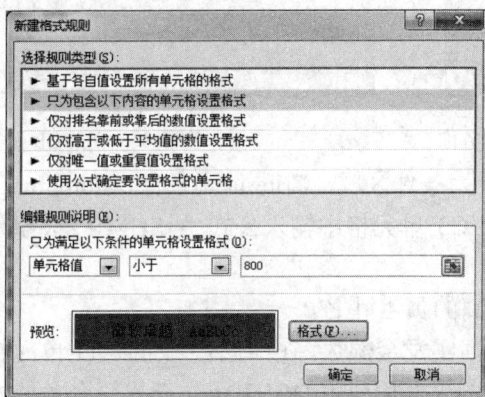

图 6-5　新建格式规则 2

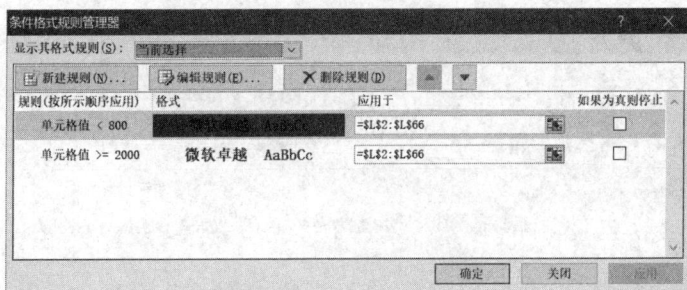

图 6-6　条件格式规则管理器

　　有效性规则可以根据自己的需要进行增加或删除，但是在前面设置的规则会先生效，后面设置的规则将无效。

4. 统计相关信息

【任务实施】

(1) 统计各职务等级的人数。

选中整张工资表，在"公式"选项卡的"定义名称"命令组中单击根据所选内容创建相应的名称，如图 6-7 所示。选择"首行"，将每列都定义为列标题名称。

统计相关信息

操作步骤： 在"统计"工作表中使用 COUNTIF 函数统计。

在"人数"列的 B3 单元格中输入公式"=COUNTIF(职务等级，A3)"，向下填充。

(2) 统计各职务等级的实发金额合计。

操作步骤： 使用 SUMIF 函数，统计符合特定条件的单元格的和，如图 6-8 所示。

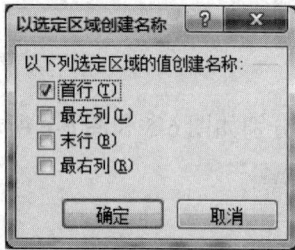

图 6-7 以选定区域创建名称   图 6-8   SUMIF 函数

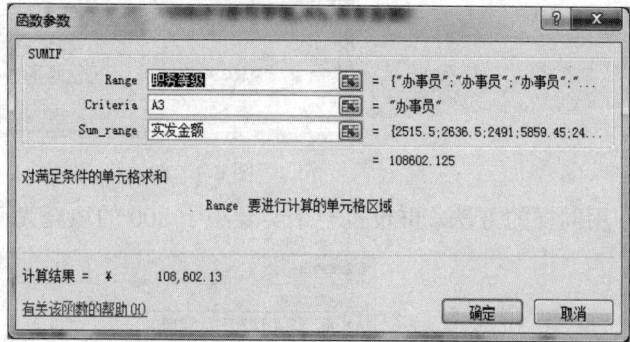

SUMIF 参数：Range 为条件区域，Criteria 为条件，Sum_range 为求和区域。

在"实发金额"列的 C3 单元格中输入公式"=SUMIF(职务等级，A3，实发)"，向下填充。

(3) 查找实发工资最高的员工姓名。

操作步骤： 先求出最高实发金额数。在"统计"表的 A11 单元格中输入公式"=MAX(实发)"，这个数必须是唯一的，然后使用 DGET 函数查找符合条件的员工姓名。在姓名列下方单元格中输入公式"=DGET(工资表!A2:U68，2，统计!A10:A11)"，如图 6-9 所示。

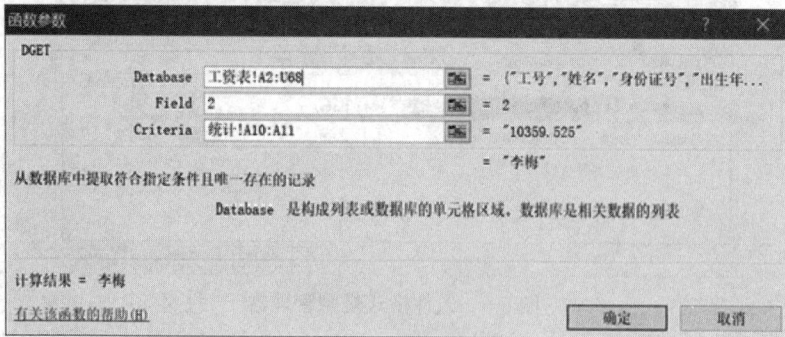

图 6-9   DGET 函数

Database 是整个工资表；Field 是要返回姓名所在的列，位于表格第 2 列，因此设置为 2；Criteria 条件为 A10:A11 单元格，根据实发金额最大值，由该数据库函数可找到相应的姓名。

(4) 统计销售部科级的员工人数，结果写在 A14 单元格中。

操作步骤： 这里涉及多个条件的计数，可使用 COUNTIFS 函数来设置多个条件。在 A14 单元格中输入公式"=COUNTIFS(部门，"销售部"，职务等级，"科级")"，如图 6-10 所示。

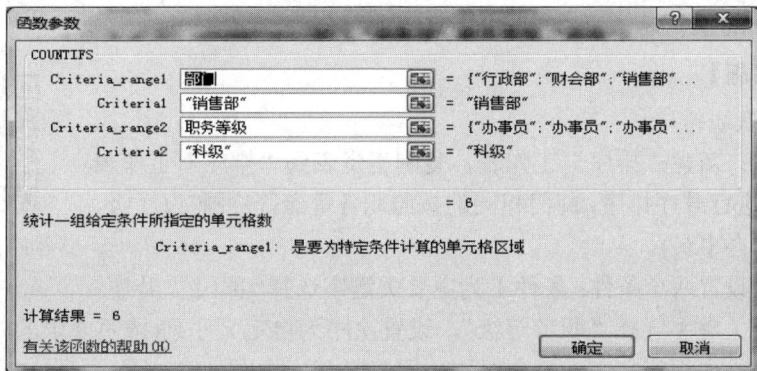

图 6-10　COUNTIFS 函数对话框

(5) 统计工龄在 35～40 之间的办事员人数。

操作步骤：这里，统计人数要涉及 3 个条件：工龄在某个区间(工龄≥35 和工龄≤40)、职务等级又是办事员，仍然使用 COUNTIFS 函数，如图 6-11 所示。在 A17 单元格中输入公式"=COUNTIFS(工龄，">=35"，工龄，"<=40"，职务等级，"办事员")"。

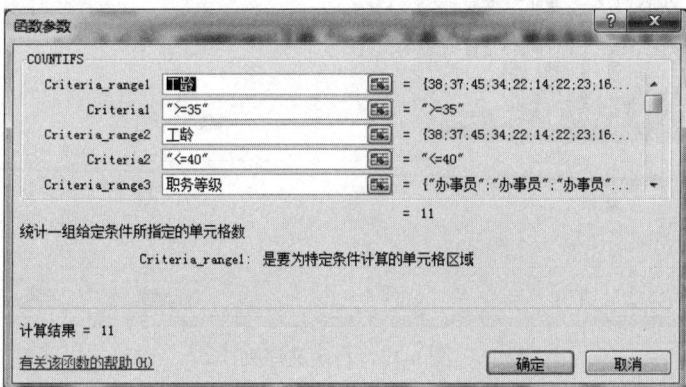

图 6-11　COUNTIFS 函数对话框

(6) 统计办事员平均年龄。

操作步骤：统计平均年龄，又有特定条件，可采用数据库函数 DAVERAGE 来实现。

在 C19 单元格中输入"职务等级"，在 C20 单元格中输入"办事员"，在 A21 单元格中输入公式"=DAVERAGE(工资表!A2:U68，6，C20:C21)"，如图 6-12 所示。

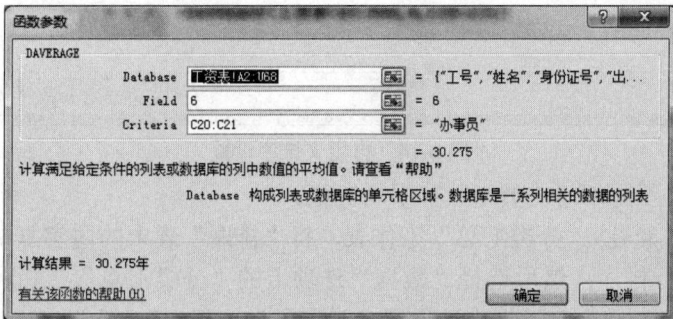

图 6-12　DAVERAGE 函数对话框

5. 排序、分类汇总

【任务实施】

(1) 对工资表排序。

操作步骤： 新建"排序"工作表，复制工资表到"排序"工作表中，根据部门进行升序排序，部门相同的按照职务等级降序排序(厅级、处级、科级、办事员)。

排序、分类汇总

此处需要设置两个条件：条件 1 为主要关键字选择"部门"，升序；条件 2 为次要关键字选择"职务等级"，设置次序为自定义序列(按照要求的顺序排序，在自定义序列中添加相应文字，每个级别用回车隔开)，如图 6-13 所示。自定义排序设置如图 6-14 所示。

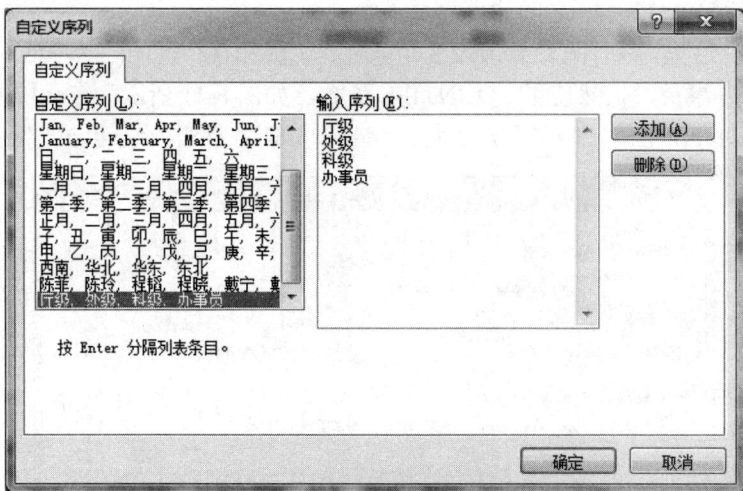

图 6-13　自定义序列

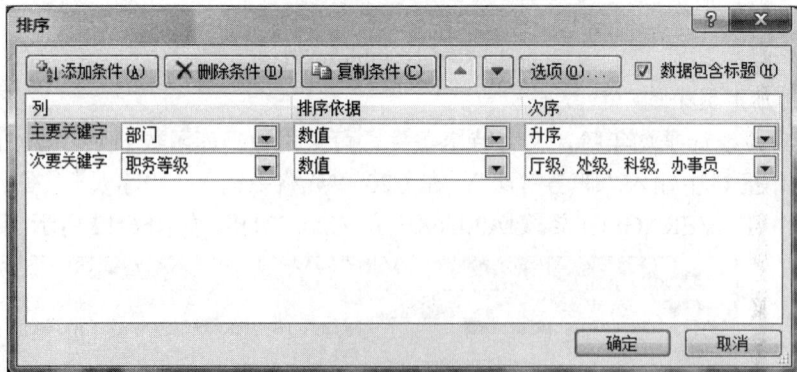

图 6-14　自定义排序设置

(2) 分类汇总不同部门的员工数和平均奖金。

操作步骤 1： 新建 "分类汇总"工作表，将"排序"表中的内容复制到"分类汇总"表中，对部门进行排序；然后选择"数据"选项卡的"分类汇总"，进行不同部门员工数的统计。在"分类汇总"对话框中，设置分类字段为"部门"，汇总方式为"计数"，选定汇总项为"部门"，如图 6-15 所示。

操作步骤 2：再次单击"分类汇总"，进行不同部门平均奖金的统计。在"分类汇总"对话框中设置分类字段为"部门"，选定汇总方式为"平均值"，选定汇总项为"奖金"，取消"替换当前分类汇总"，如图 6-16 所示。

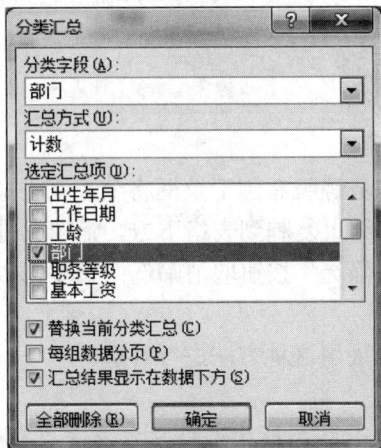

图 6-15　分类汇总员工数　　　　　　　图 6-16　分类汇总平均奖金

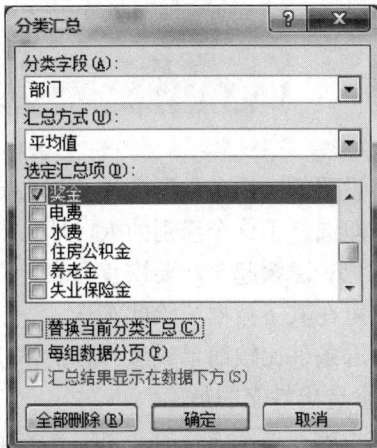

最终分级显示效果如图 6-17 所示。统计的员工一共 66 人，总计数求和使用 SUBTOTAL 函数，要移动标题位置。

图 6-17　分级显示效果

6. 筛选

【任务实施】

(1) 筛选出工龄大于 40 的办事员。

操作步骤：使用自动筛选，选中整张表，在"数据"选项卡中单击"筛选"按钮，此时标题栏右侧会出现下拉框，用于选择筛选条件。此处需要筛选出工龄大于 40，选择数字筛选下级菜单中的"大于"，在弹出的对话框中进行设置，如图 6-18 所示。

筛　选

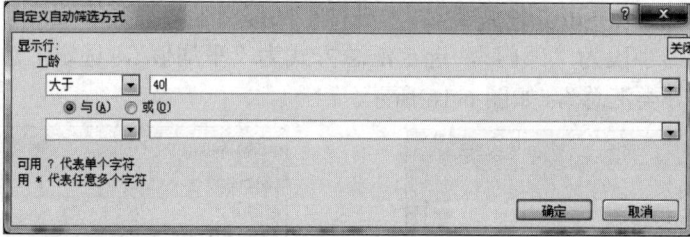

图 6-18　自定义筛选

接着设置第二个条件职务等级为办事员，在职务等级右侧下拉框将全选钩去掉，勾选办事员，即选择了这个级别的人。然后，可将筛选结果复制到表格下方。筛选只是将不符合条件的记录隐藏起来，要恢复原表，只需单击"筛选"按钮取消筛选；如要修改某一筛选条件，可在其下拉框清除此筛选。

在筛选条件比较简单或者并行的情况下，可以采用这种方法进行筛选。

(2) 筛选出姓李的员工。

操作步骤：要筛选出姓李的，可在自动筛选姓名下拉框中选择文本筛选"开头是"，然后在对话框中输入"李"，如图 6-19 所示。

图 6-19　姓"李"的筛选

(3) 筛选出奖金大于等于 1500 的销售人员或奖金大于等于 4000 的厅级人员。

操作步骤：设置筛选条件如表 6-2 所示。

表 6-2　筛选条件

	奖金	部门	奖金	职务等级
筛选条件	≥1500	销售部		
			≥4000	厅级

进行高级筛选，需将结果复制到表下。高级筛选设置如图 6-20 所示。

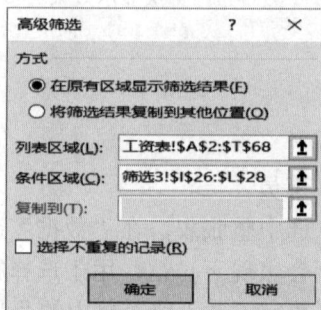

图 6-20　高级筛选设置

(4) 筛选出工作日期是 1988 年的员工信息。

操作步骤：设置日期的筛选条件，设置工作日期在 1988-1-1 之后或与之相同，并且到 1988-12-31 之前或与之相同。设置如图 6-21 所示，即可筛选出 1988 年参加工作的员工信息。

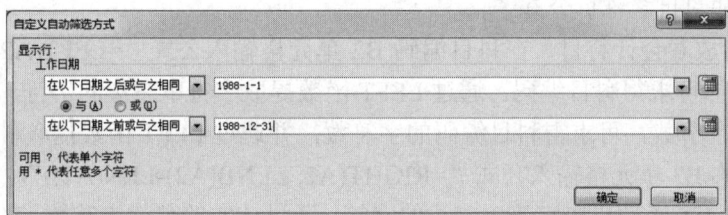

图 6-21　筛选工作日期是 1988 年的员工

(5) 筛选出出生年月是 5 月的员工的信息。

操作步骤：这里要使用通配符筛选，*代表任意多个字符，？代表单个字符。将筛选条件设置为文本条件的自定义，然后如图 6-22 所示进行设置，即可筛选出 5 月出生的员工信息。

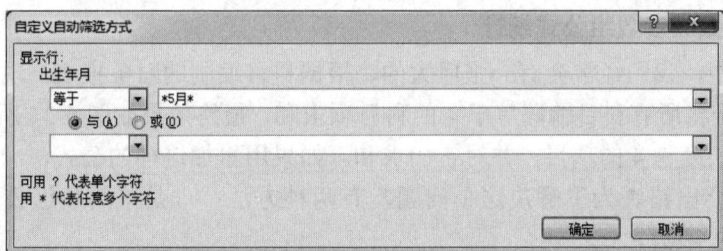

图 6-22　筛选 5 月出生的员工

6.3　知识拓展

1. 会计科目拆分

会计工作中我们经常会用到会计科目，其中科目编码和科目名称是连在一起的。为了方便对会计科目的分类管理，有时需要将两者分开，把科目编码和科目名称单独放在一列中。通过本任务，将科目编码和科目名称拆开，并熟练掌握 Excel 中函数 LEFT、RIGHT、LEN、LENB、MID 的应用。最终效果如图 6-23 所示。

	A	B	C
1	会计科目	科目编码	科目名称
2	1001现金	1001	现金
3	1002银行存款	1002	银行存款
4	100201中国银行	100201	中国银行
5	100202中国工商银行	100202	中国工商银行
6	217101应交增值税	217101	应交增值税
7	21710101应交增值税（进项税额）	21710101	应交增值税（进项税额）
8	21710102应交增值税（销项税额）	21710102	应交增值税（销项税额）
9	5502管理费用	5502	管理费用
10	550201管理人员工资	550201	管理人员工资
11	550202办公费	550202	办公费
12			

图 6-23　拆分会计科目

　　会计科目拆分，首先要知道编号是数字而名称是中文，在计算机中数字的编码是 1 个字节，而汉字编码要占用 2 个字节。在 Excel 中，通过相关函数可以计算某个字符串的字节数和字符数。通常可用 LEN 函数提取字符数，用 LENB 函数提取字节数；LEFT 函数是提取左边数位字符，RIGHT 函数是提取右边数位字符。通过这 4 个函数的组合运用，就可以将科目编码和科目名称拆分开了。

　　A2 单元格放着会计科目，在科目编码 B2 单元格输入公式"=LEFT(A2, 2*LEN(A2)-LENB(A2))"，即可求得科目编码。通过 LEFT 函数提取字符串左边的字符，通过 2 × 该字符串字符数 – 字节数，可求得科目编码的字符数，并通过 LEFT 函数提取科目编码。

　　在科目名称 B3 单元格输入公式"=RIGHT(A2, LENB(A2)-LEN(A2))"，即可求得科目名称。通过 RIGHT 函数提取字符串右边的字符，通过该字符串的字节数–字符数，可求得科目名称的字符数，并通过 RIGHT 函数提取科目名称。

　　另一种方法：在已经计算出科目编码的基础上，结合 MID 函数提取出后面的科目名称，MID 函数能提取某字符串从第 n 位开始的 m 个字符。这里假定科目名称不会超过 100 个字符，在科目名称下的单元格中输入公式"=MID(A2, LEN(B2)+1, 100)"，向下填充即可。

2. 利用函数或者数组公式统计

　　会计工作中，我们经常会有一张巨大的、根据科目编制的财务报表。现在要计算净利润，净利润等于将所有科目编码等于 4 的科目项求和，最终效果如图 6-24 所示。这里需要找到科目编码长度为 4 的项目，并对它们求和。如果用累加这样的公式，一旦删掉了某个科目，公式就会出错。为了解决这个问题，有两种方法：一是采用数组公式，二是采用 SUMPRODUCT 函数。

	A	B	C	D	E	F
1	科目编码	科目名称	TTL	分公司A	分公司C	分公司F
2	5101	主营业务收入	(1,468,572.21)	-1,039,985.00	-30,002.21	-398,585.00
3	510101	产品销售收入	(12,244,880.00)	-12,000,442.00	-204,855.00	-39,583.00
4	510102	销售退回	(2.00)	—	—	—
5	510103	购物券	(1,203.00)	—	-1,203.00	—
6	510104	销售折扣	(3,994.00)	-3,994.00	—	—
7	5102	其他业务收入	(4,410.00)	-3,944.00	—	-466.00
8	5201	投资收益	0.00	—	—	—
9	5203	补贴收入	(48,575.00)	—	-48,575.00	—
10	5301	营业外收入	(2,323.00)	-2,323.00	—	—
11	5401	主营业务成本	0.00	—	—	—
12	540101	主营业务成本	0.00	—	—	—
13	540102	产品价格差异	4,535.00	—	4,535.00	—
14	540103	产品质检差旅费	656.00	—	656.00	—
.12	550302	银行手续费（信用卡）	0.00	—	—	—
.13	550303	汇兑损益	0.00	—	—	—
.14	550304	利息收支	0.00	—	—	—
.15	550305	现金折扣	0.00	—	—	—
.16	5601	营业外支出	147,797.00	39,555.00	40,020.00	68,222.00
.17	5701	所得税	891,280.00	845,843.00	6,572.00	38,865.00
.18	5801	以前年度损益调整	0.00	—	—	—
.19						
.20		净利润：	(476,031.44)	(160,854.00)	(23,213.44)	(291,964.00)
.21						
.22						
.23		净利润（科学公式）：	(476,031.44)	(160,854.00)	(23,213.44)	(291,964.00)
.24			(476,031.44)	(160,854.00)	(23,213.44)	(291,964.00)

图 6-24　净利润统计

　　方法一，采用数组公式，即{=SUM((LEN($A$2:$A$118)=4)*C2:C118)}，向右填充。

　　数组公式是要按"Ctrl + Shift + Enter"快捷键作为结束的，它将引用一个或多个数组。这里的公式是将科目编码这列字符数等于 4 的乘以相应的金额，再进行求和。

　　方法二，采用 SUMPRODUCT 函数，即在净利润单元格中输入公式"=SUMPRODUCT ((LEN($A$2:$A$118)=4)*1，C2:C118)"，向右填充。该公式将两个数组进行相乘再求和。这里需要对第一个数组进行判断，其字符串长度为 4，权值为 1；然后第二个数组为相应的金额，实现先乘后累加的净利润的计算。

第7章　图表设计和制作

本项目通过对销售图表的设计制作，详细介绍了 Excel 2010 的图表。

读者肯定看过不少图表，现在是读图时代，一张图胜过千言万语。一个好的图表也能更形象地反映事实。这里，我们由浅入深，逐步介绍图表的绘制。选择了不同类型的图表和迷你图，从静态图到动态图绘制，既丰富了对于作图的理解，也拓展了对于图表交互性和可选择性的思维。当然，图表要做得专业和漂亮还有许多属性格式需要设置，读者可以去参考优秀的商业图表案例，从模仿开始，慢慢地找到属于自己的风格。

7.1　任　务　书

1. 基本图表的绘制

绘制 4 张基本图表，分别展示 4 个产品在不同地区的销售情况。通过本任务熟练掌握图表的绘制方法。

2. 饼图的绘制

饼图是经常使用的一种图表形式，通过绘制不同的饼图，掌握三维饼图、条饼图的绘制方法。本任务是绘制反映各项目成本的三维饼图。

3. 动态图表绘制

动态图表是一种交互性的图表形式，通过采用两种不同方法绘制动态图表，从而掌握动态图表的绘制方法。

7.2　任　务　示　范

1. 基本图表的绘制

【任务实施】

原始数据如表 7-1 所示。

任务书　　　　基本图表的绘制　　　基本图表的绘制素材　基本图表的绘制素材成品

表 7-1　原始数据 1

地区	产品 A	产品 B	产品 C	产品 D
西南	806	1077	376	1000
华中	548	380	1098	765
华北	685	1190	876	653
东北	875	320	462	452
西北	404	670	1087	386
华南	654	476	876	1176
华东	768	267	654	453

(1) 绘制产品 A 的簇状柱形图，图表放置于 H1:N8 区域，如图 7-1 所示。

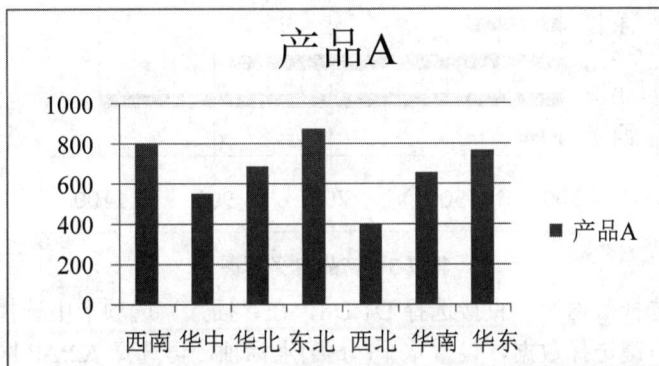

图 7-1　产品 A 簇状柱形图

　　方法 1：选中 A1:B8 数据区域，在"插入"选项卡中选择柱形图图表，然后选择簇状柱形图。

　　方法 2：先插入空白的簇状柱形图，然后选择 A1:B8 数据区域，复制、粘贴到图表。

　　方法 3：先插入空白的簇状柱形图，然后右键选择数据，再选择 A1:B8 数据区域。

　　(2) 绘制产品 B 簇状柱形图，为其添加趋势线(指数)，图例位置置于底部。图表放置在 O1:U8 区域，如图 7-2 所示。

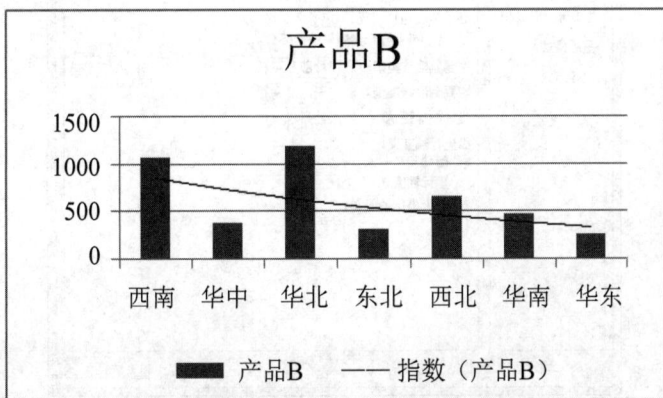

图 7-2　产品 B 添加趋势线

操作步骤：选择数据源，先选择 A1:A8，按住"Ctrl"键再选择 C1:C8，选完数据区域，在"插入"选项卡中选择柱形图，然后选择簇状柱形图。选择图表工具中的"布局"选项卡，单击"趋势线"按钮，为其添加指数型趋势线；在"布局"选项卡中设置图例位置"在底部显示图例"，并调整图表大小，放置在 O1:U8 区域。

(3) 绘制产品 C 条形图，去掉图例，设置坐标轴，最小值为 300，最大值为 1200，主要刻度为 200。图表放置在 H11:N18 区域，如图 7-3 所示。

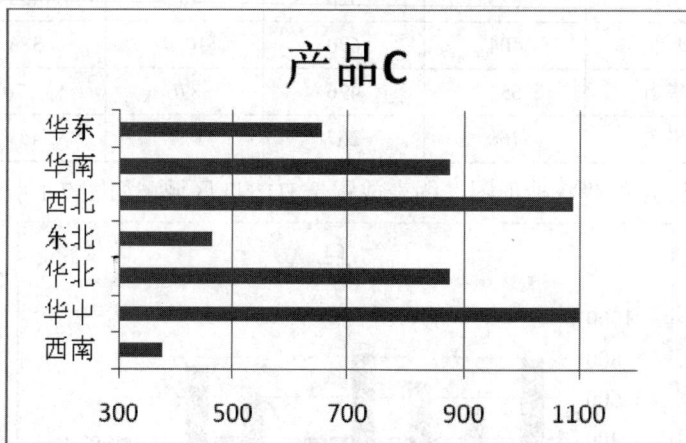

图 7-3 产品 C 条形图

操作步骤：选择数据源，直接选择 D1:D8，在"插入"选项卡中选择条形图，然后选择簇状条形图。右键选择数据，设置水平(分类)坐标轴，再选择 A2:A8 区域。在"布局"选项卡中设置图例为无。选择底部数值坐标轴，双击进入坐标轴格式设置，设置坐标轴最小值为固定 300，最大值为固定 1200，主要刻度设置为固定 200，如图 7-4 所示。

图 7-4 设置坐标轴选项

(4) 绘制产品 D 的柱形图，要求去掉图例和网格线，为华南地区添加数据标签，将该地区及销售额显示其上。图表放置在 O11:U18 区域，如图 7-5 所示。

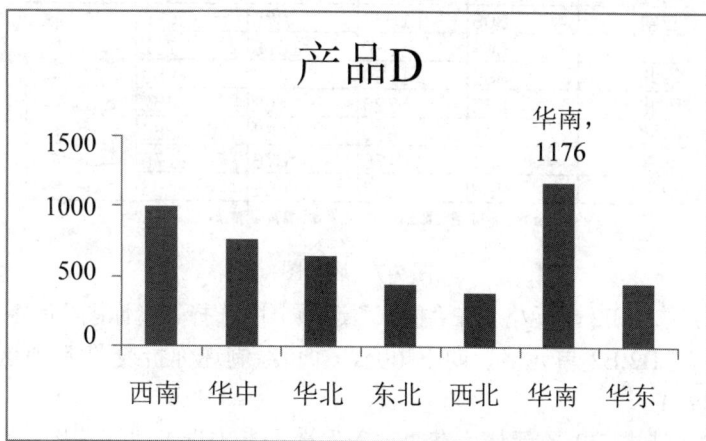

图 7-5　产品 D 添加数据标签

操作步骤： 选择数据源，先选择 A1:A8，按住 "Ctrl" 键再选择 E1:E8，插入簇状柱形图。在 "布局" 选项卡中设置图例为 "无"，网格线设置为 "无"。选中华南这个柱子，右键设置添加数据标签，在添加的标签上再单击右键，打开 "设置数据标签格式" 对话框，如图 7-6 所示。

图 7-6　"设置数据标签格式" 对话框 1

(5) 绘制迷你图，如图 7-7 所示。

地区	产品A	产品B	产品C	产品D	
西南	806	1077	376	1000	
华中	548	380	1098	765	
华北	685	1190	876	653	
东北	875	320	462	452	
西北	404	670	1087	386	
华南	654	476	876	1176	
华东	768	267	654	453	

图 7-7　迷你图

操作步骤 1：选中 F2 单元格，在"插入"选项卡中选择"迷你图"命令组中的折线图，然后选择数据区域 B2:E2 单元格，向下填充，即可绘制迷你折线图(反映这 4 种产品在不同地区的销售情况)。

操作步骤 2：选中 B9 单元格，在"插入"选项卡中选择"迷你图"命令组中的柱形图，然后选择数据区域 B2:B8 单元格，向右填充，即可绘制迷你柱形图(反映不同地区这 4 种产品的销售情况)。

饼图的绘制　　　　　　饼图的绘制素材　　　　　　饼图的绘制素材成品

2. 饼图的绘制

绘制反映各项目成本的三维饼图，最终效果如图 7-8 所示。

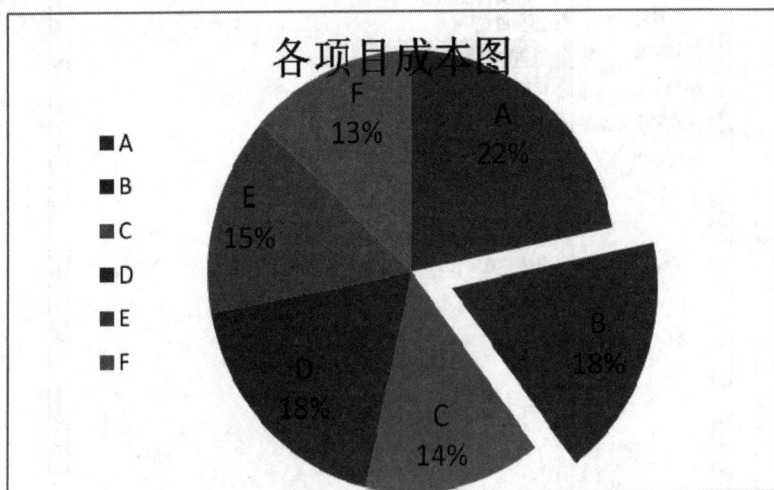

图 7-8　各项目成本图

【任务实施】

(1) 绘制各项目成本费用构成饼图。

各项目成本的数据信息如表 7-2 所示。

表 7-2　各项目成本表

项目	直接材料	直接人工	制造费用	其他	合计
A	863.00	915.00	502.00	585.00	2865.00
B	452.00	942.00	229.00	728.00	2351.00
C	175.00	543.00	583.00	538.00	1839.00
D	733.00	462.00	776.00	450.00	2421.00
E	340.00	192.00	541.00	848.00	1921.00
F	424.00	497.00	463.00	361.00	1745.00

操作步骤 1： 选择数据，再选择项目列，按住"Ctrl"键选择合计列。

操作步骤 2： 插入三维饼图，将项目 B 这个饼向外拉。

操作步骤 3： 为饼图添加数据标签，设置图例位置为"左边"，如图 7-9 所示。

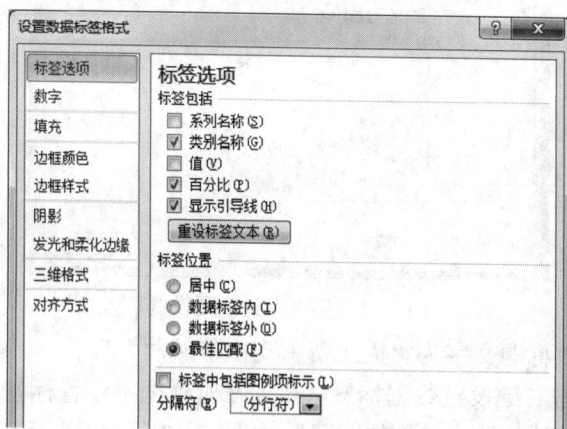

图 7-9　设置数据标签格式

(2) 绘制企业支出费用复合条饼图，如图 7-10 所示。

要求根据公司支出费用表，绘制条饼图，设置第二区域有 5 个数据。

公司支出费用	
项目	支出费用
房屋租金	3000
广告费	2500
包装费	450
水电费	320
其他	5200
基本工资	2000
绩效工资	800
加班工资	1500
奖金	700
饭补	200

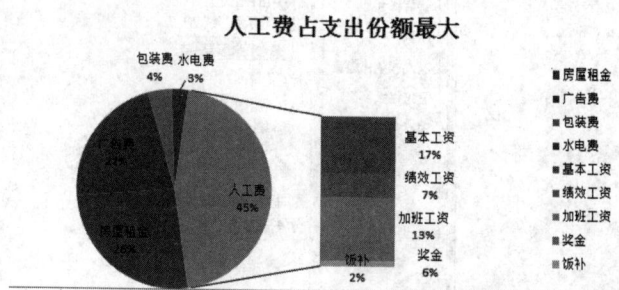

图 7-10　条饼图

操作步骤 1： 通过鼠标选择数据，包含标题行，要求选中除了"其他"这行的所有行，并按住"Ctrl"键进行加选。

操作步骤 2：在"插入"选项卡中选择饼图再选择条饼图，单击右键设置数据系列格式，设置第二绘图区包含 5 个值，如图 7-11 所示。

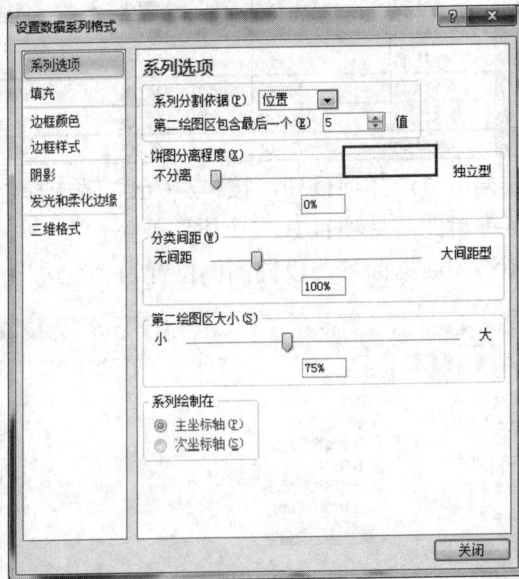

图 7-11　第二个条形图设置

操作步骤 3：修改标题文字为"人工费占支出份额最大"。

操作步骤 4：单击右键设置数据标签格式，在对话框中设置标签，包括类别名称、百分比、显示引导线，标签位置为"最佳匹配"，如图 7-12 所示。并手工将"其他"改成"人工费"，效果如图 7-12 所示。

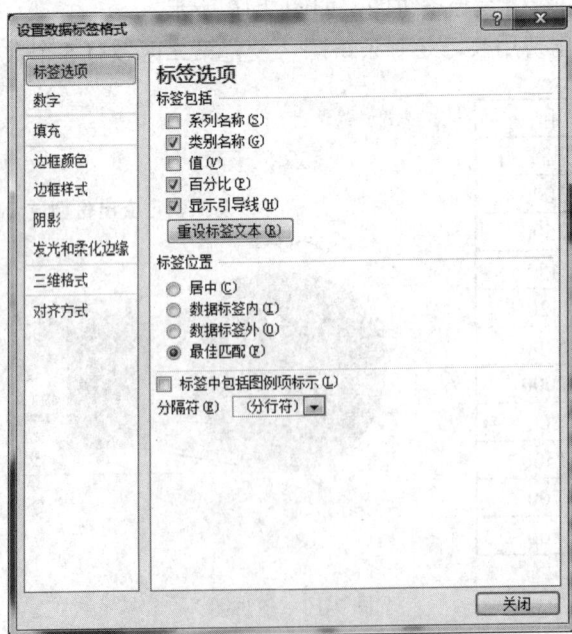

图 7-12　"设置数据标签格式"对话框 2

(3) 绘制动态客户应收账分布饼图。

原始数据如表 7-3 所示。

表 7-3 原始数据 2

客户名称	信用期内	超过信用期 0～31 天	超过信用期 31～60 天	超过信用期 61～90 天	总计
客户 A	77 667		65 679	87 654	231 000
客户 B		67 989	76 767	76 767	221 523
客户 C	67 657	77 654	47 676	32 324	225 311
客户 D		38 789	33 554		72 343
合计	145 324	184 432	223 676	196 745	

绘制的客户应收账分布图如图 7-13 所示。

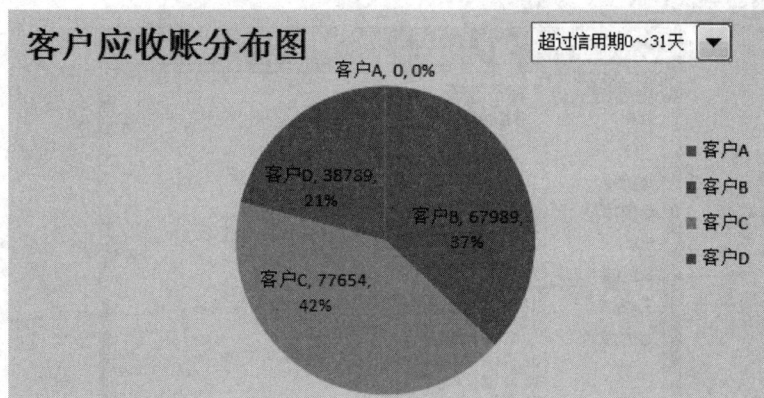

图 7-13 客户应收账分布图

操作步骤 1：设计辅助表格。复制标题行，选择性粘贴，再选择"转置"，将一行标题粘贴为一列，如图 7-14 所示。

图 7-14 转置结果示意图

操作步骤 2：在"开发工具"选项卡的控件命令组中选择插入组合框，并单击右键设置控件格式，设置数据源区域为操作步骤 1 转置得到的辅助列，并将组合框的图层次序设为"置于顶层"，如图 7-15 所示。

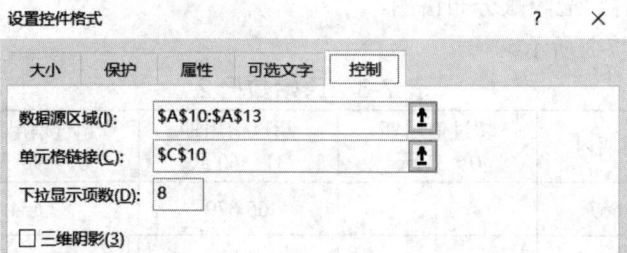

图 7-15　设置组合框的控件格式

操作步骤 3：复制客户 A 到客户 D 到 D10:D13，在其右侧选择 E10:E13，输入"=INDEX($B$2:$E$5，，$C$10)"，然后使用"Ctrl + Shift + Enter"组合键得到结果。INDEX 函数能返回行列交叉的数据。

操作步骤 4：选择数据源 D10:E13，在"插入"选项卡中选择饼图，设置数据标签，如图 7-16 所示。

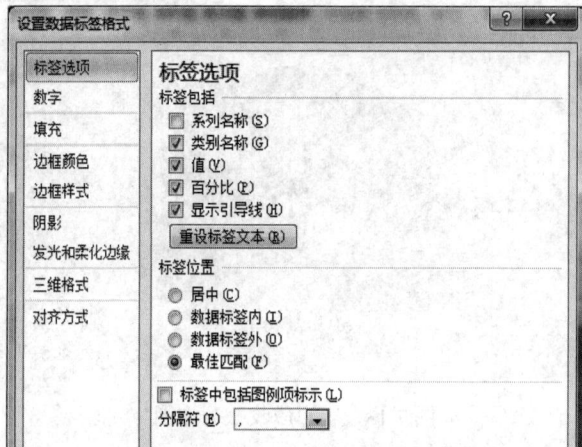

图 7-16　设置数据标签格式

操作步骤 5：修改图表标题为"客户应收账分布图"，设置图表背景为"纯色填充"，如图 7-17 所示。

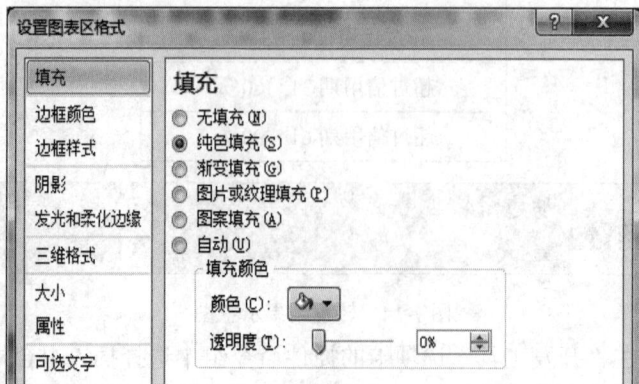

图 7-17　设置图表区格式

操作步骤 6：将图表盖住辅助表格，将组合框移到图表中某个区域，用于选择不同信用期限，动态展示客户的应收账分布图。

动态图表绘制 1   动态图表绘制素材   动态图表绘制素材成品

3. 动态图表绘制

【任务实施】

(1) 通过辅助表格绘制动态图表，在"动态图表"工作表中绘制图表。

原始数据如表 7-4 所示。

表 7-4　原始数据 3

地区	产品 A	产品 B	产品 C	产品 D
西南	806	1077	376	1000
华中	548	380	1098	765
华北	685	1190	876	653
东北	875	320	462	452
西北	404	670	1087	386
华南	654	476	876	1176
华东	768	267	654	453

辅助表格如表 7-5 所示。

表 7-5　辅助表格

G	H	I
组合框返回值	产品 B	产品列表
2	1077	产品 A
	380	产品 B
	1190	产品 C
	320	产品 D
	670	
	476	
	267	

操作步骤 1：设计辅助表格，G2 放置组合框的返回值；I 列数据为组合框的数据源，复制并选择性粘贴，转置 4 个产品名称；H 列数据为引用原始数据的某一个产品的数据。此处使用 INDEX 函数，在 H1 单元格输入公式"=INDEX($B1:$E1，$G$2)"，向下填充，即可引用原始数据的某一个产品的销售数据。

操作步骤 2：在开发工具中插入组合框，设置组合框的控件格式，如图 7-18 所示。

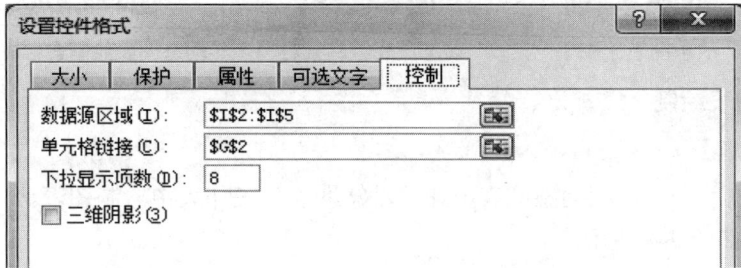

图 7-18　设置控件格式

操作步骤 3：利用这个辅助列数据，绘制动态图表。选择 A1:B8，在"插入"选项卡中的"图表"命令组单击柱形图，选择簇状柱形图，生成一张默认图表；选择数据源，点击"产品"，然后"编辑"，在"系列名称"里输入"=Sheet1!$H$1"，在"系列值"里输入"=Sheet1!$H$2:$H$8"，点击"确定"按钮。

将图表放置于辅助表格之上，盖住辅助信息，将组合框叠放次序设置为"置于顶层"，放到相应的位置，选择不同产品进行动态观察。

最终效果如图 7-19 所示。

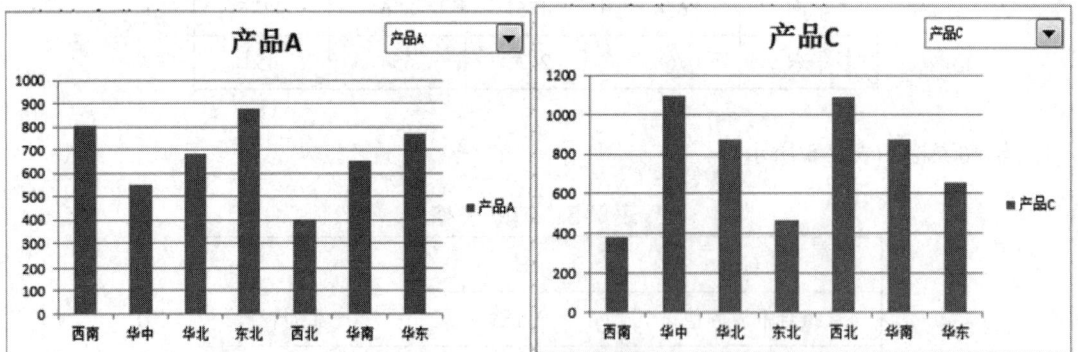

图 7-19　最终效果

动态图表绘制 2　　　动态图表绘制素材　　　动态图表绘制素材成品

(2) 定义动态名称，实现动态图表的绘制。

操作步骤 1：在"公式"选项卡通过名称管理，用公式定义 3 个名称。分别是：

产品名称=OFFSET(sheet1!$A$1, sheet1!$G$2, 1, 1)

产品=OFFSET(sheet1!$A$2, sheet1!$G$2, 7, 1)

地区= sheet1!$A$2:$A$8

说明：OFFSET 函数是相对位置偏移函数，可以给定偏移量，返回选择的新引用。参数 Reference 是参照单元格；ROWS 是上下偏移的行数，COLUMNS 是左右偏移的列数；HEIGHT 为引用的行数，WIDTH 为引用的列数。此处输入的偏移及行列数可以是正负整数。

G2 单元格为组合框的链接单元格，选择组合框不同内容时，G2 单元格的数值会发生变化。在 I2:I5 单元格转置粘贴产品名称，用于组合框的数据区域。

OFFSET 函数说明如图 7-20 所示。

图 7-20　OFFSET 函数图示

操作步骤 2：选择"插入"选项卡中的柱形图中的簇状柱形图，然后单击右键选择数据源，单击"添加"按钮，设置系列名称为"=sheet1!产品名称"，系列值为"=sheet1!产品"，编辑水平轴标签为"=sheet1!!地区"。

操作步骤 3：在 I1 输入"产品名称"，在 I2:I5 单元格转置粘贴产品 A 至产品 D 中，用于组合框的数据区域。在"开发工具"选项卡中插入组合框控件，设置控件格式，数据源区域为"$I$2:$I$5"，单元格链接为"$G$2"，如图 7-21 所示。

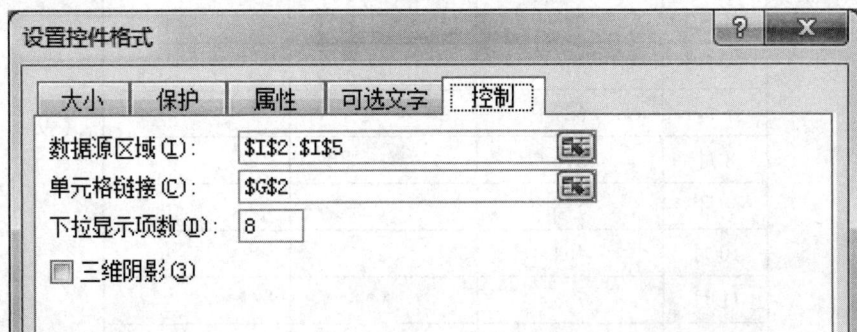

图 7-21　设置组合框控件格式

动态图表绘制 3　　　　动态图表绘制素材　　　　动态图表绘制素材成品

(3) 利用复选框，控制多个对象图表。

绘制 2015 年销售统计图表，要求根据不同的复选框选择显示不同的图表内容，最终效果如图 7-22 所示。

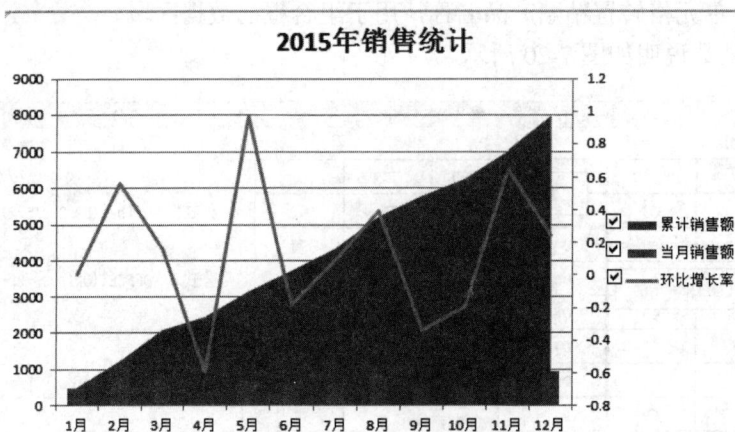

图 7-22　销售统计图

原始数据如表 7-6 所示。

表 7-6　原始数据 4

月份	当月销售额	累计销售额	环比增长率
1 月	476		
2 月	745		
3 月	864		
4 月	354		
5 月	698		
6 月	573		
7 月	627		
8 月	876		
9 月	578		
10 月	464		
11 月	765		
12 月	954		

累计销售额为上月累计销售额＋本月销售额，一月不变＝B2，二月输入公式"＝C2＋B3"，向下自动填充。环比增长率＝(本月销售额－上月销售额)/上月销售额，输入公式"＝(B3 - B2)/B2"，向下自动填充。

操作步骤 1：在"开发工具"选项卡中插入 3 个复选框，设置控件格式，都设置为"已选择"，分别设置链接单元格为$B$15、$C$15、$D$15。叠放次序为"置于顶层"。

操作步骤 2：设计辅助表格，复制标题行至G2:J2，复制 1～12 月至 G3:G14，在当前销售额下，H3 单元格输入公式"＝IF($B$15, B2, NA())"，向下填充；累计销售额下，I3 单元格输入公式"＝IF($C$15, C2, NA())"，向下填充；环比增长率下，J3 单元格输入公式"＝IF($D$15, D2, NA())"，向下填充。

说明 NA()函数返回错误值 N/A，这样图表就不会出错，如果复选框勾选就能显示该系列。

操作步骤 3：插入图表，绘制当月销售额的簇状柱形图。选择数据源，直接选择$G$2:$J$14 区域作为数据源；然后修改累计销售额的图表类型为面积图，在"布局选项卡"中选择系列"环比增长率"，设置所选内容格式，设置为"次坐标轴"，如图 7-23 所示。同时更改图表类型为折线图。

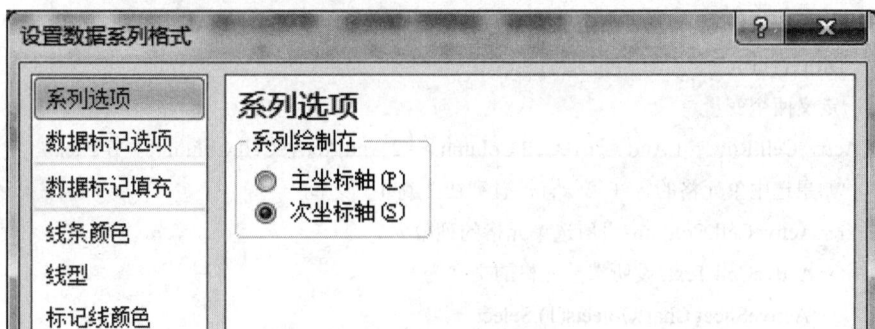

图 7-23　设置数据系列格式

这样就在一张图表上显示了 3 个不同的图表类型，通过复选框进行勾选，从而选择那个系列显示，而且能根据不同的系列产生不同的图表和坐标。

使用 VBA 进行动态图表制作　　　　使用 VBA 进行动态图表制作素材　　　　使用 VBA 进行动态图表制作素材成品

(4) 使用 VBA 进行动态图表制作。

操作步骤 1：新建工作簿，保存为 xlsm 格式，为包含 VBA 代码的文件。

操作步骤 2：输入原始数据，如表 7-7 所示。

表 7-7　原始数据 5

部门	1 月	2 月	3 月	4 月	5 月
生产部	5	12	6	3	3
技术部	0	2	1	0	1
质量部	1	4	5	1	2
业务部	0	0	1	0	0
管理部	0	1	1	1	1
合计	6	19	14	5	7

操作步骤 3：插入饼图，选择前两列数据，即 1 月的信息，绘制饼图。为其添加数据标签，设置显示标签为"百分比"，标签位置为"最佳匹配"。

操作步骤 4:在开发工具 Visual Basic 编辑器中，选择 worksheet 中的 selectionchange 进行代码输入。

输入如下 VBA 代码：

```
'如果在工作表中选择不同的单元格时运行本子程序
Dim i,  t
'定义两个变量
If ActiveCell.Row = 1 And ActiveCell.Column >= 2 And ActiveCell.Column <= 6 Then
    '如果选中单元格的行在第一行，且列在 2 到 4 列之间
    i = ActiveCell.Column '设所选单元格的列数为 i
    t = ActiveCell.Text '设所选单元格的文字为 t
        ActiveSheet.ChartObjects(1).Select
        '选中图表
        ActiveChart.SeriesCollection(1).XValues = "=Sheet1!R2C1:R6C1"
        '设置图表的分类(X)轴引用 A2:A6 单元格区域
        ActiveChart.SeriesCollection(1).Values = "=Sheet1!R2C"& i &":R6C"& i
        '设置图表的数据系列 1 引用第 i 列的 2:6 行区域
        ActiveChart.ChartTitle.Characters.Text = t
        '设置图表的标题引用活动单元格文字
End If
    '结束 if 语句

If ActiveCell.Column = 1 And ActiveCell.Row >= 2 And ActiveCell.Row <= 7 Then
    '如果选中单元格在第一列，且行在 2 到 7 行之间
    i = ActiveCell.Row '设所选单元格的行数为 i
     t = ActiveCell.Text '设所选单元格的文字为 t
        ActiveSheet.ChartObjects(1).Select
```

'选中图表

ActiveChart.SeriesCollection(1).XValues = "=Sheet1!R1C2:R1C6"

'设置图表的分类(X)轴引用 B1:F1 单元格区域

ActiveChart.SeriesCollection(1).Values = "=Sheet1!R"& i &"C2:R"& i &"C6"

'设置图表的数据系列 1 引用第 i 行的 2:6 列区域

ActiveChart.ChartTitle.Characters.Text = t

'设置图表的标题引用活动单元格文字

　　End If

　　　'结束 if 语句

操作步骤 5：回到工作表，当该图表为唯一图表的前提下，鼠标点选其他月份单元格 (B1、C1、D1、E1)，该图表就会发生变化，实现动态图表绘制。

7.3　知 识 拓 展

常见错误及解决方法：出现错误时通常有一些错误值，各个错误值代表不同的含义，每个错误值都有不同的原因和解决方法。

1) ####错误

该错误表示列不够宽，或者使用了负日期或时间。

当列宽不足以显示内容时，可以通过以下几种办法予以纠正。

(1) 调整列宽或直接双击列标题右侧的边界。

(2) 缩小内容以适应列宽。

(3) 更改单元格的数字格式，使数字适合现有单元格宽度。例如，可以减少小数点后的小数位数。

当日期和时间为负数时，可以通过以下几种方法予以纠正：

(1) 如果使用的是 1900 日期系统，那么日期和时间必须为正值。

(2) 如果对日期和时间进行减法运算，那么应确保建立的公式是正确的。

(3) 如果公式是正确的，但结果仍然是负值，那么可以通过将相应单元格的格式设置为非日期或时间格式来显示该值。

2) #VALUE!错误

该错误表示使用的参数或操作数的类型不正确，可能包含以下一种或几种错误：

(1) 当公式需要数字或逻辑值(例如 TRUE 或 FALSE)时，却输入了文本。

(2) 输入或编辑数组公式，没有按"Ctrl + Shift + Enter"组合键，而是按了"Enter"键。

(3) 将单元格引用、公式或函数作为数组常量输入。

(4) 为需要单个值(而不是区域)的运算符或函数提供区域。

(5) 在某个矩阵工作表函数中使用了无效的矩阵。

(6) 运行的宏程序中所输入的函数返回"#VALUE!"。

3) #DIV/0!错误

该错误表示使用数字除以零(0)。具体表现在：

(1) 输入的公式中包含明显的除以零的计算，如"=5/0"。

(2) 使用了对空白单元格或包含零作为除数的单元格的单元格引用。

(3) 运行的宏程序中使用了返回#DIV/0!的函数或公式。

4) #N/A 错误

当数值对函数或公式不可用时，将出现此错误。具体表现在：

(1) 缺少数据，在其位置输入了"#N/A"或"NA()"。

(2) 为 HLOOKUP、LOOKUP、MATCH 或 VLOOKUP 工作表函数的 lookup_value 参数赋予了不正确的值。

(3) 在未排序的表中，使用了 VLOOKUP、HLOOKUP 或 MACTCH 工作表函数来查找值。

(4) 数组公式中，使用的参数的行数或列数与包含数组公式的区域的行数或列数不一致。

(5) 内置或自定义工作表函数中，省略了一个或多个必需参数。

(6) 使用的自定义工作表函数不可用。

(7) 运行的宏程序中所输入的函数返回"#N/A"。

5) #NAME?错误

当 Excel 2010 无法识别公式中的文本时，将出现此错误。具体表现在：

(1) 使用了 EUROCONVERT 函数，而没有加载"欧元转换工具"宏。

(2) 使用了不存在的名称。

(3) 名称拼写错误。

(4) 函数名称拼写错误。

第 8 章　Excel 综合案例分析处理

本项目通过对工资表的综合处理，详细介绍了 Excel 2010 的数据透视、切片器、分列、错误屏蔽等方法。

这个项目对 Excel 强大的功能做了一些补充，如快速绘制数据透视表及使用切片器、分列规范日期格式、常见错误的处理及冻结，同时也掌握了 Excel 的页面设置及打印输出方法。Excel 功能丰富，如果开动思想，一定还会发现更多实用有趣的功能。

8.1　任　务　书

1. 创建数据透视表

本任务是通过对工资表设计创建数据透视表，利用切片器进行分类查看，并转化为数据透视图。通过本任务可熟练掌握数据透视图及分列函数的使用。

2. 使用分列规范日期

本任务是通过对工资表中的日期信息进行分列来提取出年、月、日，对不规范的日期格式进行规范化处理。

3. 冻结和拆分窗格

本任务是对工资表中的窗口进行拆分和冻结，以方便查看比较大的数据区域。

4. 插入页眉页脚

本任务是对工资表中的页眉和页脚进行设置，以打印出符合规范的报表。

5. 调整工资

本任务是对工资表中的基本工资增加 500 元，并通过选择性粘贴来实现。

6. 生成工资条并打印输出

本任务是对工资表进行美化，然后通过排序生成工资条，并打印输出。

7. 错误屏蔽

本任务是对计算表内的常见错误进行屏蔽，掌握错误的处理方法。

任务示范　　创建数据透视表　　创建数据透视表　　创建数据透视表
　　　　　　　　　　　　　　　　素材　　　　　　素材成品

8.2　任 务 示 范

1. 创建数据透视表

【任务实施】

(1) 插入数据透视表，统计不同地区、不同部门、不同职务等级的人数。数据透视表最终效果如图 8-1 所示。

图 8-1　数据透视表最终效果

操作步骤 1： 新建一个工作表，取名"数据透视表"，选择"插入"选项卡，单击"数据透视表"按钮，在弹出的"创建数据透视表"窗口进行设置。首先选择数据源，将"工资表"所有的数据都选中，可以单击其中一个标题行单元格，然后按下快捷键"Ctrl + A"即可选中整个列表区域。接着选择放置数据表的位置为现有工作表，在位置区域单击"选择"按钮，选中"数据透视表"的 A1 单元格，如图 8-2 所示。设置完成后，单击"确定"按钮。

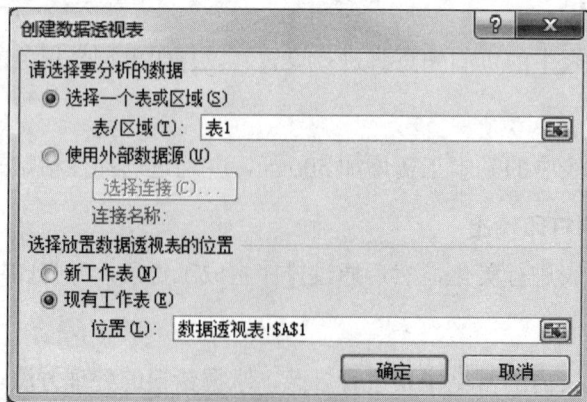

图 8-2　选择分析数据，选择数据透视表放置位置

操作步骤 2：在该工作表右侧会出现数据透视表字段列表，勾选需要进行数据透视的字段(地区、部门、职务等级和姓名)，并分别放置到报表筛选、行标签、列标签和数值框中，如图 8-3 所示。因为我们要统计人数，因此通过单击右键对"姓名"字段进行值字段设置，设置汇总方式为"计数"，如图 8-4 所示。

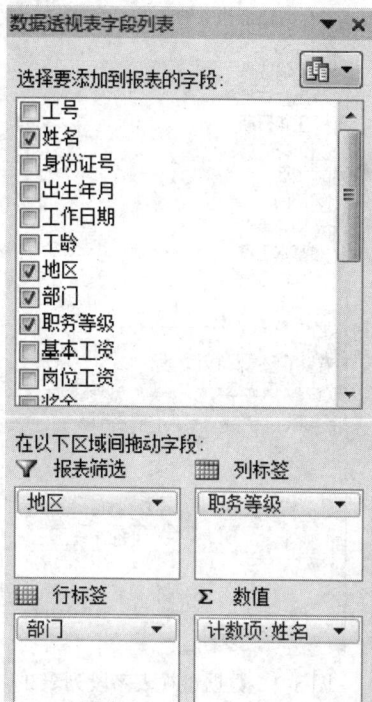

图 8-3　数据透视表字段列表 1

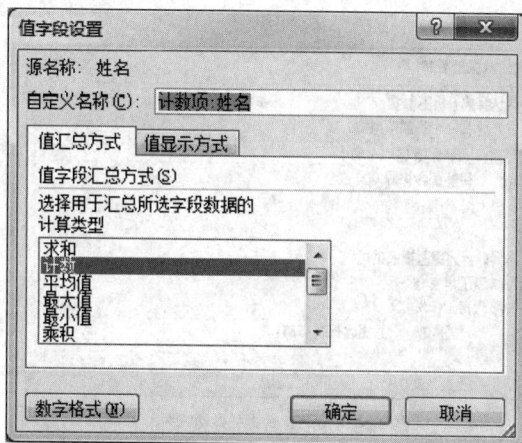

图 8-4　值字段设置

(2) 根据数据透视表，按不同地区、部门和职务统计其实发金额的合计，并使用切片器工具对各类数据进行选择。切片器最终效果如图 8-5 所示。

图 8-5　切片器最终效果

操作步骤 1：选择"插入"选项卡，单击"数据透视表"按钮，在弹出的"创建数据透视表"窗口进行设置。首先选择数据源，将"工资表"所有的数据都选中，可以单击其中一个标题行单元格，然后按下快捷键"Ctrl + A"即可选中整个列表区域。接着选择放置数据表的位置为现有工作表，在位置区域单击"选择"按钮，选中"数据透视表"的 A12 单元格，如图 8-6 所示。设置完成后，单击"确定"按钮。

操作步骤2： 在该工作表右侧会出现数据透视表字段列表，勾选需要进行数据透视的字段(地区、部门、职务等级和实发金额)，并分别放置到报表筛选、行标签、列标签和数值框中，如图8-7所示。默认的汇总方式为求和。

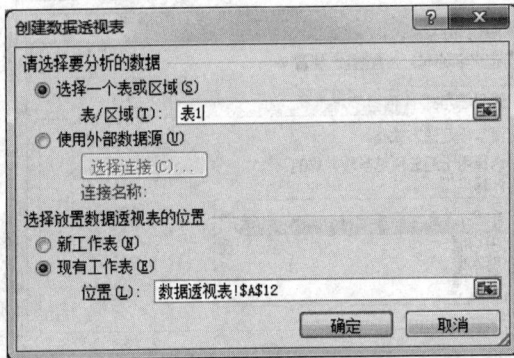

图 8-6　创建数据透视表

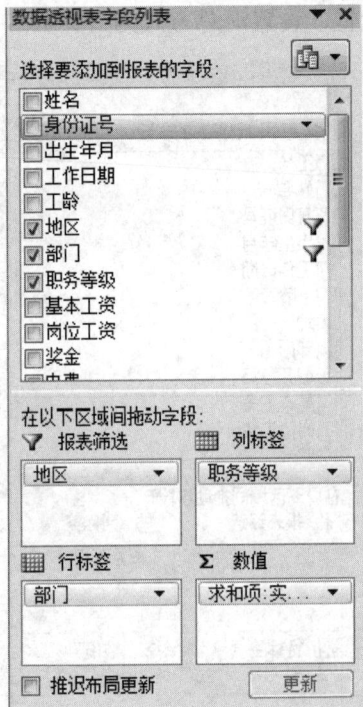

图 8-7　数据透视表字段列表 2

操作步骤3： 选中该数据透视表，选择数据透视表工具中的"选项"，单击"插入切片器"按钮，设置切片器。勾选地区、部门和职务等级，创建 3 个切片器，如图8-8所示。

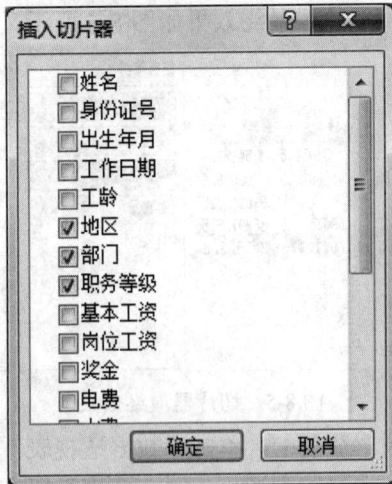

图 8-8　切片器设置

操作步骤4： 要求显示杭州地区，职务等级为科级的销售人员实发金额和。分别设置地区切片器中的杭州，部门切片器中的销售部，职务等级切片器中的科级，就可以统计出相应的金额了，如图 8-9 所示。

图 8-9　根据需要显示透视信息

（3）根据所得的数据透视表产生数据透视图。

操作步骤 1：光标单击已经存在的数据透视表某一个单元格，在数据透视表工具中的"选项"选项卡中单击"数据透视图"按钮，选择图表类型为簇状柱形图，单击"确定"按钮。

操作步骤 2：选中该图表，适当调整大小，该图表会根据数据透视表的筛选而更新变化，也可以自己进行选择显示，如图 8-10 所示。

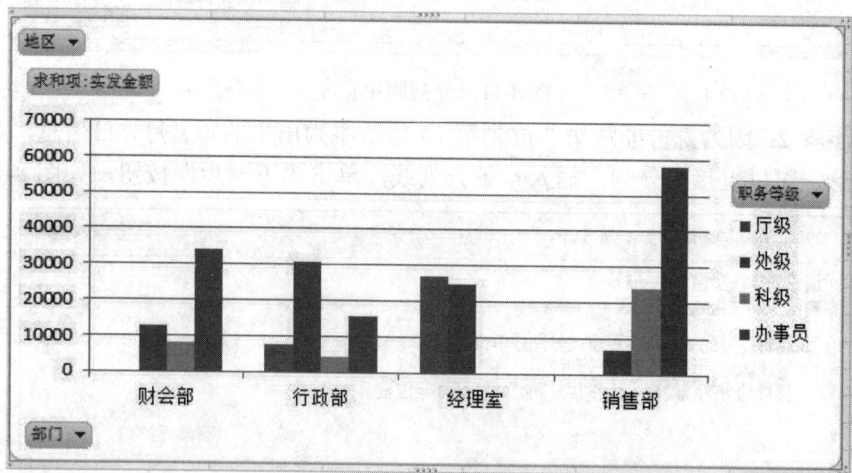

图 8-10　数据透视图

2. 使用分列规范日期

【任务实施】

（1）规范化日期数据，利用分列来拆分出生日期中的年、月、日，分成 3 列显示。

使用分列规范日期　　　使用分列规范日期素材　　　使用分列规范日期成品

操作步骤 1：单击"分列"工作表，在身份证后面有 3 列，分别提取年、月和日的信息。选中身份证下的数据，选择第一个身份证号码，按快捷键"Ctrl + Shift + ↓"即可，再选择"数据"选项卡，单击"分列"按钮，打开分列向导，第一步设置分列方式，这里选择"固定宽度"，如图 8-11 所示。

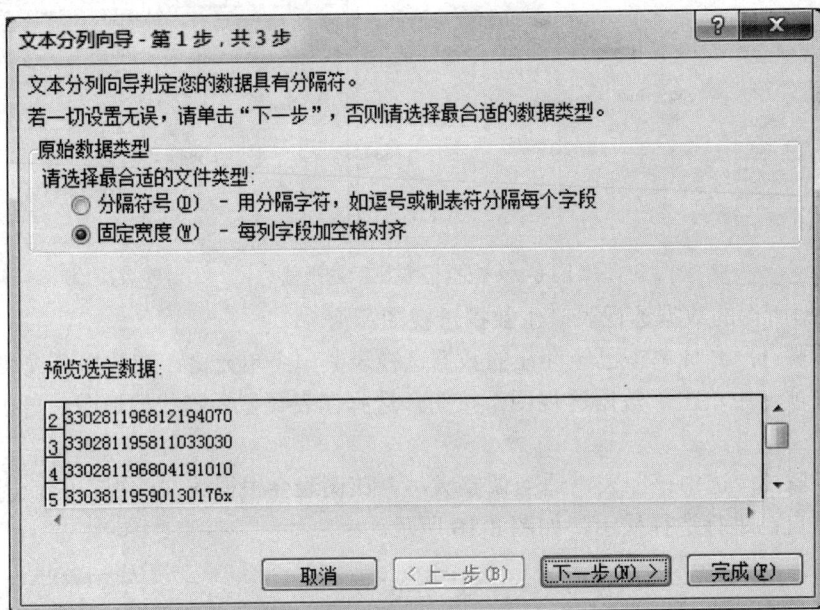

图 8-11　分列固定宽度

操作步骤 2：因为身份证从第 7 位到第 13 位数字为出生的年、月、日信息，对于这样规范的信息，可以直接去分割。插入 4 条分列线，单击"下一步"按钮，如图 8-12 所示。

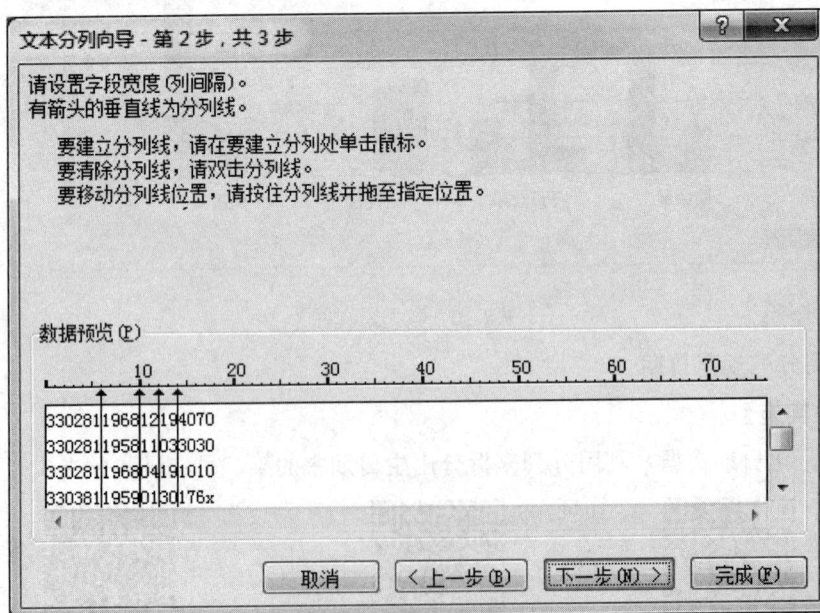

图 8-12　设置字段宽度 1

操作步骤 3：设置不导入的列，此处需要将第一列和最后一列设置为"不导入此列(跳过)"。这两列忽略，目标区域设置为 C2 单元格，如图 8-13 所示。

说明：如果不设置目标区域，分列效果将体现在选中的这列数据上。

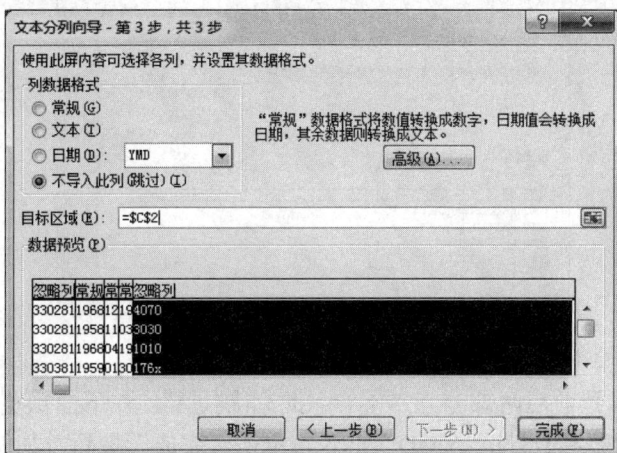

图 8-13　选择不导入的列

操作步骤 4：单击"完成"按钮即可完成分列，这里年、月、日 3 列均为常规格式。分好的效果如图 8-14 所示。

图 8-14　分列最终结果

(2) 利用分列，从身份证提取年、月、日 8 位数字，转化为 YMD 日期格式。

操作步骤 1：复制身份证这列到 H 列，将列标题改成出生日期。选中下面的数据区域，单击"分列"按钮，设置分列类型为"固定宽度"，单击"下一步"按钮。

操作步骤 2：设置两条分列线，将 8 位日期隔出来，单击"下一步"按钮，如图 8-15 所示。

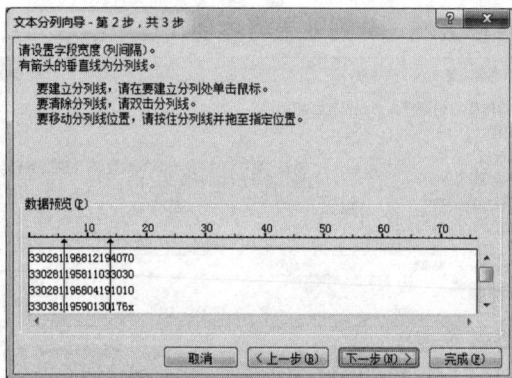

图 8-15　设置字段宽度 2

操作步骤 3：设置前后两部分为"不导入此列(跳过)"，在下面预览中显示"忽略列"，然后设置中间的这部分为日期"YMD"格式，单击"完成"按钮，如图 8-16 所示。

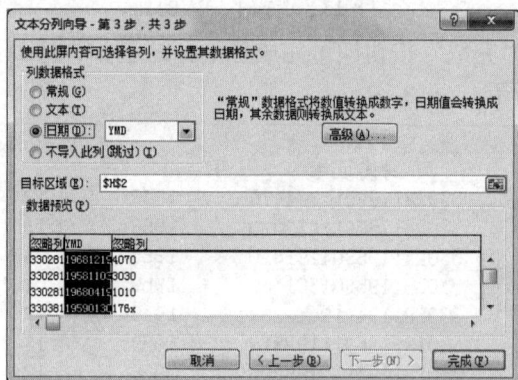

图 8-16　设置日期格式

最终，会将所有出生年月转化为日期格式。

(3) 对"年，月，日"或"月，日，年"等不规范的日期规范化。

操作步骤：选中不规范的日期单元格，选择"分列"按钮，直接选择到第三步，在日期后面的下拉框中选择格式，YMD 表示年、月、日，MDY 表示月、日、年，系统会自动去判断分割符。设置目标区域，可以看到规范化的日期。

3. 冻结和拆分窗格

【任务实施】

(1) 冻结前两行和前两列。

操作步骤：选择工资表，选中 C3 单元格，单击"视图"选项卡中的"冻结窗格"按钮，选择冻结和拆分窗口即可。这样向下查看或向右查看时，前两行和左两列都是不变的，方便查看。如要取消冻结，可选择冻结窗格的取消冻结窗格。

冻结和拆分窗格

(2) 拆分窗口。

操作步骤：因为表格比较大，需要拆成左、右两部分查看。如果没有标题合并单元格，那么只能选择第 1 行某个单元格，单击"视图"选项卡中的"拆分"按钮进行左、

右拆分；如果现在有标题行，那么可以选择第 2 行的某个单元格进行拆分，窗口会根据选中单元格的左上角作为拆分的交叉点进行窗口拆分，整个窗口会拆分成四部分，每一个区域都能通过垂直和水平滚动条进行整个表格的查看浏览。如要取消拆分，再次单击"拆分"按钮即可。

4. 插入页眉和页脚

【任务实施】

(1) 在页眉处居中位置输入"工资表"，设置字体为"楷体""加粗"。

操作步骤： 插入页眉和页脚会进入页面视图，而冻结窗格与页眉视图两者不能共存，软件会自动取消冻结。在页眉区域居中位置输入"工作表"，设置字体为"楷体""加粗"。

插入页眉和页脚

(2) 在页脚处居中位置输入"制表人：姓名"，右侧插入"当天日期"。

操作步骤： 转到页脚区域，在居中位置输入"制表人：姓名"，右侧单击"当前日期"按钮即可插入日期。该页眉、页脚内容只有在打印输出或页面视图才能看到。

5. 调整工资

【任务实施】

(1) 新建一张工作表，取名"调整后工资表"，并复制原"工资表"的内容。

调整工资

操作步骤： 这里有两种操作方法

① 新建工作表，重命名为"调整后工资表"，选中整张表格，按快捷键"Ctrl + C"复制整张表，然后选择调整后工资表的 A1 单元格，按快捷键"Ctrl + V"粘贴。

② 选择"工资表"标签，单击右键，在弹出的菜单中选择"移动"或"复制"，在弹出的对话框中设置创建副本，选择要创建在哪张工作表前或最后，创建的名称默认为"工资表 (2)"，双击工作表标签重命名为"调整后工资表"。

(2) 通过选择性粘贴，每人的基本工资都增加 500 元。

操作步骤： 在空白单元格输入 500，复制该单元格，整个单元格边上会出现蚂蚁线；然后选中所有基本工资数据单元格，单击右键在弹出的菜单中选择"选择性粘贴"，打开对话框，设置粘贴为"公式"，运算为"加"，如图 8-17 所示。

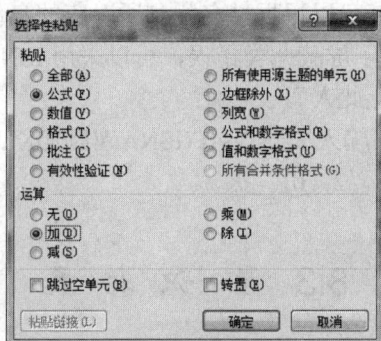

图 8-17　选择性粘贴

生成工资条   生成工资条并   生成工资条并
并打印输出   打印输出素材   打印输出成品

6. 生成工资条并打印输出

【任务实施】

(1) 新建"工资条"工作表,方法同上。

(2) 采用排序法,生成工资条。

操作步骤 1: 在后面增加一列辅助列,利用等差数列填充数值,1~66 为有信息的区域,在 66 后输入 1.5、2.5,选中这两个单元格,继续以等差序列、步长为 1 填充,一直到 66.5。

操作步骤 2: 将标题行复制到下面空白区域,以辅助列为主要关键字,进行重新排序,最后删除辅助列。

操作步骤 3: 设置自动套用样式为中等深浅 2。

操作步骤 4: 页面设置中,纸张方向为"横向"。打印标题,进行设置打印区域和打印比例的调整。

7. 错误屏蔽

【任务实施】

(1) 屏蔽除零错误 #DIV/0!。

已知总价和数量计算单价,采用除法,如果数量为空,则会出现 #DIV/0! 错误。为避免此类错误,可采用 IF 语句判断是否有错误,如果有则显示为空,即 ""。

操作步骤: 选择"错误屏蔽"工作表,在单价下的单元格中输入公式 "=IF(ISERROR(K12/L12), "", K12/L12)"。

说明:采用 IF 语句判断是否有错误,包括除以零(0)错误。如果有错误就显示为空,否则显示单价值,此处空用两个英文状态的 " 表示。

(2) 屏蔽无结果错误#N/A。

通过查找函数 VLOOKUP 可以根据姓名找到所对应的身份证号码,当输入的姓名不在表中时会出现 #N/A 错误。为了屏蔽此类错误,可以采用 ISNA()函数来判断是否有结果,如没有找到,可显示为"查无此人"。

操作步骤: 在 L18 单元格输入公式 "=IF(ISNA(VLOOKUP(K18, A:B, 2, 0)), "查无此人", VLOOKUP(K18, A:B, 2, 0))"。

8.3 知 识 拓 展

(1) 会计中常会把 0 值表示为"-"。

此处要求对工资表中的 0 值或空白处填充为 "-"。

方法 1　设置单元格为会计专用，并设置货币符号为无。

操作步骤：选中所有金额单元格，设置单元格格式，按下快捷键 "Ctrl + L" 打开 "单元格格式" 对话框，选择会计专用，设置货币符号为无。

方法 2　替换该区域的 0 值为 "-"。

操作步骤：利用查找替换，选中所有金额单元格，按下快捷键 "Ctrl + H" 打开 "替换" 对话框，将查找内容设置为 0，并替换为 "-"。

(2) 合并计算。

合并计算是指将多个相似格式的工作表或数据区域，按指定的方式如求和、计数、平均值、乘积等进行自动匹配计算。Excel 提供了几种方法来合并计算数据，最灵活的方法是创建公式，该公式引用的是将进行合并的数据区域中的每个单元格。引用了多张工作表中的单元格的公式被称为三维公式。

实例：对 "Excel 案例(素材 2).xlsx" 中的 "成绩表" 工作表进行计算，利用合并计算，计算出成绩表中各选手的总成绩。总成绩为预赛、半决赛和决赛成绩的平均成绩。

操作步骤：选中 B39:D47 区域，单击 "数据" → "合并计算" 调出 "合并计算" 对话框，选择 "函数(F)" 为 "求和"；将鼠标置于 "引用位置(R)" 文本框中，选中 B3:D11 区域，单击 "添加" 按钮；将鼠标置于 "引用位置(R)" 文本框中，选中 B15:D23 区域，单击 "添加" 按钮；将鼠标置于 "引用位置(R)" 文本框中，选中 B27:D35 区域，单击 "确定" 按钮。

(3) 奇偶数个数的统计。

实例：对 "Excel 案例(素材 2).xlsx" 中的 "奇偶数" 工作表进行统计，统计 A1:A10 中奇数和偶数的个数并放到 D2 和 D3 单元格中。

操作步骤：选中 D2 单元格，输入公式奇数个数统计的数组公式 "=SUM(IF(MOD(A1:A10, 2)<>0, 1, 0))"，同时按下 "Ctrl + Shift + Enter" 组合键锁定数组公式。选中 D3 单元格，输入偶数个数统计的数组公式 "=SUM(IF(MOD(A1:A10, 2)=0, 1, 0))"，同时按下 "Ctrl + Shift + Enter" 组合键锁定数组公式。

(4) 闰平年的判断。

实例：对 "Excel 案例(素材 2).xlsx" 中的 "奇偶数" 工作表进行判断，判断 A 列的年份是否为闰年，填入 B 列。

使用函数判断年份是否为闰年，如果是，则结果保存为 "闰年"；如果不是，则结果保存为 "平年"，并将结果保存在 "是否为闰年" 列中。

说明：闰年是指能被 4 整除但不能被 100 整除，或者能被 400 整除的年份。

操作步骤：选中 A2 单元格，输入公式 "=IF(OR(AND(MOD(A2, 4)=0, MOD(A2, 100)<>0), MOD(A2, 400)=0), "闰年", "平年")"，单击 "确定" 按钮，并双击填充柄完成闰平年的判断。

(5) 数据有效性。

实例 1：下拉菜单输入的实现。有时候在各列各行中都输入同样的几个值，比如输入学生的成绩等级时需要输入 4 个值：优秀、良好、合格、不合格。

操作步骤：选中 A 列，单击 "数据" → "数据有效性" 打开 "数据有效性" 对话框，选择"设置"选项卡，在"允许"下拉菜单中选择"序列"，在"数据来源"中输入"优秀，良好，合格，不合格"（注意要用英文输入状态下的逗号分隔）；选中"忽略空值"和"提供下拉菜单"两个复选框；单击"输入信息"选项卡，选中"选定单元格显示输入信息"，在"输入信息"中输入"请在这里选择"。

实例 2：数据唯一性检验。通常情况下，身份证号码应该是唯一的，为了防止重复输入，可用"数据有效性"来提示数据输入人员。

操作步骤：选中 A 列，单击"数据"→"数据有效性"打开"数据有效性"对话框，在"设置"标签中单击"允许"右侧的下拉按钮，在随后弹出的快捷菜单中选择"自定义"选项，然后在下面的"公式"方框中输入公式"=COUNTIF(B:B，B2)=1"，单击"确定"按钮返回。以后在上述单元格中输入了重复的身份证号码时，系统会弹出提示对话框，并拒绝接受输入的号码。

实例 3：自动实现中英文输入法转换。有时在输入数据时，需要在不同行或不同列之间分别输入中文和英文，输入过程需要不断地切换输入法的中英文类型，造成输入速度缓慢。对于这种问题，可以通过 Excel "数据有效性"的设置来实现在输入数据时完成输入法的中英文自动转换。

操作步骤：假设在 A 列输入学生的中文名，B 列输入学生的英文名。先选定 B 列，单击"数据"→"数据有效性"打开"数据有效性"对话框，选择"输入法"对话框，在"模式"下拉菜单中选择"关闭(英文模式)"，然后单击"确定"按钮即可。

第三部分

PowerPoint 2010 应用

通过本项目学习和训练，学生可掌握 PowerPoint 2010 的最基本操作，包括新建幻灯片以及主题、母版、字体、段落、日期和页脚、艺术字、形状、表格、SmartArt 图形、形状效果、文字效果等的设置。

第9章 企业财务分析报告

9.1 任 务 书

任务书

1. 幻灯片设置

(1) 新建幻灯片文档,设置幻灯片大小为"全屏显示"(16∶9)。

(2) 设置幻灯片主题为"暗香扑面"。

(3) 将幻灯片母版的标题设置为"黑体""加粗""深红色",将内容区字体设置为"楷体"。

(4) 将标题母版的标题字体设置为"华文楷体""48"号、"红色";副标题样式设置字体格式为"黑体"、"28"号。

(5) 为幻灯片添加自动更新的日期、幻灯片编号,添加页脚"神舟会计事务所",并设置"标题幻灯片中不显示"。

2. 首页编辑

(1) 设置首页幻灯片版式为"空白"。

(2) 插入艺术字主标题"企业财务分析报告",艺术字样式设置为"填充-深黄,强调文字颜色 1,金属棱台,映像",字体为"66"号,字体颜色设置"渐变填充",渐变效果参考效果。

(3) 插入文本框副标题"—— 神舟会计事务所",字体设置为"32"号、"华文行楷""红色""加粗"。

3. "目录"页编辑

(1) 在首页幻灯片后插入一张"仅标题"版式的幻灯片,标题为"目录",左对齐。

(2) 在"目录"幻灯片中,制作如效果所示的导航目录"主要财务数据摘要""基本财务情况分析""预算完成情况及分析""重要问题综述及建议",并设置目录对象的对齐方式为"左对齐""纵向分布"。

4. "主要财务数据摘要"页编辑

(1) 在"目录"页后插入一张"标题和内容"版式的幻灯片,标题为"主要财务数据摘要",左对齐。

(2) 插入 10 行 5 列的表格,并录入表 9-1 所示的全部内容。字段名称字体设置为"白色""16"号,数据内容字体设置为"16"号、"楷体",表格内容垂直居中、水平左对齐。

表 9-1　原始数据

项　目	报告期	去年同期	增减额	增减幅度
一、主营业务收入	3938	4860	−922	−19%
二、主营业务成本	1161	2093	−932	−45%
三、主营业务利润	2559	2553	+6	+0.2%
四、其他业务利润	41	26	+15	58%
五、管理费用	883	458	+425	93%
六、财务费用	1204	524	+680	+130%
七、投资收益	217	328	−111	−34%
八、营业外支出净额	18	−6	+24	+400%
九、净利润	605	1655	−1050	−63%

5 "基本财务情况分析" 页编辑

(1) 在"主要财务数据摘要"页后插入一张"标题和内容"版式的幻灯片，标题为"基本财务情况分析"，左对齐。

(2) 在幻灯片中插入 SmartArt 图形"垂直 V 形列表"，将以下的内容编辑到列表内，结果如图 9-1 所示。

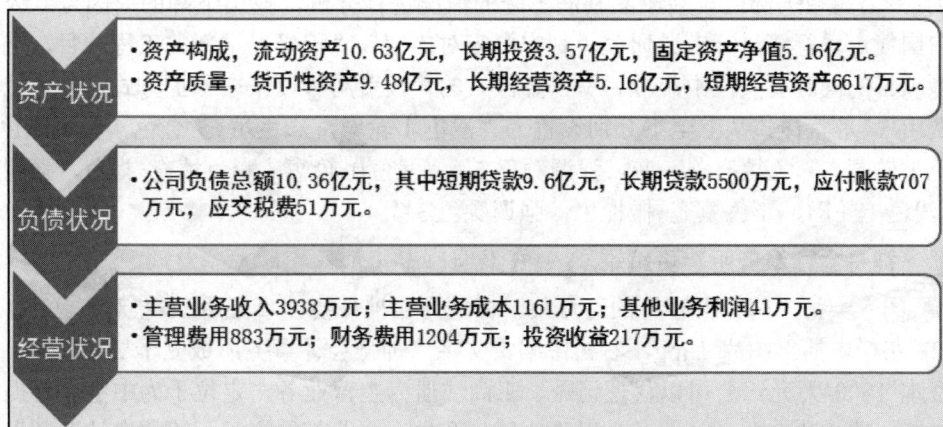

图 9-1　基本财务情况分析

资产状况：

资产构成，流动资产 10.63 亿元，长期投资 3.57 亿元，固定资产净值 5.16 亿元。

资产质量，货币性资产 9.48 亿元，长期经营资产 5.16 亿元，短期经营资产 6617 万元。

负债状况：

公司负债总额 10.36 亿元，其中短期贷款 9.6 亿元，长期贷款 5500 万元，应付账款 707 万元，应交税费 51 万元。

经营状况：

主营业务收入 3938 万元；主营业务成本 1161 万元；其他业务利润 41 万元。

管理费用 883 万元；财务费用 1204 万元；投资收益 217 万元。

6. "预算完成情况及分析"页编辑

(1) 在"基本财务情况分析"页后插入一张"标题和内容"版式的幻灯片，标题为"预算完成情况及分析"，左对齐。

(2) 在幻灯片文本占位符内添加以下一级和二级文本，行距设置为 1 倍。

> 收入收益类
> 本期收入、收益共计 4195 万元，完成预算 3%。
> 扣除利率因素和新项目的影响，完成预算 6%。
> 成本费用类
> 本期成本、费用共计 3484 万元，占预算 3%。
> 扣除新项目和可转债发行费用，占预算 6%。
> 预算分析综述
> 本期净利润 605 万元，完成全年预算 7%。
> 未完成预算的主要原因在于本期利润构成中工程利润和投资收益与预算存在重大差距。

7 "重要问题综述及建议"页编辑

(1) 在"预算完成情况及分析"页后插入一张"仅标题"版式的幻灯片，标题为"重要问题综述及建议"，左对齐。

(2) 插入四个矩形，分别按照参照图设置矩形的形状样式和形状效果。矩形内的文字内容为："公司相关部门对某产品利润下降的情况进行分析，找出下降的原因"，"公司根据目前国债市场行情进行专题研究，制定出应对措施"，"积极寻求新的工程项目，重点考虑大型项目的同时要关注中小项目"，"金额大的管理费用可以采取预提方式，多途径降低财务费用"。形状样式从上至下分别设置为"浅色 1 轮廓，彩色填充-金色，强调颜色 6"，"浅色 1 轮廓，彩色填充-蓝-灰，强调颜色 5"，"浅色 1 轮廓，彩色填充-褐色，强调颜色 4"，"浅色 1 轮廓，彩色填充-橄榄色，强调颜色 3"。

8 "神舟会计事务所"页编辑

(1) 插入一张"两栏内容"的幻灯片，标题为"神舟会计事务所"，左对齐。

(2) 左栏中插入图片 1.jpg，右栏中编辑文字"神舟会计事务所成立于 2007 年 4 月，注册资本 1800 万元。公司以代理记账、工商注册为主营业务，定位于为中小企业提供优质、快速、放心的专业会计服务，以"让每一个中小企业都能享受一流的会计服务"为愿景，致力于打造中国会计服务行业的第一品牌。我们始终坚持诚信、务实、高效、勤奋的工作作风，努力协助企业创造更大价值，为客户排忧解难，在业界、政府机构、客户群中有着良好的口碑和较大的影响力。"不带项目符号，首行缩进两个字符。

(3) 设置此幻灯片背景格式中预设颜色为"羊皮纸"，类型为"路径"；设置幻灯片背景样式为"隐藏背景图形"；设置此幻灯片为"隐藏幻灯片"。

9 "谢谢"页编辑

(1) 添加一张版式为"图片与标题"的幻灯片。

(2) 将图片 2.jpg 插入到"谢谢"幻灯片中。

(3) 在"谢谢"幻灯片中，插入艺术字"谢谢"，样式为"填充-茶色，强调文字颜色

2，粗糙棱台"，文本映像为"紧密映像，4pt 偏移"，文本转换为"上弯弧"。

9.2　任 务 示 范

1. 幻灯片设置

【任务实施】

操作步骤 1：通过"开始"按钮打开"所有程序"，并选择"Microsoft Office"中的"Microsoft PowerPoint 2010"软件，单击打开 PowerPoint 软件，如图 9-2 所示。选择"设计"选项卡，单击"页面设置"命令打开设置对话框，再单击"幻灯片大小"下拉列表，选择"全屏显示(16：9)"后按"确定"按钮，如图 9-3 所示。再单击"保存"按钮，设置保存位置和名称保存文档。

企业财务分　企业财务分析报告
析报告成品　播放效果图

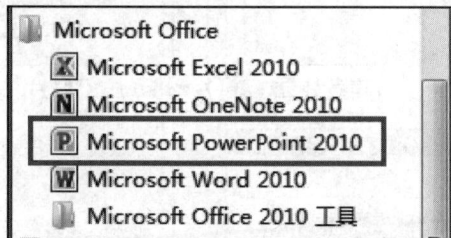

图 9-2　开始程序

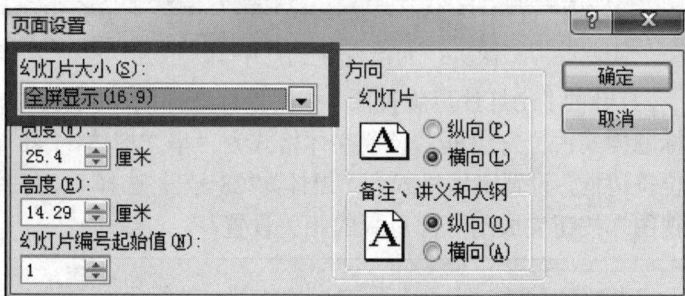

图 9-3　页面设置

操作步骤 2：选择"设计"选项卡，单击如图 9-4 所示的主题下拉列表按钮，打开图 9-5 所示的主题列表，在主题列表中查找到"暗香扑面"主题后单击鼠标完成设置。

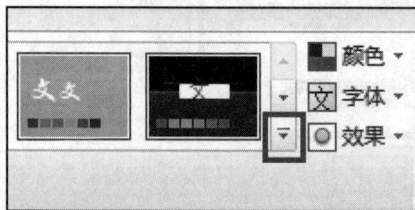

图 9-4　主题下拉列表按钮

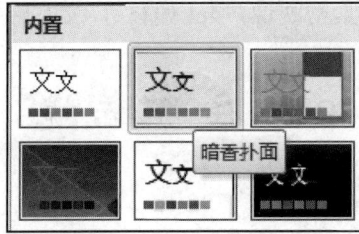

图 9-5　主题列表

操作步骤 3：选择"视图"选项卡，单击"母版视图"命令组中的"幻灯片母版"命令，打开"幻灯片母版视图"。鼠标单击图 9-6 所示的标识有"1"的幻灯片母版，再单击右窗口中的幻灯片母版标题占位符边框，设置字体格式为"黑体""加粗""深红色"，最后单击母版文本占位符边框，设置字体格式为"楷体"。

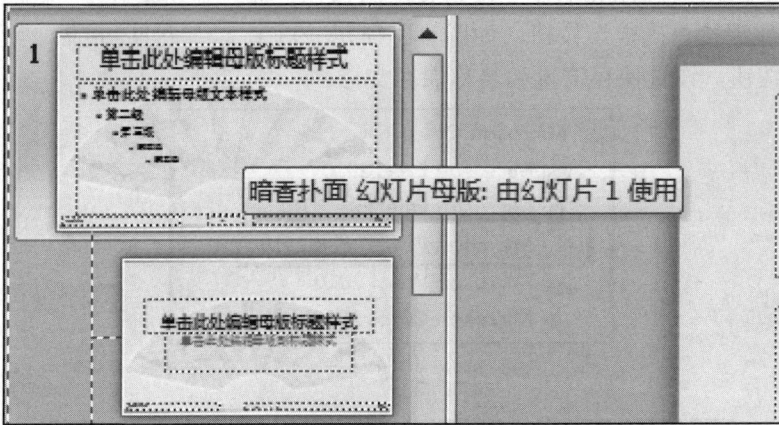

图 9-6　母版视图-幻灯片母版

操作步骤 4：在打开的"幻灯片母版视图"中用鼠标选择图 9-7 所示的"标题幻灯片"，单击右窗口母版标题样式占位符边框，设置字体格式为"华文楷体""48 号""红色"；单击副标题样式占位符边框，设置字体格式为"黑体""28 号"。选择"幻灯片母版"选项卡，单击"关闭母版视图"按钮完成幻灯片母版的相关设置。

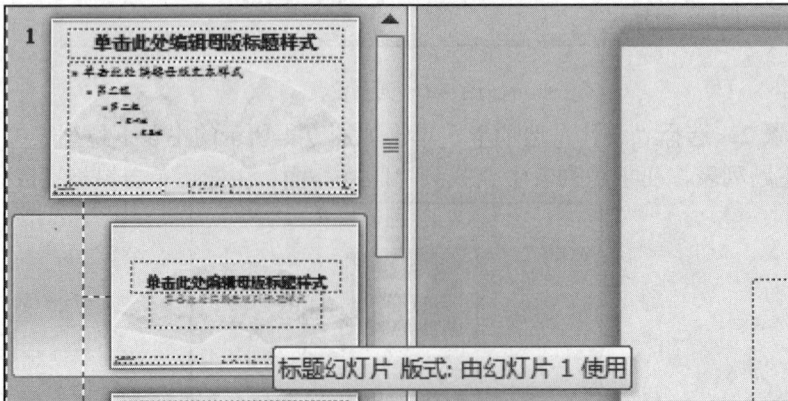

图 9-7　母版视图-标题幻灯片

操作步骤 5：选择"插入"选项卡，单击"文本"命令组中的"页眉和页脚"命令按钮打开设置对话框，勾选"日期和时间""幻灯片编号"和"页脚"，并在页脚框中输入"神舟会计事务所"字样，最后勾选"标题幻灯片中不显示"后单击"全部应用"按钮完成设置，如图 9-8 所示。

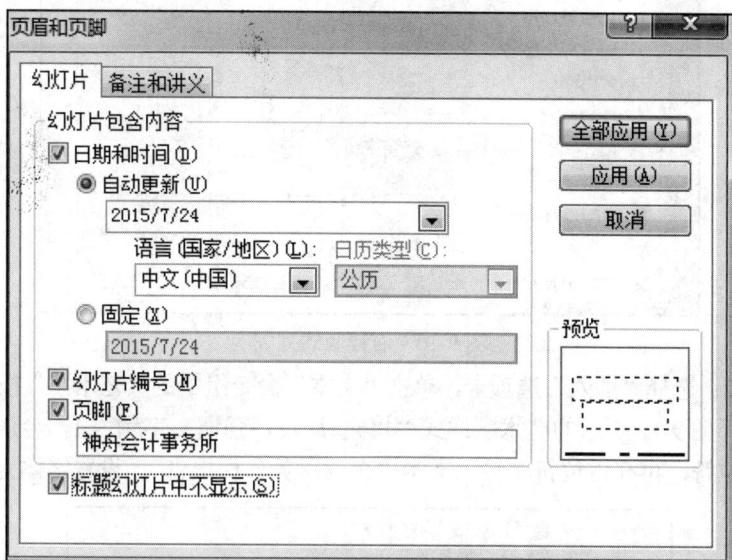

图 9-8　"页眉和页脚"对话框

2. 首页编辑

【任务实施】

操作步骤 1：选择"开始"选项卡，单击"幻灯片"命令组中的"版式"按钮，如图 9-9 所示；或鼠标右击首页幻灯片打开右键菜单，单击"版式"命令，打开图 9-10 所示的版式下拉列表，再单击选择"空白"版式。

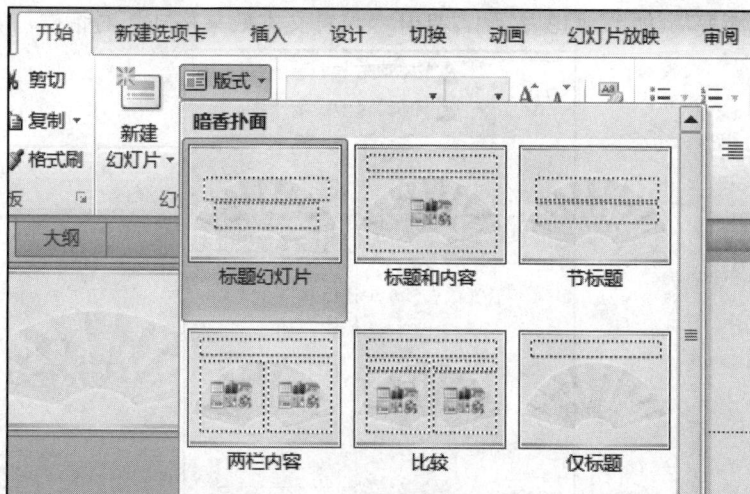

图 9-9　版式命令版式列表

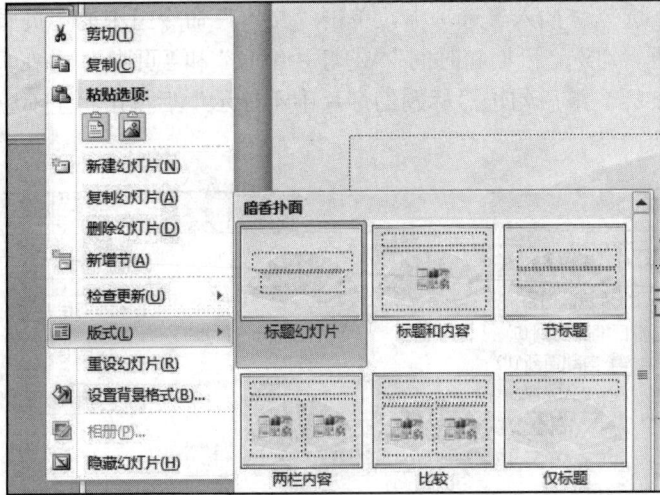

图 9-10　右键版式列表

操作步骤 2： 选择"插入"选项卡，单击"文本"命令组中的"艺术字"按钮打开艺术字下位列表，选择图 9-11 所示的艺术字样式"填充-深黄，强调文字颜色 1，金属棱台，映像"插入艺术字占位符，再在占位符中输入文本"企业财务分析报告"，设置字体为"66"号。

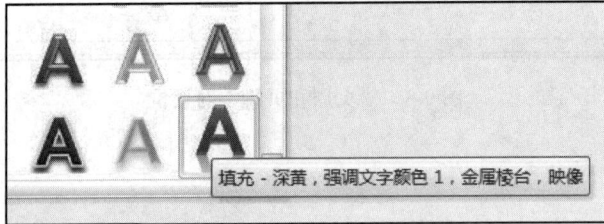

图 9-11　艺术字样式

　　单击艺术字占位符边框，选择"绘图工具-格式"选项卡，单击"艺术字样式"命令组右下角的设置对话框按钮，如图 9-12 所示；或通过单击"文本填充"命令列表中的"渐变"→"其他渐变"(如图 9-13 所示)，打开"设置文本效果格式"对话框。

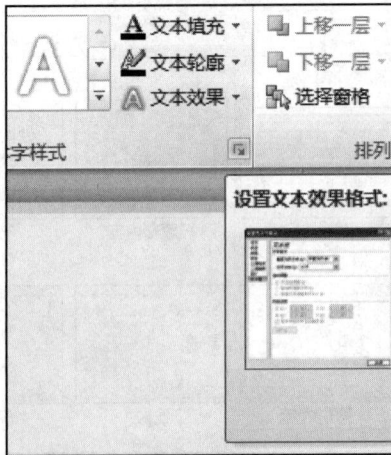

图 9-12　对话框按钮

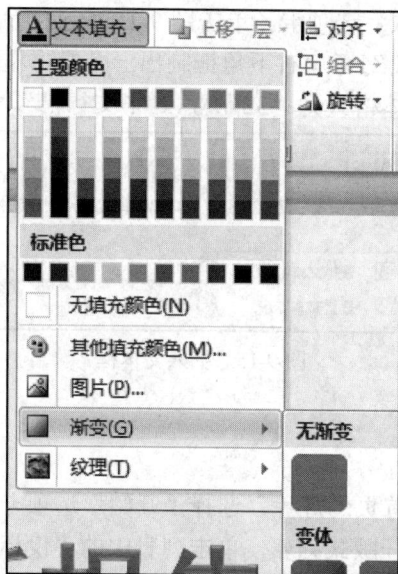

图 9-13　文本填充列表

　　选择"设置文本效果格式"对话框中的"文本填充"，将"渐变填充"的"渐变光圈"轴上的中间 3 个停止点 2、3、4 分别设置位置为 25%、50%、75%，并分别设置 5 个停止点颜色为红色、黄色、红色、黄色、红色，类型为"射线"，方向为中心辐射，如图 9-14 所示。

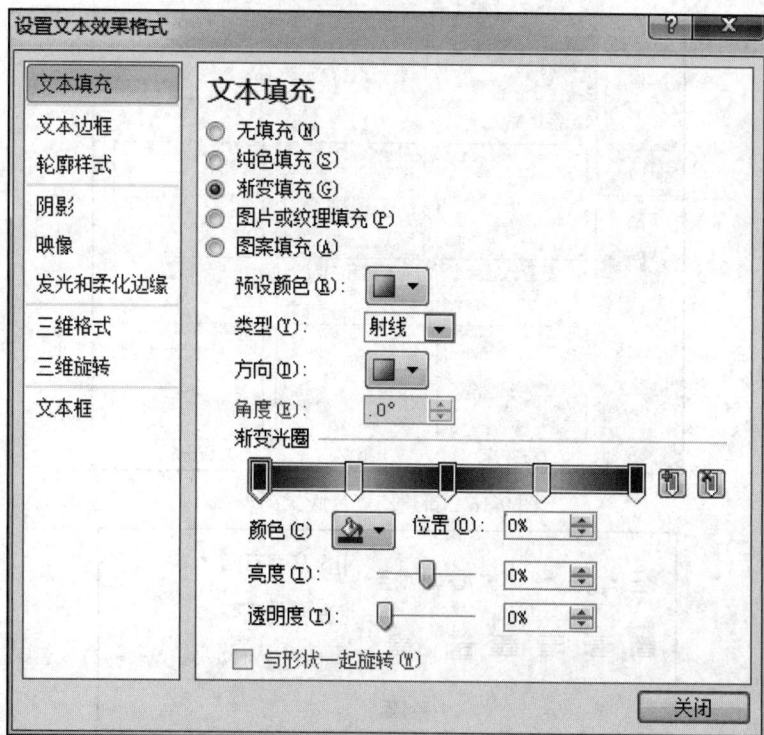

图 9-14　"设置文本效果格式"对话框

操作步骤3：选择"插入"选项卡，单击图9-15所示的"文本框"命令，选择"横排文本框"后使用"+"光标在幻灯片右下角拖制出一个文本框，输入"——神舟会计事务所"文本内容，设置文本字体格式为"32"号、"华文行楷""红色""加粗"。

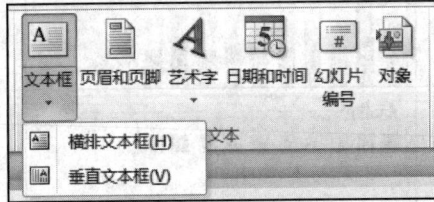

图9-15 插入文本框

3. "目录"页编辑

【任务实施】

操作步骤1：单击选中首页幻灯片，选择"开始"选项卡，再单击"幻灯片"命令组中的"新建幻灯片"按钮打开版式列表，单击列表中的"仅标题"插入新的幻灯片，如图9-16所示；或者选中首页幻灯片后按"Enter"键插入新的幻灯片，再通过"版式"命令设置为"仅标题"版式。然后，单击标题点位符输入"目录"文本，单击标题占位符边框选择标题后，再单击"段落"命令组中的"文本左对齐"按钮(Ctrl + L)完成设置，如图9-17所示。

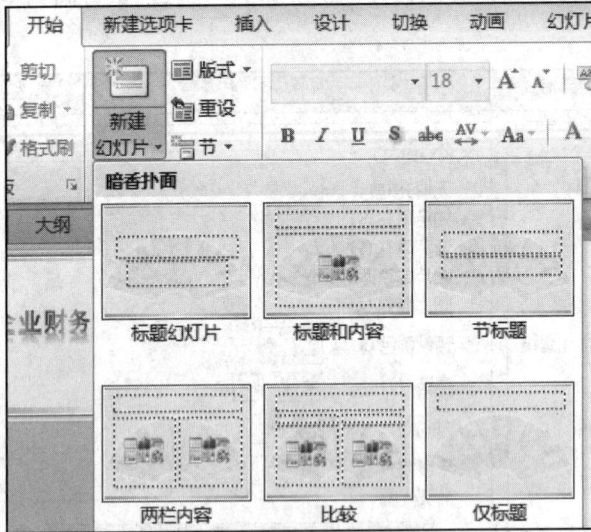

图9-16 新建幻灯片版式列表

图9-17 段落命令组

操作步骤2：选择"插入"选项卡，单击图9-18所示的"插图"命令组中的"形状"

命令打开形状列表，再单击六边形形状后，按住"Shift"键，通过"+"形光标拖制出大小合适的六边形；同样选择一个圆角矩形，拖制出一个大小合适的矩形；然后按住"Ctrl"键，选择六边形和圆角矩形，右键单击两个形状中的任意一个形状，在打开的右键菜单中选择"组合"命令，再在打开的列表中选择"组合"命令，如图 9-19 所示。

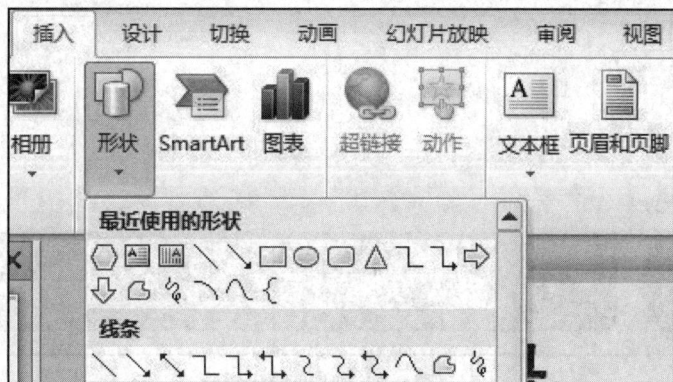

图 9-18　形状列表

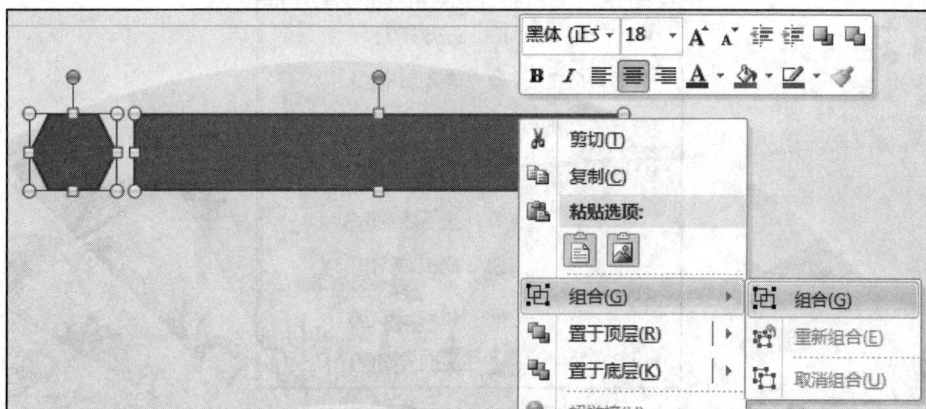

图 9-19　形状组合

选择组合形状并复制(Ctrl + C)、粘贴(Ctrl + V)3 个同样的组合形状，如图 9-20 所示；然后移动最后一个组合形状到适当的位置，最上面一个形状到最下面一个形状的距离与参考图相似，如图 9-21 所示；用鼠标左键框选 4 个形状，选择"绘图工具-格式"选项卡，单击"排列"命令组中的"对齐"命令打开列表，如图 9-22 所示；单击"左对齐"以及"纵向分布"，完成组合形状的对齐操作。

图 9-20　复制组合形状

图 9-21　移动形状

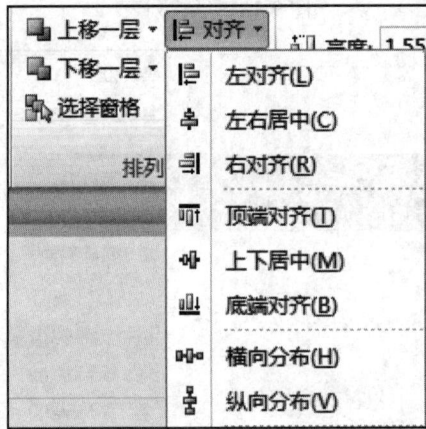

图 9-22　对齐命令列表

选择第一个组合形状。选择六边形后单击右键打开菜单，再单击"编辑文字"命令，输入文本"1"；选择圆形矩形后，同样输入文本"主要财务数据摘要"，字体设置为"28"号、"黑体"。单击组合形状的边框，如图 9-23 所示选择"格式"选项卡中的"形状样式"的列表按钮打开下拉列表，选择"强烈效果–深黄，强调颜色 1"，完成第一个组合形状的设计。第 2 至第 4 个形状样式分别设置为"强烈效果–茶色，强调颜色 2""强烈效果–橄榄色，强调颜色 3""强烈效果–褐色，强调颜色 4"。设计完成的效果如图 9-24 所示。

图 9-23　形状样式

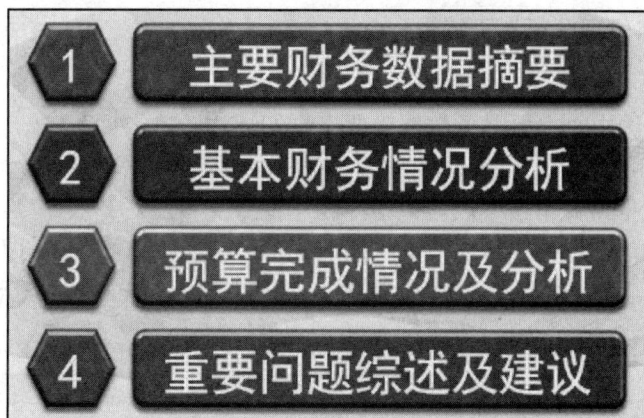

图 9-24　设计效果

4."主要财务数据摘要"页编辑

【任务实施】

操作步骤 1： 选中"目录"页幻灯片，单击 "新建幻灯片"按钮打开版式列表，选择"标题和内容"插入新的幻灯片，输入标题文本"主要财务数据摘要"，再单击标题占位符边框，并单击"段落"命令组中的"文本左对齐"命令。

操作步骤 2： 单击"插入表格"打开"插入表格"对话框，设置列数和行数，如图 9-25所示。复制任务中的 10 行 5 列的数据到表格中，设置表格字段字体为"白色""16 号"，设置数据字体为"16"号、"楷体"。

图 9-25　插入表格

将鼠标光标放到字段"项目"和"报告期"两列之间的表格边框上，光标出现"↔"状态时，双击鼠标自动调整第一列表格的宽度，然后再将光标放在最后一列和最后一行并利用"↔"光标来拖动边框，完成表格的制作。最后，单击表格边框，选择"表格工具"中"布局"选项卡，设置图 9-26 所示的"文本左对齐"和"垂直居中"。

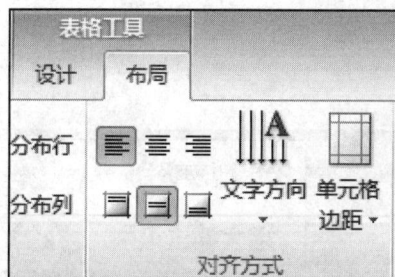

图 9-26　对齐方式

5. "基本财务情况分析"页编辑

【任务实施】

操作步骤 1: 选中"主要财务数据摘要"页幻灯片,单击"新建幻灯片"按钮打开版式列表,选择"标题和内容"插入新的幻灯片,输入标题文本"基本财务情况分析",再单击标题占位符边框,并单击"段落"命令组中的"文本左对齐"命令。

操作步骤 2: 单击图 9-27 中左侧的"插入 SmartArt 图形"按钮,打开右侧所示的图形列表,选择"列表"后单击右边的"垂直 V 形列表"插入 SmartArt 图形,最后根据任务要求编辑文本内容。

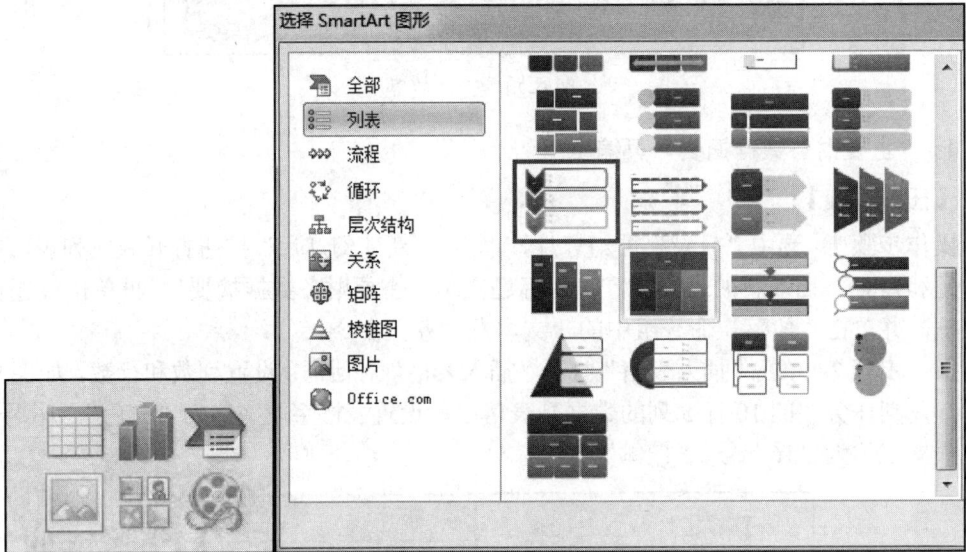

图 9-27　插入 SmartArt 图形

或者先在幻灯片内容占位符内编辑好相关的文本内容,将"资产状况""负债状况""经营状况"段落以外的所有段落通过图 9-28 所示的"段落"命令组中的"提高列表级别"来降低为二级文本,并全选所有文本单击右键打开菜单(如图 9-29 所示),选择"转换为SmartArt",单击"垂直 V 形列表",将文本成功转换为任务要求的 SmartArt 图形。

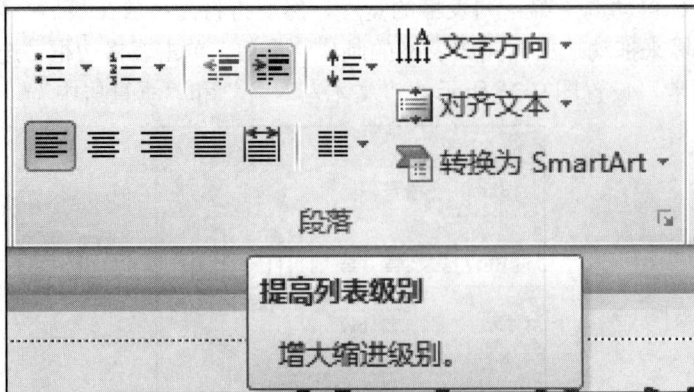

图 9-28　提高列表级别

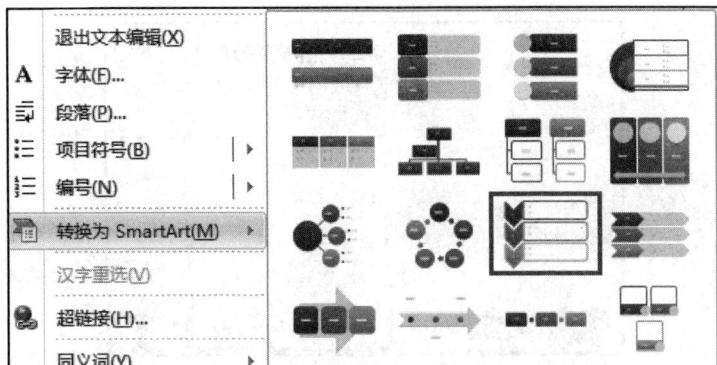

图 9-29　转换为 SmartArt 图形

6．"预算完成情况及分析"页编辑

【任务实施】

操作步骤 1： 选中"基本财务情况分析"页幻灯片，单击"新建幻灯片"按钮打开版式列表，选择"标题和内容"插入新的幻灯片，输入标题文本"预算完成情况及分析"，再单击标题占位符边框，并单击"段落"命令组中的"文本左对齐"命令。

操作步骤 2： 将文本内容复制到幻灯片内容占位符中，全选文本并单击图 9-30 所示的"段落"命令组中的"项目符号"，打开项目列表选择"无"。选择除"收入收益类""成本费用类""预算分析综述"三个段落以外的其他段落，通过"段落"命令组中的"提高列表级别"按钮来降低文本为二级文本，或者选择相应段落按"Tab"键来降低文本级别。选择内容占位符边框，单击"段落"命令组右下角的对话框按钮，打开"段落对话框"，设置行距为"单倍行距"，如图 9-31 所示；或者选择占位符边框后单击如图 9-32 所示的"段落"命令组中的"行和段落间距"按钮，打开间距列表选择"1"，完成行距的设置。

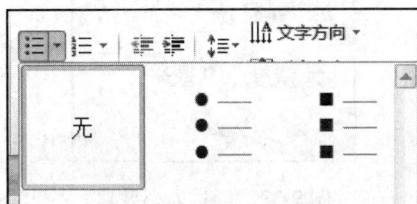

图 9-30　项目符号

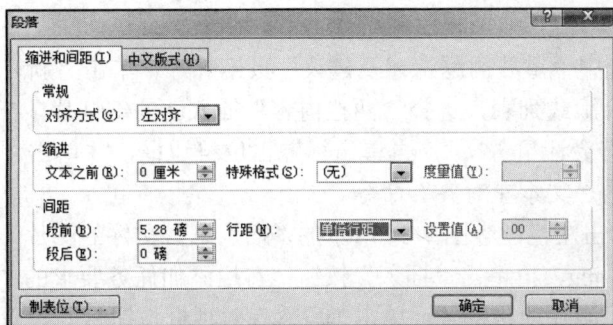

图 9-31　"段落"对话框

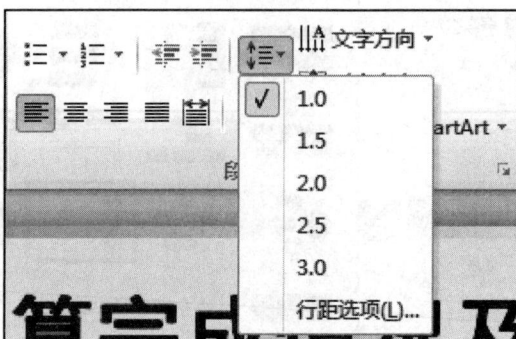

图 9-32　行和段落间距

7."重要问题综述及建议"页编辑

【任务实施】

操作步骤 1：选中"预算完成情况及分析"页幻灯片，单击"新建幻灯片"按钮打开版式列表，选择"仅标题"插入新的幻灯片，输入标题文本"重要问题综述及建议"，再单击标题占位符边框，并单击"段落"命令组中的"文本左对齐"命令。

操作步骤 2：选择"插入"选项卡，单击"形状"选择"矩形"，在幻灯片中拖制出一个长方形，通过图 9-33 所示设置形状的高度和宽度分别为"1.4 厘米"和"19 厘米"。复制另 3 个形状，通过"绘图工具-格式"的"对齐"功能完成形状的对齐。通过形状"编辑文字"编辑四个形状的文本内容，设置字体为"黑体"、"18"号；通过"绘图工具-格式"的"形状样式"列表中分别设置任务要求的"金色、蓝灰、褐色、橄榄色"四种不同的样式。

图 9-33　形状大小设置

8."神舟会计事务所"页编辑

【任务实施】

操作步骤 1：选中"重要问题综述及建议"页幻灯片，单击"新建幻灯片"按钮打开版式列表，选择"两栏内容"插入新的幻灯片，输入标题文本"神舟会计事务所"，再单击标题占位符边框，并单击"段落"命令组中的"文本左对齐"命令。

图片素材

操作步骤 2：单击左栏内容图 9-34 所示的"插入来自文件的图片"按钮打开插入图片对话框，选择图片 1.jpg，再单击"插入"按钮；右栏添加任务要求的文本内容；单击"项目符号"命令选择无删除项目符号；单击"段落"对话框按钮打开设置对话框，选择特殊格式设置首行缩进 1.5 厘米。

图 9-34　插入来自文件的图片

操作步骤 3： 在幻灯片空白的地方单击右键打开菜单选择"设置背景格式"，如图 9-35 所示的左图"设置背景格式"命令；或选择"设计"选项卡，单击"背景样式"按钮打开下拉列表，选择"设置背景格式"命令，如图 9-35 所示的右图。打开"设置背景格式"对话框，选择"渐变填充"后在"预设颜色"列表中选择"羊皮纸"，"类型"列表中选择"路径"，单击"关闭"按钮，如图 9-36 所示。

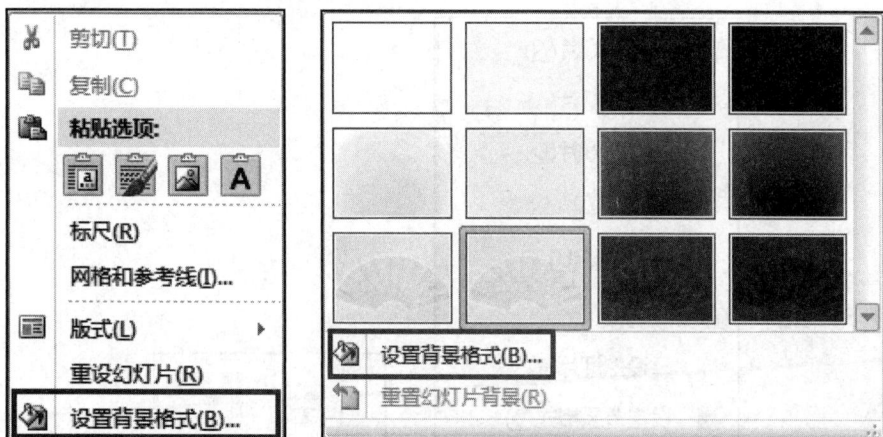

图 9-35　"设置背景格式"命令

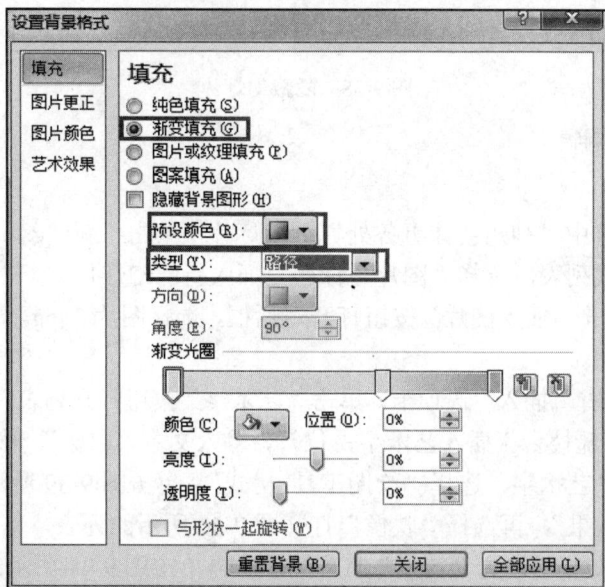

图 9-36　"设置背景格式"对话框

选择"设计"选项卡，勾选图 9-37 所示的"背景"命令组中的"隐藏背景图形"项。如图 9-38 中的左图所示，右键单击幻灯片视图窗口的"神州会计事务处"幻灯片打开菜单，单击"隐藏幻灯片"命令；或选择"幻灯片放映"选项卡，单击图 9-38 中的右图所示的"隐藏幻灯片"按钮，完成幻灯片隐藏操作。

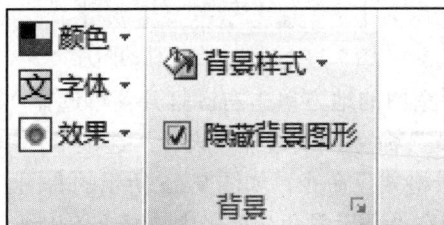

图 9-37　隐藏背景图形

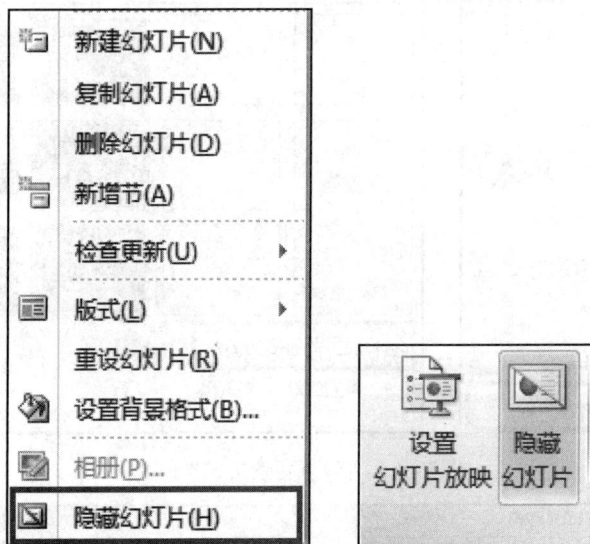

图 9-38　隐藏幻灯片

9. "谢谢"页编辑

【任务实施】

操作步骤 1：选中"神州会计事务处"页幻灯片，单击"新建幻灯片"按钮打开版式列表，选择"图片与标题"插入新的幻灯片。

操作步骤 2：单击"插入图片"按钮打开对话框，选择图片 2.jpg，再单击"插入"按钮。

图片素材

操作步骤 3：选择"插入"选项卡，单击"艺术字"按钮打开列表，选择"填充-茶色，强调文字颜色 2，粗糙棱台"插入艺术字占位符，输入文本"谢谢"，移动艺术字到图片下方适当的位置。选中艺术字，选择"绘图工具-格式"，单击图 9-39 所示的"艺术字样式"命令组中的"文本效果"，再选择"映像"打开图 9-40 所示的列表，单击"紧密映像，4pt偏移"；单击"文本效果"选择"转换"打开列表，再单击图 9-41 所示的"上弯弧"，完成设置。

图 9-39　文本设置

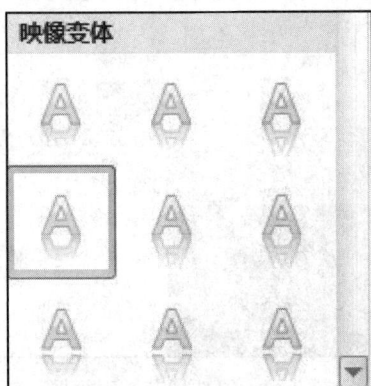

图 9-40　映像变体

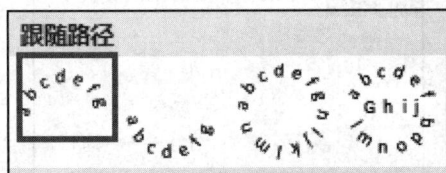

图 9-41　转换

9.3　知 识 拓 展

本节介绍 PowerPoint 2010 中的"节"。

关于 PowerPoint 2010 中的"节",很多人很少使用,甚至没听过。其实,如果用户能够快速了解并合理使用 PowerPoint 2010 中的"节",将整个演示文档划分成若干个小节来管理,那么就可以帮助他们合理地规划文稿结构;同时,编辑和维护起来也能大大节省时间。"节"是 PowerPoint 2010 中新增的功能,主要用来对幻灯片页进行管理,类似于文件夹的功能。

例如,现在有一个 100 页的演示文档,如要去找某一幻灯片页,就要切换到"幻灯片浏览"视图,并拖动右边的滑块去寻找需要的那一页。如果分了节,用户就可以根据整个演示文稿的内容,将其分成 5 个节或 6 个节。这样,用户只要在对应的节内去找就可以了,非常省时、省力。

操作步骤:打开一个有几十页幻灯片的演示文档(教材管理系统的分析与设计文档),根据里面的内容,把整个演示文档分成"引言""系统需求分析""系统设计"和"总结与展望"四部分。单击"开始"→"幻灯片"→"节",在弹出的"节"下拉菜单中选择"新增节"(如图 9-42 所示),在幻灯片缩略窗格中会出现一个节,名称为"无标题节",在其上单击右键,选择"重命名节",输入新的节名为"引言",单击"重命名"。定位到第 5 页幻灯片,操作同第一节,设置第二节为"系统需求分析",如此完成所有节设置。最终效果如图 9-43 所示。

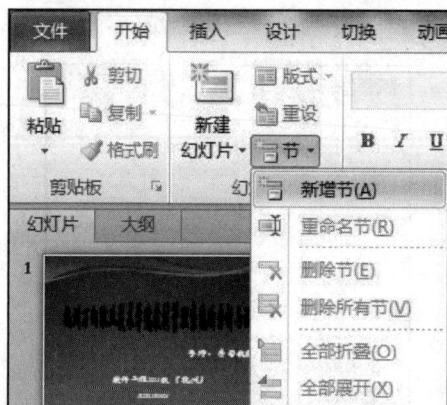

图 9-42 "新增节"下拉框

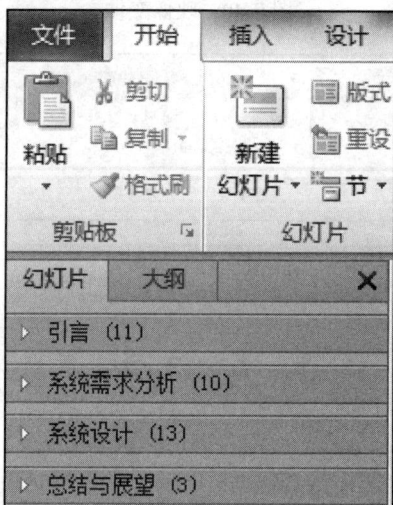

图 9-43 最终效果

第 10 章　2014 年财务工作汇报

10.1　任　务　书

1. 幻灯片播放及切换设计

(1) 设置整个幻灯片放映类型为"演讲者放映(全屏幕)"。

(2) 设置全部幻灯片自动换片时间为 2 秒。

(3) 将演示文稿中标题页、目录页和结尾页切换效果设置为细微型"形状"，效果选择"增强"，持续时间为 5 秒；各部分的过渡页设置为华丽型"百叶窗"，效果选择"水平"，持续时间为 1.5 秒；其他所有幻灯片设置动态内容"摩天轮"，效果选择"自右侧"，持续时间为 2.5 秒。

任务书

2. 进入效果设计

(1) 设置第 1 张目录页幻灯片的 4 张图片按从左到右的顺序进入动画为"出现"，持续时间为 1 秒，并设置每张图片的动画都在"上一动画之后"开始。

(2) 更改第 3 张幻灯片的动画顺序，使得动画以左人物、左图片、左文本、右人物、右图片、右文本的顺序进行动作。

(3) 将第 4 张幻灯片中的 01、02 两项的内容分别进行整体的组合，并设置 01、02 两项组合进入动画为"劈裂"，效果为"中央向上下展开"，持续时间为 1.5 秒，在"上一动画之后"开始。

3. 强调效果设计

(1) 设置第 5 张幻灯片的图表强调效果为"跷跷板"，效果为"按系列"，其他设置为"默认"。

(2) 使用动画刷工具将第 5 张幻灯片的图表动画效果应用到第 6 张幻灯片的图表。

4. 进入与强调效果双重动画设计

(1) 取消第 7 张幻灯片图片文本框的组合，重新进行人像与人像下的椭圆、中央两个椭圆的组合。

(2) 实现动画效果所示的动画。图片进入的先后顺序为大椭圆、例会、培训、交流、外联、总结所在的人物图片，进入动画为"浮入"，进入后的强调效果为"脉冲"；相关文本框在人物图片之后进入动画为"淡出"；所有动画都开始于"上一动画之后"，持续时间为 1 秒。

5. 进入与退出效果双重动画设计

(1) 设置第 9 张幻灯片除标题外的图片和文本框 9 个对象进入动画为"擦除",顺序为从上到下、从左到右,效果为"自顶部",所有动画都开始于"上一动画之后",持续时间为 1.5 秒。

(2) 在后一列第 1 张图片进入时,前一列的第 3 个文本框退出动画为"擦除",第 3 列最后一个文本框进入动画后添加退出动画为"擦除",效果为"自底部",持续时间为 1.5 秒。

6. 图片、文本效果及动画设计

(1) 设置第 11 张幻灯片中的图片组合的形状效果,棱台效果为"角度",发光效果为"水绿色,8pt 发光,强调文字颜色 5"。

(2) 设置 3 个文本框文本效果,字体样式为"填充-蓝色,强调文字颜色 1,金属棱台,映像",映像效果为"半映像,8pt 偏移量",棱台效果为"硬边缘";文本转换效果从左到右,从上到下分别为"停止""正三角""两端远"。

(3) 图片进入动画为"飞入",效果为"自左上部",同时强调动画为"陀螺旋",持续时间都为 2 秒;3 个文本框进入顺序为从左到右,从上到下,动画为"缩放",消失点为"幻灯片中心",重复 2 次,持续时间为 1.5 秒,所有动画开始于"上一动画之后"。

7. 路径动画设计

(1) 设置第 13 张幻灯片中的 4 个形状进入动画为"擦除",效果为"自左侧"。

(2) 设置幻灯片视图下方的 4 张图片以路径动画为"向上"动作,向上到相应形状的下方。

(3) 设置第 13 张幻灯片动画顺序为从上到下、从左到右,每个动画开始于"上一动画之后",持续时间为 1.5 秒。

财务工作　　　　　　　　财务工作　　　　　　　　财务工作
汇报素材　　　　　　　　汇报成品　　　　　　　　汇报效果图

10.2　任 务 示 范

1. 幻灯片播放及切换设计

【任务实施】

操作步骤 1:选择"幻灯片放映"选项卡,单击图 10-1 所示的"设置幻灯片放映"命令打开设置对话框;在图 10-2 所示的"设置放映方式"对话框中,选择"演讲者放映(全屏幕)",单击"确定"按钮完成设置。

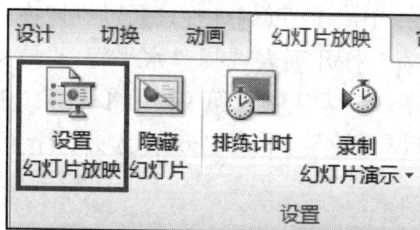

图 10-1　"设置幻灯片放映"命令

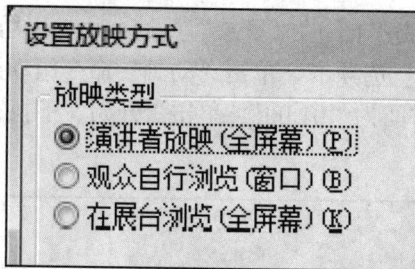

图 10-2　"设置放映方式"对话框

操作步骤 2：选择"切换"选项卡，在"计时"命令组"设置自动换片时间"处输入"00:02:00"，单击"全部应用"按钮完成图 10-3 所示的自动换片时间的设置。

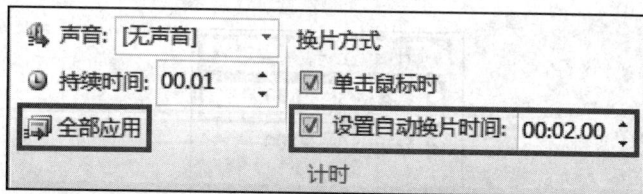

图 10-3　计时设置

操作步骤 3：利用"Ctrl"键同时选择标题页、目录页和结尾页 3 张幻灯片，再选择"切换"选项卡，单击"切换到此幻灯片"命令组的列表按钮打开切换方式列表(如图 10-4 所示)，单击"形状"；单击如图 10-4 所示的"效果选项"按钮，打开效果列表，单击"增强"。如图 10-5 所示，设置"计时"命令组中的持续时间为"05.00"。

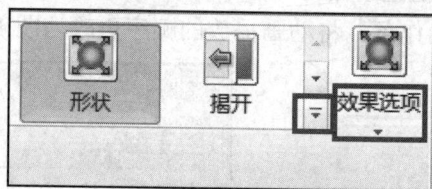

图 10-4　切换方式列表

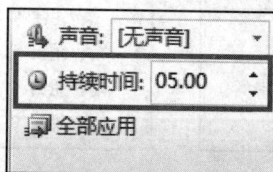

图 10-5　持续时间

同时选择过渡页第 2、8、10、12 页幻灯片，通过"切换到此幻灯片"下拉列表选择"百叶窗"，单击"效果选项"打开列表选择"水平"，设置持续时间为"01.50"。利用"Ctrl"键同时选择幻灯片第 3～第 7 张及第 9、第 11、第 13 张幻灯片，通过"切换到此幻灯片"下拉列表选择"摩天轮"，单击"效果选项"打开列表选择"自右侧"，设置持续时间为"02.50"。

2. 进入效果设计

【任务实施】

操作步骤 1：选中编号为"1"的"目录"页幻灯片，采用"Ctrl"键从左到右的顺序选中 4 张图片，选择"动画"选项卡，单击"动画"命令组动画窗口中的"出现"动画，如图 10-6 所示；设置持续时间为"01.00"，单击"开始"下拉列表选择"上一动画之后"，如图 10-7 所示。

图 10-6　动画设置

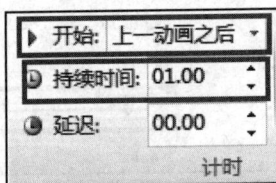

图 10-7　计时

操作步骤 2：选中编号为"3"的幻灯片，选择"动画"选项卡，单击图 10-8 中左图"高级动画"命令组中的"动画窗格"按钮，打开图 10-8 右图所示的内容。从动画窗格播放得知，原动画顺序是左人物、右人物、左图片、右图片、左文本、右文本，单击选中动画窗格的组合 2 和组合 4，通过"计时"命令组中的"对动画重新排序"下的"向前移动"按钮或使用鼠标直接移动动作条，将动画播放的顺序更改为图 10-9 所示的顺序。

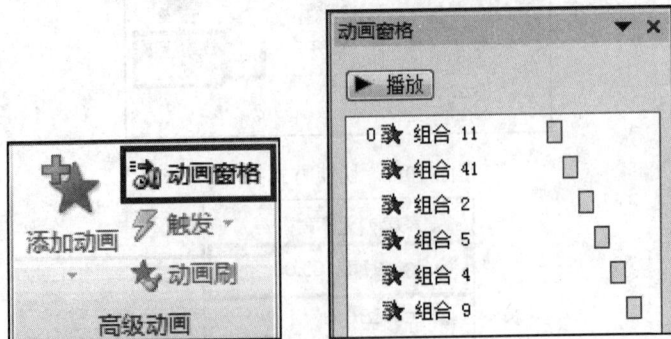

图 10-8　动画窗格

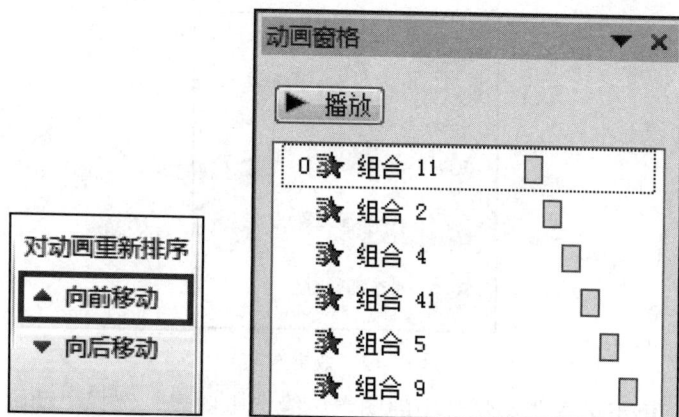

图 10-9　对动画重新排序

操作步骤 3：选中编号为"4"的幻灯片，用鼠标分别框选"01""02"项目的所有内容，如图 10-10 所示；右击选择区打开菜单，单击"组合"→"组合"完成整体组合，或通过选择"绘图工具-格式"→"组合"下拉列表单击"组合"。

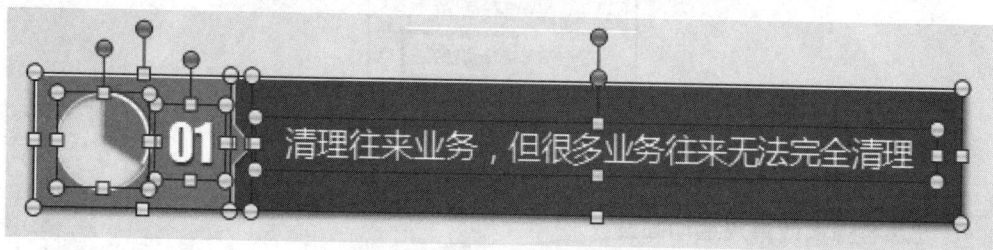

图 10-10　框选项目所有内容

框选两个组合，单击动画窗口中的"劈裂"动画，单击"效果选项"设置动画效果为"中央向上下展开"，持续时间设置为"01.50"，单击"开始"项下拉列表选择"上一动画之后"。

3. 强调效果设计

【任务实施】

操作步骤 1：选中编号为"5"的幻灯片，单击图表边缘选中图表，选择"动画"选项卡，单击图 10-11 所示"高级动画"命令组中的"添加动画"按钮打开动画列表，再单击列表中的"强调"部分的"跷跷板"；单击"效果选项"打开列表，选择"按系列"完成设置，如图 10-12 所示。

图 10-11　高级动画

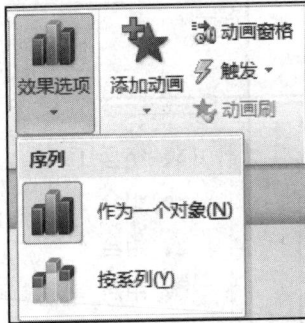

图 10-12　效果选项

操作步骤 2：单击第 5 张幻灯片中的图表边缘选中图表，选择"动画"选项卡，单击"高级动画"命令组中的"动画刷"按钮(如图 10-13 所示)，光标变换为""状态时，选择第 6 张幻灯片，再单击图表边缘将动画格式应用到第 6 张幻灯片的图表中。

图 10-13　高级动画-动画刷

4. 进入与强调效果双重动画设计

【任务实施】

操作步骤 1：框选第 7 张幻灯片的图片文本框的组合，右键单击组合边框打开菜单，选择"组合"→"取消组合"。分别框选人物图片和图片下方的椭圆两个对象，如图 10-14 的左图所示，通过"绘图工具-格式"→"组合"→"组合"进行组合操作；利用"Ctrl"键选择中央两个椭圆，如图 10-14 的右图所示，然后进行组合操作。

图 10-14　选择组合对象

操作步骤 2：长按"Ctrl"键，依次用鼠标选择大椭圆和例会、培训、交流、外联、总结相关的人物图片，然后释放"Ctrl"键，选择"动画"选项卡，单击动画列表中的"浮入"动画；随后再单击"添加动画"命令，在打开的列表中选择"强调"→"脉冲"；打开"动画窗格"，使用鼠标拖动每张组合图片的强调动画到相应的进入动画之后。长按"Ctrl"键，依次用鼠标选择例会、培训、交流、外联、总结文本框，然后释放"Ctrl"键，单击动画列表中的"淡出"动画，并通过"动画窗格"窗口将文本进入动画调整到相应的图片强调动画之后，调整后的效果如图 10-15 的左图所示。在动画窗格中单击第 1 个组合动画，按住"Shift"键，再单击最后一个文本框动画选择全部动画，单击"开始"下拉列表选择"上一动画之后"，设置持续时间为"01.00"，设置效果如图 10-15 的右图所示。

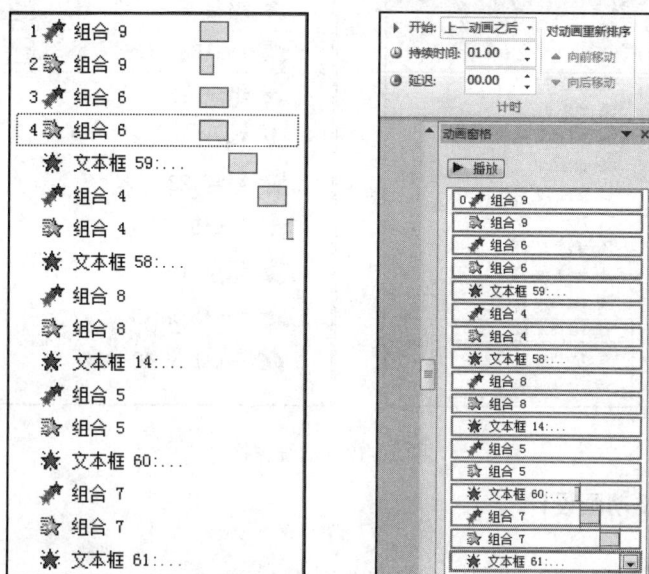

图 10-15　动画窗格

5. 进入与退出效果双重动画设计

【任务实施】

操作步骤 1： 长按"Ctrl"键，用鼠标按图 10-16 所示的选择顺序选取 9 个图片和文本对象，然后释放"Ctrl"键，单击动画列表中的"擦除"动画，单击"效果选项"打开列表选择"自顶部"，再单击"开始"列表选择"上一动画之后"，设置持续时间为"01.50"，如图 10-17 所示。

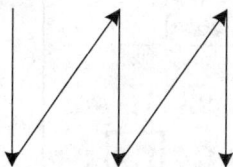

图 10-16　选择对象顺序

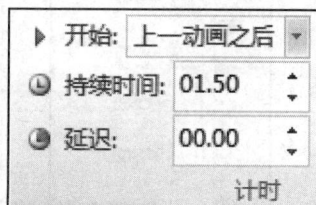

图 10-17　计时设置

操作步骤 2： 采用"Ctrl"键，依次从左到右选择第三行文本框，单击"添加动画"按钮，在打开的列表中选择"更多退出效果"打开添加退出效果列表，选择"基本型"→"擦除"，单击"确定"按钮添加退出动画；单击"效果选项"打开列表选择"自底部"，设置持续时间为"01.50"，再单击"开始"列表选择"与上一动画同时"，效果如图 10-18

的左图所示。在动画窗格中选中"TextBox12"动作条移动到"组合 21"后面，选中"TextBox 33…"动作条移动到"组合 22"后面，设置完成的效果如图 10-18 的右图所示。

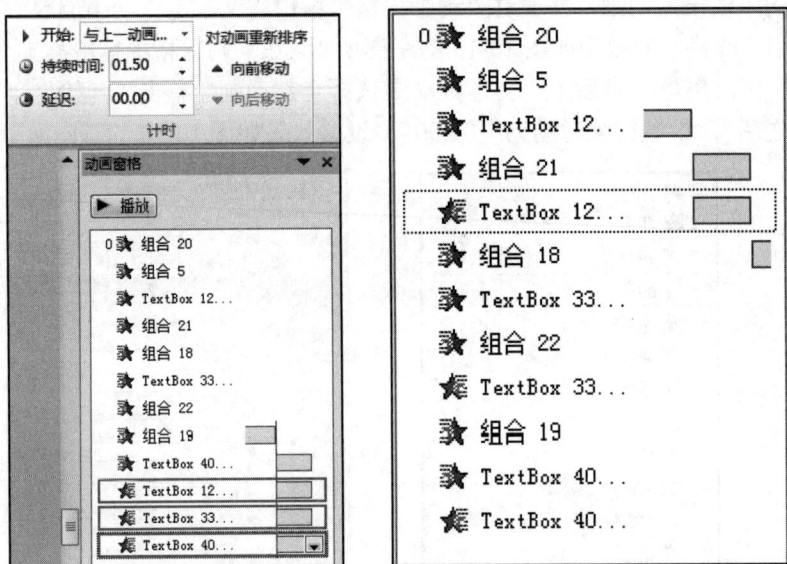

图 10-18　动画窗格

6. 文本效果及动画设计

【任务实施】

操作步骤 1：选中第"11"张幻灯片，框选幻灯片中央所有形状，单击"绘画工具-格式"→"组合"→"组合"完成形状的组合操作，单击图 10-19 左图中的"形状效果"打开下拉列表；单击"棱台"选择"角度"，单击"发光变体"选择"水绿色，8pt 发光，强调文字颜色 5"，如图 10-19 的右图所示。

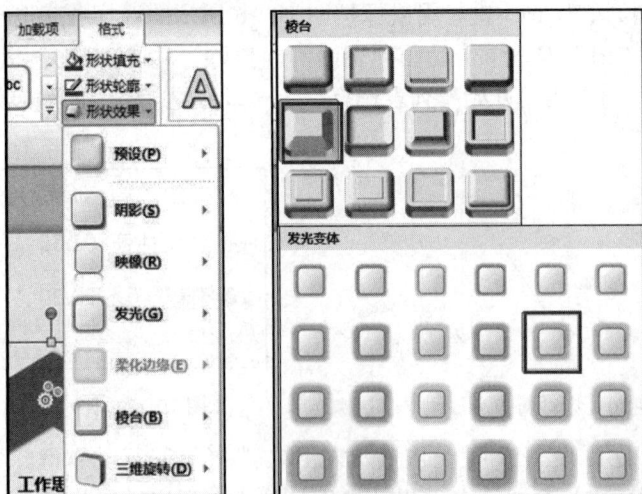

图 10-19　形状效果

操作步骤 2：采用"Ctrl"键选择 3 个文本框对象，单击图 10-20 中的左图所示的"艺术字样式"下拉列表按钮，在打开的列表中选择图 10-20 中的右图所示的"填充-蓝色，强调文字颜色 1，金属棱台，映像"样式。

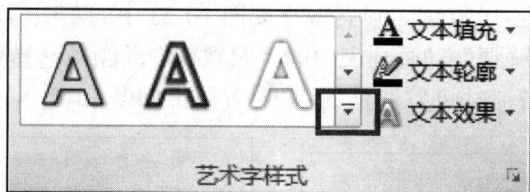

图 10-20　艺术字样式

同时选择 3 个文本框对象接着选择"绘图工具-格式"选项卡，单击"艺术字样式"命令组中的"文本效果"打开图 10-21 中左图所示的效果列表，再单击"棱台"选择图 10-21 中的右图所示的"硬边缘"棱台。

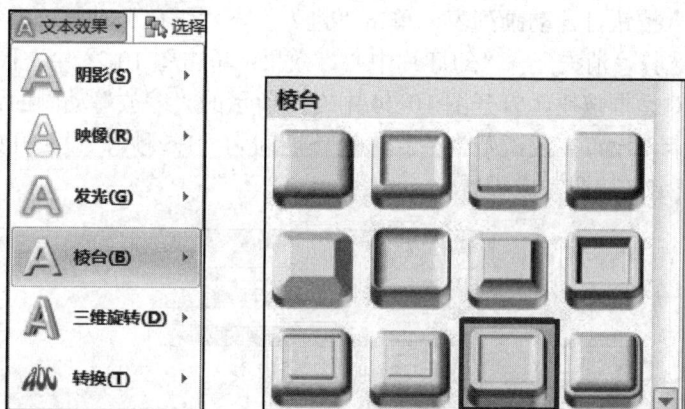

图 10-21　文本效果

选择左上角的文本框，选择"绘图工具-格式"选项卡，单击"文本效果"打开效果列表，单击"转换"打开列表，选择"弯曲"→"停止"，效果如图 10-22 中的左图所示；选择右上角的文本框，选择"弯曲"→"正三角"，效果如图 10-22 中的中间图所示；选择中下部的文本框，选择"弯曲"→"两端远"，效果如图 10-22 中的右图所示。

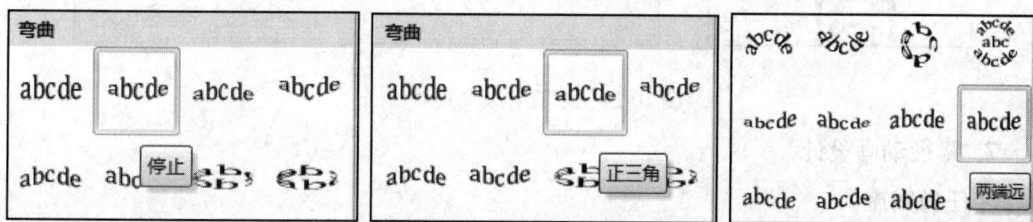

图 10-22　转换效果列表

操作步骤 3：选中幻灯片中间的图片，单击"动画"选项卡动画列表中的"飞入"动画，再单击"效果选项"打开列表选择"自左上部"，选择"开始"列表中的"上一动画之后"，设置持续时间为"02.00"，设置效果如图 10-23 中的左图所示；单击"添加动画"按钮打开列表，选择"强调"动画列表中的"陀螺旋"动画，选择"开始"列表中的"与上一动画同时"，设置持续时间为"02.00"，设置效果如图 10-23 中的右图所示。

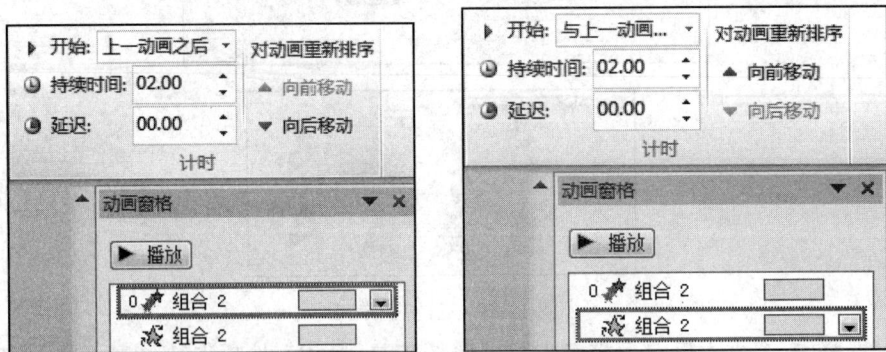

图 10-23　动画计时设置

利用"Ctrl"键，依次选择左上、右上、中下部 3 个文本框，再选择"动画"选项卡，单击"添加效果"按钮打开动画列表，单击"进入"→"缩放"动画；单击"效果选项"打开效果列表，选择"消失"→"幻灯片中心"效果；单击图 10-24 中左图所示的"动画"命令组右下角的对话框按钮，打开图 10-24 中右图所示的"缩放"动画的设置对话框，选择"计时"选项卡，设置重复次数为"2"，设置期间为"1.5 秒"，设置开始为"上一动画之后"，单击"确定"按钮完成设置。

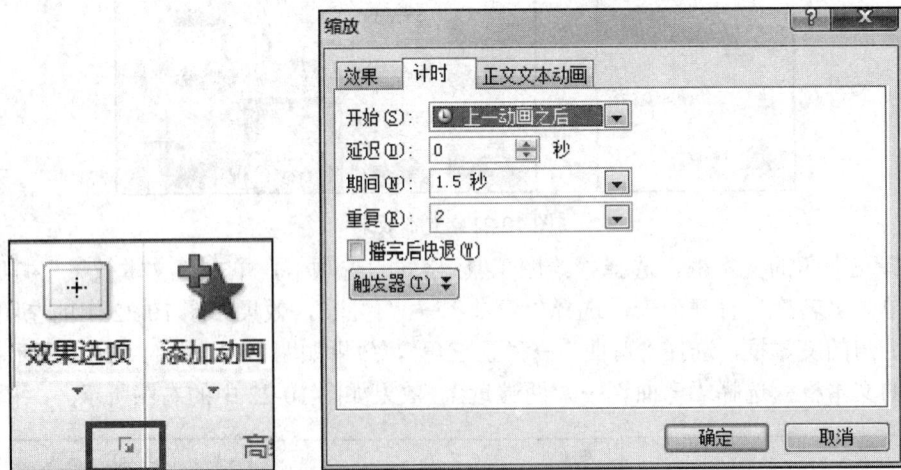

图 10-24　缩放效果设置对话框

7. 路径动画设计

【任务实施】

操作步骤 1：单击选中第"13"张幻灯片，使用鼠标框选或者利用"Ctrl"键从左到右依次点选 4 个形状并选中，单击动画列表中的"擦除"动画，单击"效果选项"打开列表选择"自左侧"效果。

操作步骤 2：单击图 10-25 中左图所示的幻灯片右下角的状态栏"71%"字样的显示比例设置按钮，打开图 10-25 中右图所示的显示比例设置对话框，选择"50%"后单击"确定"按钮。

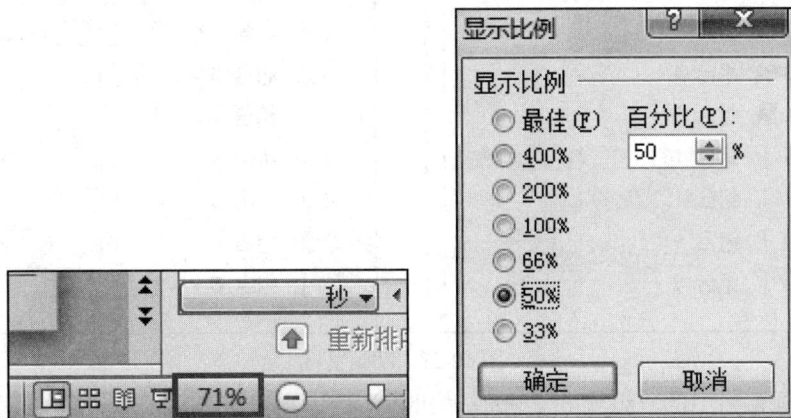

图 10-25　显示比例

选中幻灯片下方的左边第 1 张图片，单击"添加动画"按钮打开列表，选择"其他动作路径"打开"添加动作路径"对话框，选择"直线与曲线"→"向上"动作后单击"确定"按钮，效果如图 10-26 中的左图所示；单击如图 10-26 中的中图所示路径，在其两端出现圆形控制点，鼠标移动到路径前端的控制点，当鼠标光标变为"左下右上箭头"状时按住鼠标左键，再长按键盘"Shift"键后，拖动鼠标将路径前端移动到相关形状下方距离形状大于 1/2 本图片高度的位置，释放"Shift"键，如图 10-26 中的右图所示。

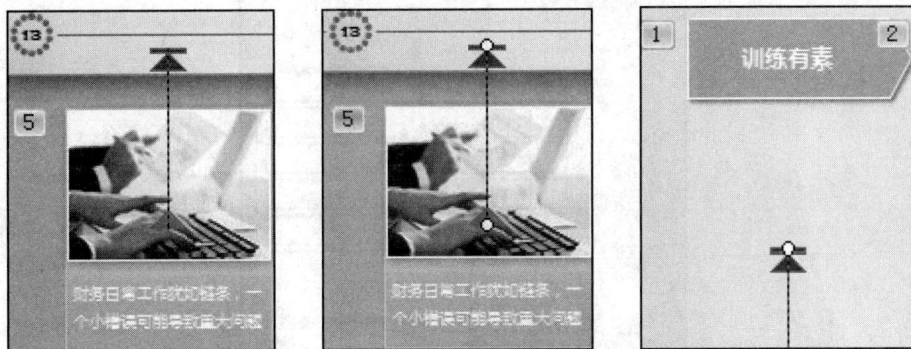

图 10-26　路径设置

单击选中幻灯片下方左边第 1 张图片，选择"动画"选项卡，双击"高级动画"命令组中的"动画刷"按钮，然后使用动画刷"🔖"单击幻灯片下方的其他图片，最后单击"动画刷"按钮取消动画刷应用。

操作步骤 3：选择"动画"选项卡，单击"动画窗格"打开图 10-27 中左图所示的动画窗格，使用鼠标或者"向上移动"按钮将"组合 13"动作条移动到"组合 6"之后，将"组合 12"动作条移动到"组合 5"之后，将"组合 9"动作条移动到"组合 4"之后，效果如图 10-27 中的右图所示。

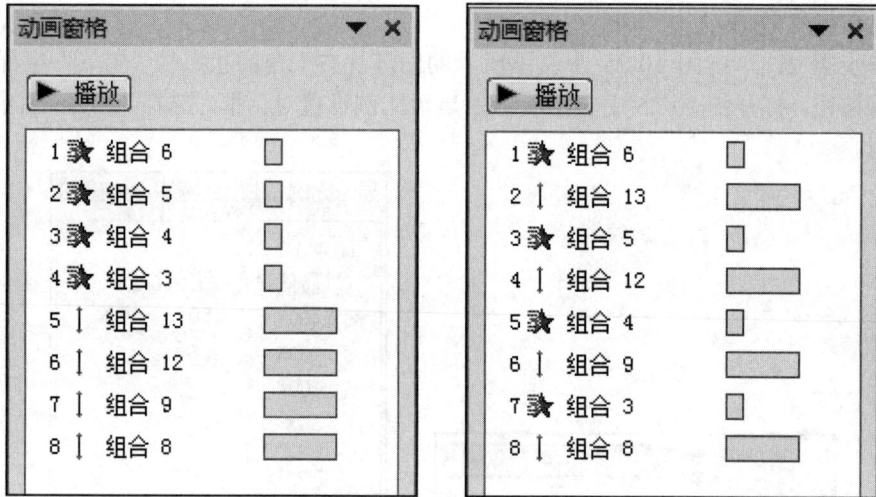

图 10-27 动画窗格

单击动画窗格中的"组合 6"，按住"Shift"键，再单击最后一个"组合 8"全选所有动作，单击"开始"下拉列表选择"上一动画之后"，设置持续时间为"01.50"，最后设置效果如图 10-28 所示。

图 10-28 计时设置

10.3 知 识 拓 展

1. 放映方法

1) 手动放映

在"幻灯片放映"选项卡中，可选择"从头开始"放映幻灯片和"从当前幻灯片开始"

放映幻灯片两种，如图 10-29 所示。

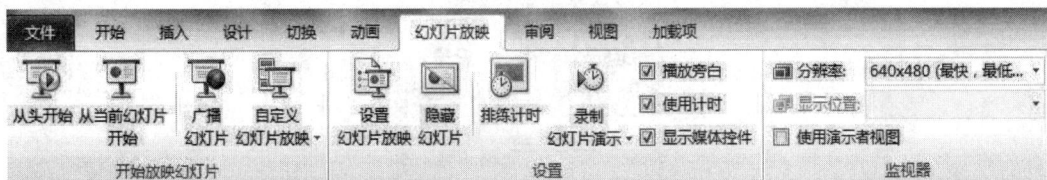

图 10-29　"幻灯片放映"选项卡

2) 自定义幻灯片放映

有的幻灯片不想放映或者在放映时被引用了多次，这时可以采用"自定义幻灯片放映"。

单击"幻灯片放映"→"自定义幻灯片放映"→"自定义放映"，弹出图 10-30 所示的"自定义放映"对话框，再单击"新建"按钮；在弹出的"定义自定义放映"对话框中输入名称，选择要放映的幻灯片(如图 10-31 所示)，单击"添加"按钮，再单击"确定"按钮。放映时只需单击"幻灯片放映"选项卡中的"自定义幻灯片放映"即可，如图 10-32 所示。

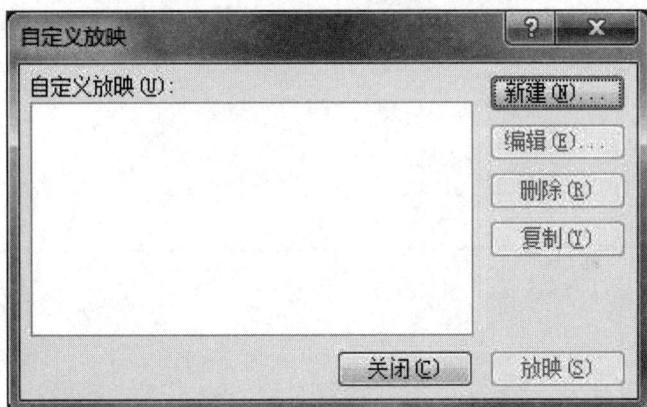

图 10-30　"自定义放映"对话框

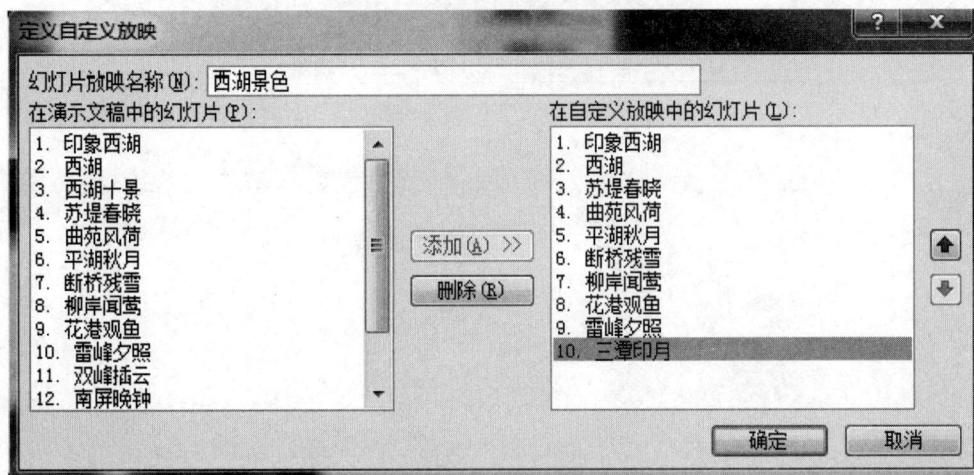

图 10-31　"定义自定义放映"对话框

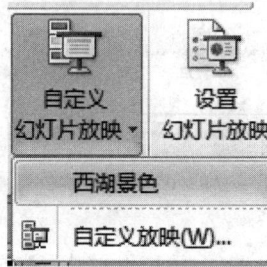

图 10-32　自定义幻灯片放映

2. 排练计时

根据演讲和播放时所需的时间提前录制幻灯片放映的时间，再加上解说演示等所需的时间即为排练计时，它用于控制幻灯片自动播放进度。

在"幻灯片放映"选项卡中选择"排练计时"，PowerPoint 自动开始分别记录每张幻灯片的时间和总时间。放映结束后将保留此排练时间。

第 11 章　用友预警管理

11.1　任 务 书

1. 幻灯片设置

(1) 设置幻灯片高度为"15"厘米，宽度为"25"厘米，幻灯片编号从"0"开始。

(2) 设置幻灯片首页音乐效果，取消触发器，动画开始"与上一动画同时"，重复播放"直到幻灯片末尾"，在第 7 张幻灯片之后停止播放，放映时隐藏音乐图标。

任务书

2. "目录"页编辑

(1) 设置目录幻灯片中四项目录动画，每个项目都有两个动画，一是进入动画"缩放"，期间为"中速(2 秒)"；二是进入动画"飞入"，效果为"自底部"，持续时间为 2 秒。

(2) 设置幻灯片第一个动画开始于"上一动画之后"，其他的都是开始"与上一动画同时"；后一个项目都要较上一个动画延时 0.1 秒。

3. "应付单据预警"页编辑

(1) 利用"形状剪除"和"形状交点"工具制作如效果图所示的圆形图标 。红色部分形状设置颜色为"深红"，形状效果为"圆棱台"；白色部分形状设置样式为"强烈效果-白色，强调颜色 3"。

(2) 圆形图标进入动画为"出现"，动画开始"与上一动画同时"。分别设置三个图标触发相应的形状、文本、图片组，同时清除不相关的文本、图片内容。

4. "应付信用预警"页编辑

(1) 设计上层图片进入动画"出现"，持续时间为 0.2 秒，添加心形动作路径，最后添加向左直线动作路径将图片移出幻灯片显示窗口，动画开始于"上一动画之后"。

(2) 设计下层图片进入动画"出现"，持续时间为 0.2 秒，添加螺旋向左动作路径，动画开始于"上一动画之后"。

5. "操作示范"页编辑

(1) 设置视频全屏播放，裁剪视频从 6 分 30 秒到 8 分 0 秒。

(2) 将幻灯片文档保存为"PowerPoint 放映"类型的文件。

用友预警管理素材　　　用友预警管理成品　　　用友预警管理效果图

11.2 任务示范

1. 幻灯片设置

【任务实施】

操作步骤 1：选择"设计"选项卡，单击图 11-1 中左图所示的"页面设置"命令打开"页面设置"对话框(如图 11-1 中右图所示)，设置宽度为"25"厘米、高度为"15"厘米、幻灯片编号起始值为"0"，单击"确定"按钮完成设置。

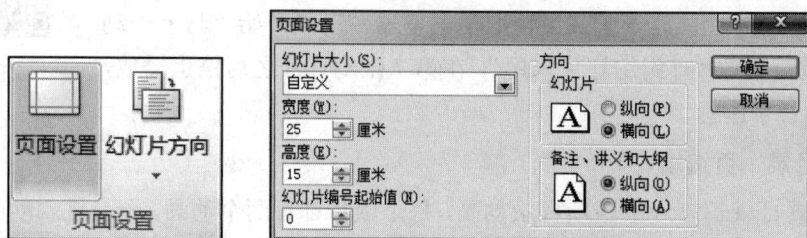

图 11-1 页面设置

操作步骤 2：选中首页幻灯片中图 11-2 左图所示的音频图标，单击"动画"命令组右下角的对话框按钮打开"播放音频"对话框，选择"计时"选项卡，单击"触发器"下方的"部分单击序列动画"选项，选择"开始"下拉列表中的"与上一动画同时"，再选择"重复"下拉列表中的"直到幻灯片末尾"；选择"播放音频"对话框的"效果"选项卡，设置"停止播放"在第 7 张幻灯片之后(如图 11-2 中右图所示)，按"确定"按钮完成设置。

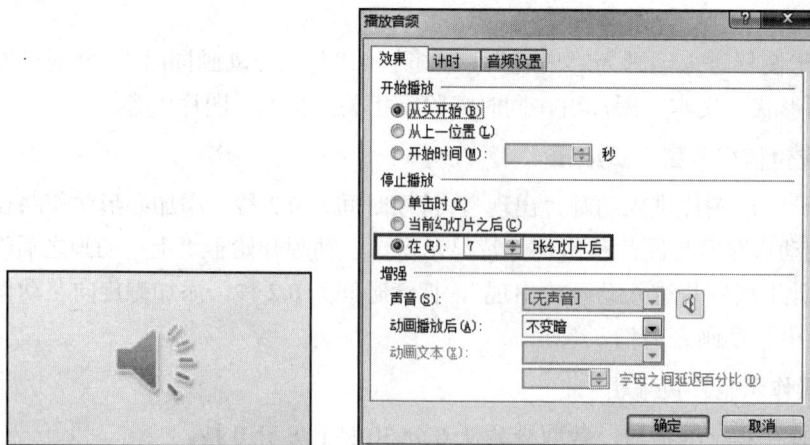

图 11-2 音频图标与播放音频设置对话框

选择"音频工具-播放"选项卡，勾选"音频选项"命令组中的"放映时隐藏"项，如图 11-3 所示。

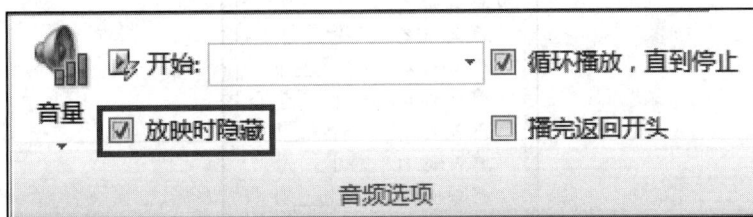

图 11-3　音频选项

2. "目录"页编辑

【任务实施】

操作步骤 1：选择"目录"页幻灯片，单击选中幻灯片中最上面的形状，选择"动画"选项卡，再单击"添加动画"按钮打开列表，选择"进入"→"缩放"动画，然后双击动画窗格中的动作条打开图 11-4 所示的"缩放"对话框，选择"计时"选项卡，选择"期间"下拉列表单击"中速(2 秒)"，按"确定"按钮。再次单击"添加动画"按钮打开列表，选择"进入"→"飞入"动画，双击动画窗格中的动作条打开"效果选项"设置对话框，单击"效果选项"按钮选择"自底部"，设置持续时间为"02.00"，然后使用"动画刷"将首个形状的动画设置复制到其他形状上。

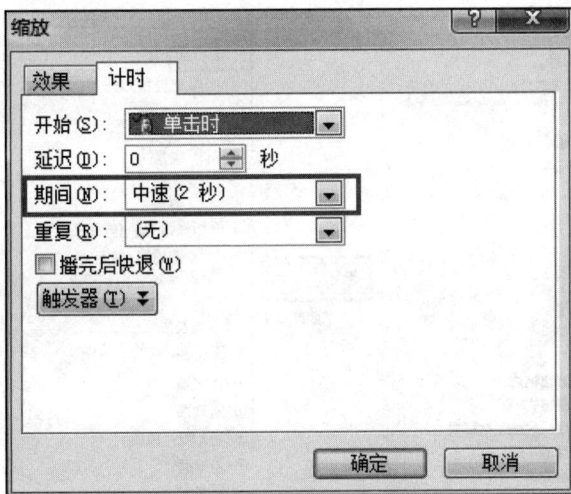

图 11-4　"缩放"对话框

操作步骤 2：打开"动画窗格"，单击选中最上方第 1 个动作条，打开"开始"下拉列表单击"上一动画之后"；单击选中第 2 个动作条，按住"Shift"键再单击最下方的动作条全选 7 个动作条，打开"开始"下拉列表单击"与上一动画同时"；选择第二组动作(第 3、4 动作条)设置"延迟"为"00.10"，选择第三组动作(第 5、6 个动作条)设置"延迟"为"00.20"，选择第四组动作(第 7、8 个动作条)设置"延迟"为"00.30"。设置后的效果如图 11-5 所示。

图 11-5　动画窗格

3. "应付单据预警"页编辑

【任务实施】

操作步骤 1： 单击"文件"选项卡中的"选项"，打开"PowerPoint 选项"对话框，再单击"自定义功能区"，在右窗口"从下列位置选择命令"下拉列表中选择"不在功能区中的命令"，在下面显示的列表中找到"形状剪除"和"形状交点"，单击选中"主选项卡"下方的"开始"，并按右下方的"新建选项卡"按钮在"开始"下方新建一个选项卡。然后用鼠标分别选中"形状剪除"和"形状交点"，单击中央的"添加"按钮将两项命令添加到新建选项卡的"新建组"中。最后按"确定"按钮完成命令的添加。自定义功能区的命令添加如图 11-6 所示。

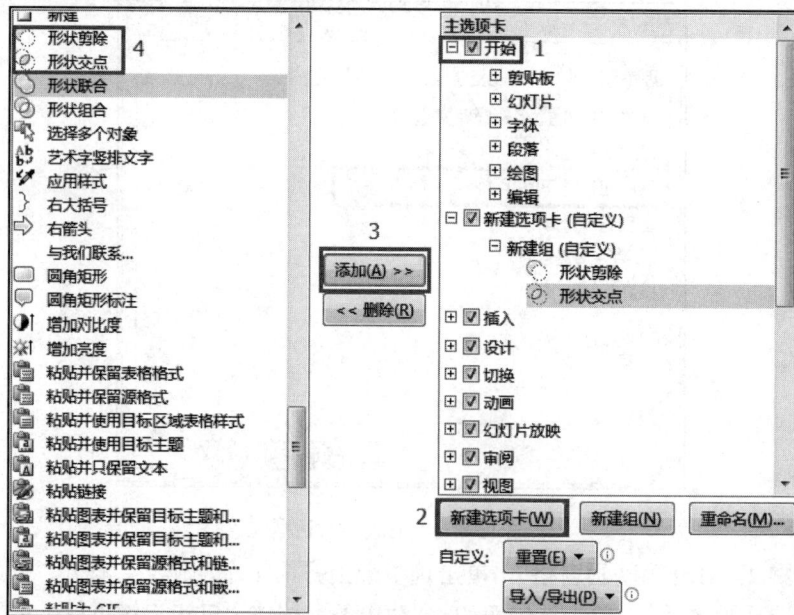

图 11-6　自定义功能区

选择"插入"选项卡，单击"形状"打开形状列表，单击"椭圆"后按住"Shift"键拖制一个大小适当的大圆形。按同样的方法拖制一个大小适当的小圆形。利用形状对齐线拖动小圆形放置在大圆形上面正中间位置；或者同时选中两个圆形，选择"绘图工具–格式"→"对齐"列表，单击"左右居中"和"上下居中"，如图 11-7 中左 1 图所示。然后，通过"形状效果"→"阴影"选择"无阴影"取消形状的阴影，通过"形状轮廓"列表选择"无轮廓"取消形状的轮廓，如图 11-7 中左 2 图所示。

框选两个圆形，选择"新建选项卡"，单击"形状剪除"命令完成图 11-7 中左 3 图所示的空心圆的制作，复制一个制作完成的空心圆。通过"插入"→"形状"制作一个大小合适的等边三角形，取消三角形的轮廓和阴影，将三角形顶点放置在一个圆心位置(如图 11-7 中右 2 图所示)，框选空心圆和三角形，选择"新建选项卡"，单击"形状交点"制作出如图 11-7 中右 1 图所示的形状。

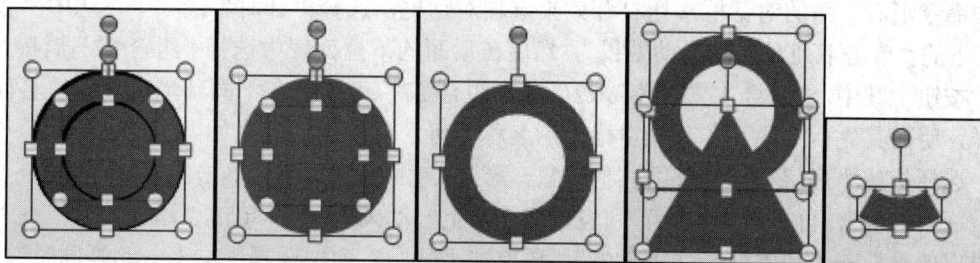

图 11-7　形状剪除和交点

选中空心圆，选择"绘图工具-格式"选项卡，单击"形状填充"打开下拉列表选择"标准色"→"深红"，单击"确定"按钮；单击"形状效果"→"棱台"，选择"圆棱台"，单击"确定"按钮。单击选中形状交点制作的形状，选择"绘图工具-格式"选项卡，单击"形状样式"下拉列表按钮打开列表，选择"强烈效果-白色，强调颜色 3"样式，单击"确定"按钮。如图 11-8 中左 1 图所示。框选以上两个形状，选择"绘图工具-格式"选项卡，单击"对齐"打开如图 11-8 中左 2 图所示列表，分别单击"左右居中"和"底端对齐"，再单击"组合"→"组合"，完成图 11-8 中右 2 图所示的形状制作。

调整组合空心圆大小和位置，选择"插入"选项卡，单击"文本框"选择"横排文本框"后在圆心处拖制一个大小适合的文本框，输入"1."字样。框选形状和文本框进行组合操作的效果如图 11-8 中右 1 图所示。复制两个组合形状，并修改成"2."和"3."，参照效果图排放三个形状的位置。

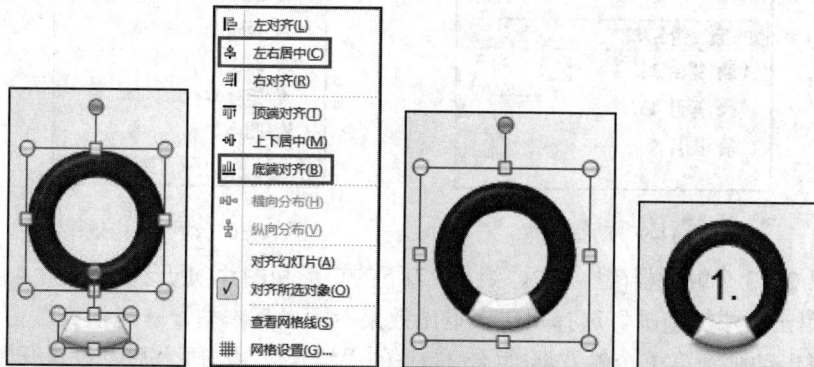

图 11-8　形状对齐

操作步骤 2：框选三个形状，选择"动画"选项卡，单击动画列表中"出现"动画，选择"开始"列表中的"与上一动画同时",单击"确定"按钮。单击"动画窗格"打开动作列表,利用"Ctrl"键选中"组合1""矩形14"和"图片3"三个对象,再单击"动画"命令组右下角的对话框按钮打开"效果选项"对话框,选择"计时"选项卡,选中"触发器"下的"单击下列对象时启动效果",然后在后面的下拉列表中选择"组合17"后按"确定"按钮。利用"Ctrl"键选中"组合1""矩形15"和"图片4"三个对象,单击"动画"命令组右下角的对话框按钮打开"效果选项"对话框,选择"计时"选项卡,选中"触发器"下的"单击下列对象时启动效果",然后在后面的下拉列表中选择"组合22"后按"确定"按钮。利用"Ctrl"键选中"组合1""矩形16"和"图片2"三个对象,单击"动画"命令组右下角的对话框按钮打开效果选项对话框,选择"计时"选项卡,选中"触发器"下的"单击下列对象时启动效果",然后在后面的下拉列表中选择"组合27"后按"确定"按钮。其中,"组合17""组合22"和"组合27"可能会在不同环境下显示的名称不一样,明白其先后顺序及在动画窗格中的名称即可。设置后的效果如图11-9所示。

选择除三个形状和标题外的其他对象,选择"动画"选项卡,单击"添加动画"→"进入"→"出现",再单击"开始"列表选择"与上一动画同时";单击"添加动画"→"更多退出效果"→"基本型"→"消失",再单击"开始"列表选择"与上一动画同时"。动画窗格效果如图11-10所示。

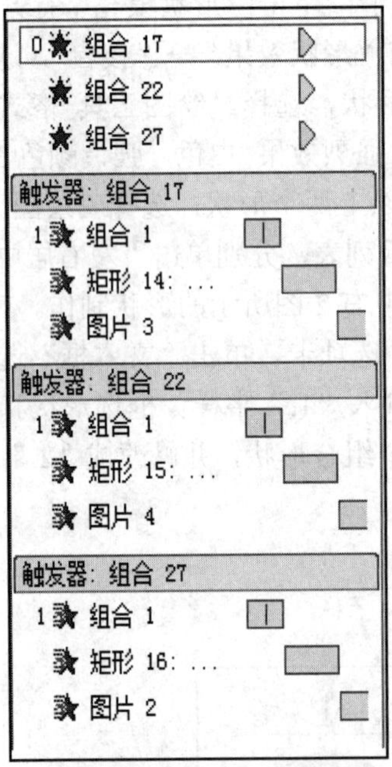

图11-9 动画窗格

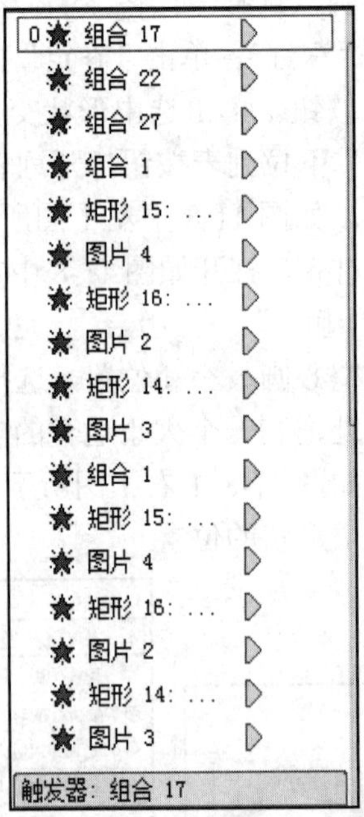

图11-10 动画窗格效果

选中第2、3个触发器(组合22、组合27)下的矩形和图片(矩形15、图片4、矩形16、图片2),单击"添加动画"选择"更多退出效果"→"基本型"→"消失",并使用鼠标拖动四条退出动画到第1个触发器(组合17)下的"组合1"动画之后,设置开始为"与上一动画同时",效果如图11-11中的左图所示。

选中第1、3个触发器(组合17、组合27)下的矩形和图片(矩形14、图片3、矩形16、图片 2)，单击"添加动画"选择"更多退出效果"→"基本型"→"消失"，并使用鼠标拖动四条退出动画到第 2 个触发器(组合 22)下的"组合 1"动画之后，设置开始为"与上一动画同时"，效果图 11-11 中的中图所示。

选中第 1、2 个触发器(组合 17、组合 22)下的矩形和图片(矩形 14、图片 3、矩形 15、图片 4)，单击"添加动画"选择"更多退出效果"→"基本型"→"消失"，并使用鼠标拖动四条退出动画到第 3 个触发器(组合 27)下的"组合 1"动画之后，设置开始为"与上一动画同时"，效果如图 11-11 中的右图所示。

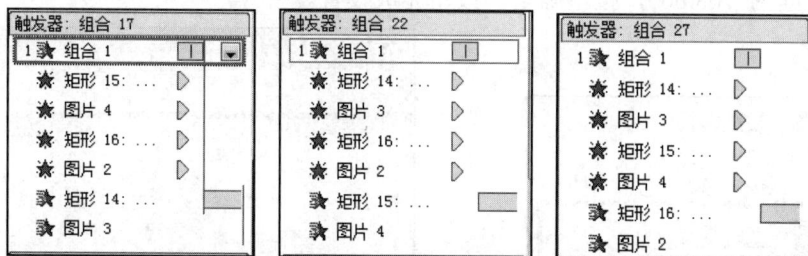

图 11-11　触发器动画调整

4."应付信用预警"页编辑

【任务实施】

操作步骤 1：选中"应付信用预警"页的上层图片，单击动画列表中的"出现"，设置持续时间为"00.20"；单击"添加动画"打开列表选择"其他动作路径"，选择"基本"→"心形"后单击"确定"按钮；单击"添加动画"打开列表选择"其他动作路径"，选择"直线和曲线"→"向左"后单击"确定"按钮；单击幻灯片状态栏右下角的"显示比例"按钮设置显示比例为"50%"，用"Shift"键配合鼠标拖动直线路径的前端控制点到幻灯片左边，拖动前端控制点距离幻灯片边缘大于 2 分之 1 图片的宽度。直线路径设置效果如图 11-12 所示。选中三个动作条，单击"开始"列表选择"上一动画之后"。

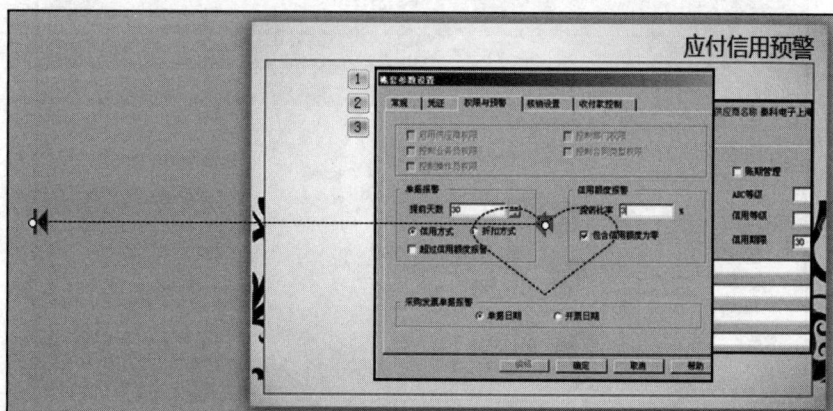

图 11-12　直线路径设置效果

操作步骤 2：选中"应付信用预警"页的下层图片，单击动画列表中的"出现"，设置持续时间为"00.20"；单击"添加动画"打开列表选择"其他动作路径"，选择"直线和曲线"→"螺旋向左"后单击"确定"按钮。选择两个动作条，单击"开始"列表选择"上一动画之后"。

5. "操作示范"页编辑

【任务实施】

操作步骤 1: 单击选中"操作示范"页视频对象,右键单击对象打开图 11-13 中左图所示的菜单,选择"剪裁视频"命令;或者选择"视频工具"选项卡,单击图 11-13 中左图所示的"剪裁视频"按钮,打开图 11-13 中右图所示的设置窗口,设置开始时间为"06:30",设置结束时间为"08:00",按"确定"按钮完成设置。

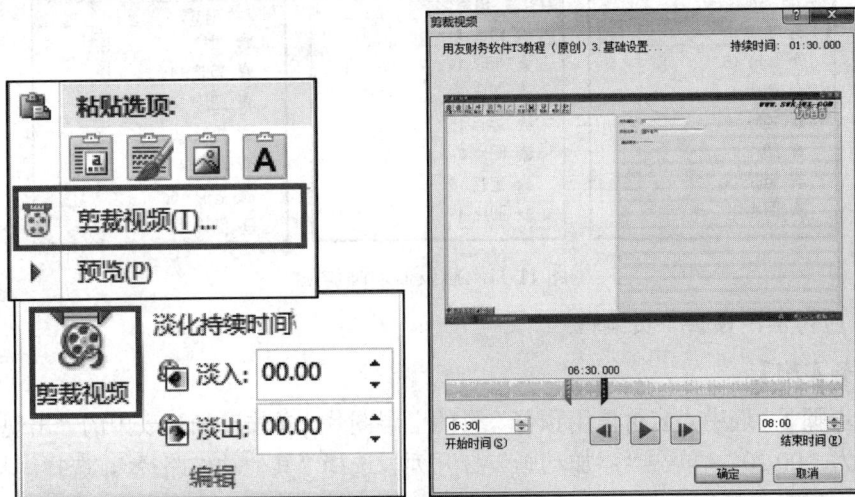

图 11-13 剪裁视频

操作步骤 2: 选择"文件"选项卡,单击"另存为"命令打开图 11-14 所示的"另存为"对话框,输入文件名称,单击"保存类型"后的下拉列表选择"PowerPoint 放映",最后单击"确定"按钮。

图 11-14 "另存为"对话框

11.3　知 识 拓 展

本节介绍 PPT 颜色搭配。

1. 选取 PPT 主色和 PPT 辅助色

PPT 设计中都存在主色和辅助色之分。

PPT 主色是视觉的冲击中心点，也是整个画面的重心，它的明度、大小、饱和度都直接影响到辅助色的存在形式以及整体的视觉效果。

PPT 辅助色在整体的画面中可平衡主色的冲击效果和减轻观看者产生的视觉疲劳，起到一定的视觉分散的作用。

2. 确定 PPT 页面的颜色基调

相同色相的颜色在变淡、变深、变灰时的面貌可能是我们想不到的。相同色相的颜色不管怎么变化，其总体是一种色调，如偏蓝或偏红、偏暖或偏冷等。冷暖色调分布如图 11-15 所示。如果 PPT 设计过程没有一个统一的色调，那么就会显得杂乱无章。以色调为基础的 PPT 搭配可以简单分为同一色调 PPT 搭配、类似色调 PPT 搭配和对比色调 PPT 搭配。

(1) 同一色调 PPT 搭配：将相同的色调搭配在一起，形成统一的色调群。

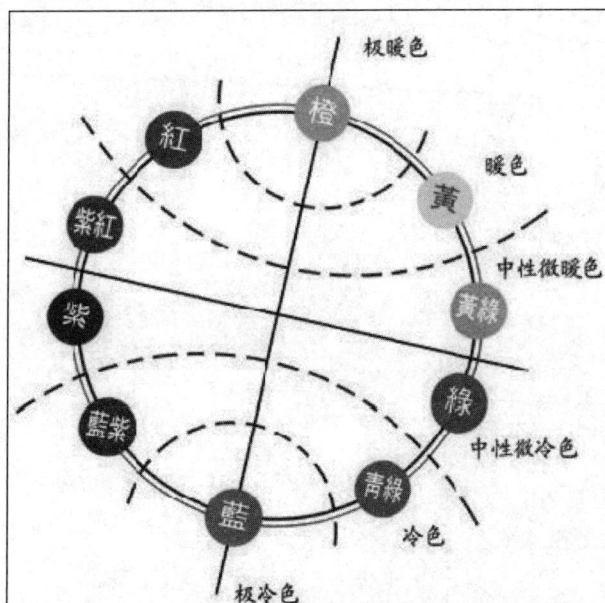

图 11-15　冷暖色调分布

(2) 类似色调 PPT 搭配：以色调配置中相邻或相接近的两个或两个以上的色调搭配在一起的 PPT 配色。类似色调的特征在于色调与色调之间微小的差异，较同一色调有变化，不易产生呆滞感。

(3) 对比色调 PPT 搭配：相隔较远的两个或两个以上的色调搭配在一起的 PPT 配色。对比色调因色彩的特性差异造成鲜明的视觉对比，有一种相映或相拒的力量使之平衡，因而产生对比调和感。

3. 添加辅助色——黑、白、灰

在 PPT 配色中，无论什么色彩间的过渡，黑、白、灰色都能起到很好的过渡作用。但黑、白色过渡大多是间断式过渡，灰色则是比较平稳的过渡，它们往往并不是最好的过渡色。在利用它们作为 PPT 辅助色的同时，不要忽略了它们的过于稳定性对整个画面所造成的影响。在运用黑、白色的同时，由于它们的特性使它们在视觉的辨别中比其他色彩更容易成为视觉的中心。

参 考 文 献

[1]　韩春玲. 办公软件高级应用实践指导[M]. 杭州：浙江大学出版社，2018.

[2]　方文英. 计算机应用基础实践教程[M]. 西安：西安电子科技大学出版，2016.

[3]　梁毅娟. 计算机应用基础实训教程[M]. 成都：电子科技大学出版社，2019.

[4]　韦凝芳. OFFICE 高级应用项目化教程[M]. 上海：上海交通大学出版社，2018.

[5]　郑小玲. Excel 数据处理与分析实例教程[M]. 北京：人民邮电出版社，2016.